工业和信息化普通高等教育"十二五"规划教材立项项目

21世纪高等教育计算机规划教材

单片机原理及应用

——边学、边练、边用技术教程（第2版）

Principle and Application of Single Chip Microcomputer
——Learning, Practicing, Using Technology Tutorial

孟祥莲 孙平 高洪志 编著

U0318080

人民邮电出版社

北 京

图书在版编目（ＣＩＰ）数据

单片机原理及应用：边学、边练、边用技术教程 /
孟祥莲，孙平，高洪志编著. -- 2版. -- 北京：人民邮
电出版社，2015.9（2021.1重印）
21世纪高等教育计算机规划教材
ISBN 978-7-115-40106-9

Ⅰ. ①单… Ⅱ. ①孟… ②孙… ③高… Ⅲ. ①单片微
型计算机－高等学校－教材 Ⅳ. ①TP368.1

中国版本图书馆CIP数据核字(2015)第174151号

内 容 提 要

本书以 80C51 单片机为学习平台，从应用角度出发，系统地讲解了单片机的组成原理、各功能模块的使用方法及扩展方法。

全书共 9 章，其内容包括单片机概论、单片机系统开发环境、80C51 单片机的硬件结构、80C51 单片机指令系统与程序设计、单片机的 C 语言编程、80C51 单片机片内功能模块的使用、80C51 单片机接口技术应用、80C51 单片机的串行通信技术、单片机应用系统设计与调试。另外，本书还增加了阶段实践，结合 C 语言程序设计和 Proteus 仿真方法介绍了单片机开发的实例，同时增加了单片机课程设计的规范要求及实例。

本书可作为高等院校本科相关专业教材，也可供高职、高专相关专业学生使用。

◆ 编　著　孟祥莲　孙　平　高洪志
责任编辑　武恩玉
责任印制　沈　蓉　彭志环

◆ 人民邮电出版社出版发行　　北京市丰台区成寿寺路 11 号
邮编　100164　电子邮件　315@ptpress.com.cn
网址　http://www.ptpress.com.cn
北京天宇星印刷厂印刷

◆ 开本：787×1092　1/16
印张：18　　　　　　　　2015 年 9 月第 2 版
字数：475 千字　　　　　2021 年 1 月北京第 5 次印刷

定价：42.00 元

读者服务热线：(010)81055256　印装质量热线：(010)81055316
反盗版热线：(010)81055315

前　言

随着电子技术与信息技术的发展，单片机应用的领域越来越广泛，几乎是无处不在。目前高等院校很多专业设置了单片机相关课程，但所开课程更多注重于单片机原理的讲解，而对其本身的应用性和实践性介绍较少。

本书特点如下所述。

（1）工程性强：本书以"学以致用"为指导思想，重在实践，将工程与开发相统一。全书通过介绍大量的应用实例，培养读者初步开发、设计单片机的能力。

（2）C语言与汇编语言相结合：本书介绍了两种编程语言，即汇编语言和C语言。

汇编语言：任何一个硬件电路都可用汇编语言描述，具有直观性。

C语言：可读性好，用户可以不了解硬件资源分配情况，只需掌握一两个编程实例即可。读者据此就可仿效。

（3）方便教学：本书适合作为高等院校相关专业的单片机课程教材。其中，第1~5章是必修内容，其他章节内容教师可根据专业、学时不同，自行选取、增删，学生可结合自身专业方向，自行选择学习。

（4）实践性强：本书安排了两个实训。一是汇编语言的实训部分，由于章节所限，此部分程序可在人民邮电出版社教学服务与资源网（http://www.ptpedu.com.cn）免费下载；二是C语言和Proteus仿真实训，在阶段实践部分，能够让学生边学、边练单片机系统的设计，提高动手实践能力。

全书由孟祥莲、孙平、高洪志编著，由哈尔滨工业大学王文仲教授主审。本书在编写过程中，参阅借鉴了一些相关教材和文献，在此向其编著者表示谢意。

由于编者水平有限，书中错误之处在所难免，敬请读者批评指正。

编　者

目 录

第1章 单片机概论 1

1.1 单片机概述 1

1.2 单片机的历史与发展 3

  1.2.1 单片机的发展概况 3

  1.2.2 单片机的发展趋势 4

  1.2.3 单片机产品近况 5

1.3 单片机的应用领域 7

1.4 单片机中使用的数制及常用的语言 ... 8

习题 10

第2章 单片机系统开发环境 11

2.1 Keil μVision3 C51 集成开发环境 ... 11

  2.1.1 Keil μVision3 C51 的安装 11

  2.1.2 Keil μVision3 C51 的使用及调试 ... 13

2.2 Proteus ISIS 单片机仿真软件操作 ... 16

  2.2.1 Proteus ISIS 软件环境 ... 16

  2.2.2 在 Proteus 中创建新的元件 ... 23

  2.2.3 Proteus 电路仿真 28

  2.2.4 Proteus ISIS 单片机仿真 ... 33

2.3 Keil 与 Proteus 联合调试 ... 36

  2.3.1 Keil 与 Proteus 接口 ... 36

  2.3.2 Keil 与 Proteus 联合调试实例 ... 37

习题 39

第3章 80C51 单片机的 硬件结构 40

3.1 80C51 单片机的硬件组成 40

  3.1.1 80C51 单片机硬件结构图 ... 40

  3.1.2 80C51 单片机的引脚信号 ... 41

3.2 80C51 单片机的微处理器 ... 43

  3.2.1 运算器 43

  3.2.2 控制器 44

  3.2.3 CPU 时序 44

3.3 80C51 单片机存储器 45

  3.3.1 片内 RAM 结构及其地址 空间分布 45

  3.3.2 片外 RAM 的扩展 49

  3.3.3 程序存储器 49

3.4 时钟电路和复位电路 50

  3.4.1 时钟电路 50

  3.4.2 复位电路 51

习题 52

第4章 80C51 单片机指令系统与 程序设计 53

4.1 概述 53

  4.1.1 机器码指令 53

  4.1.2 汇编语言指令 54

4.2 寻址方式 55

  4.2.1 立即寻址 55

  4.2.2 寄存器寻址 55

  4.2.3 RAM 寻址 56

  4.2.4 程序存储器中数据的寻址 ... 56

  4.2.5 I/O 端口中数据的寻址 ... 57

  4.2.6 程序的寻址 57

  4.2.7 位寻址 58

4.3 指令系统 59

  4.3.1 数据传送类指令 59

  4.3.2 算术运算类指令 63

  4.3.3 逻辑操作类指令 69

  4.3.4 位操作类指令 72

4.4 汇编语言程序设计基础 73

  4.4.1 顺序程序设计 73

  4.4.2 循环程序设计 75

  4.4.3 分支程序设计 81

  4.4.4 子程序及其调用 88

习题 90

第 5 章　单片机的 C 语言编程 92

5.1　单片机 C51 语言概述 92

   5.1.1　C51 的数据类型 92

   5.1.2　C51 对内部资源的定义 94

   5.1.3　常量与变量 95

   5.1.4　C51 绝对地址访问 96

5.2　运算符和表达式 97

   5.2.1　关系运算符与关系表达式 97

   5.2.2　逻辑运算符与逻辑表达式 97

   5.2.3　算术运算符与算术表达式 98

   5.2.4　位运算符和复合赋值运算符 98

   5.2.5　条件运算符和指针运算符 100

   5.2.6　表达式语句 100

5.3　分支程序设计 100

   5.3.1　if 语句 101

   5.3.2　switch 语句 101

5.4　循环程序设计 102

   5.4.1　while 语句 102

   5.4.2　do-while 语句 103

   5.4.3　for 语句 103

   5.4.4　break 与 continue 语句 104

5.5　函数 104

   5.5.1　函数的定义 105

   5.5.2　函数的调用 105

   5.5.3　中断函数 106

5.6　数组及指针的使用 107

   5.6.1　数组的使用 107

   5.6.2　指针的使用 108

习题 110

第 6 章　80C51 单片机片内功能模块的使用 111

6.1　并行 I/O 接口的输入与输出 111

   6.1.1　在 MOV 指令下可直接输入/输出的 P1 口 112

   6.1.2　在 MOVX 指令下由系统总线进行输入/输出的 P0 和 P2 口 ... 114

   6.1.3　具有特殊功能的 P3 口 116

   6.1.4　阶段实践 117

6.2　中断系统 122

   6.2.1　中断系统的结构 122

   6.2.2　中断源和中断请求标志 123

   6.2.3　系统对中断的管理 124

   6.2.4　中断的响应过程 127

   6.2.5　中断程序的编程方法 128

   6.2.6　阶段实践 130

6.3　片内定时器/计数器 131

   6.3.1　定时器/计数器的内部结构及工作原理 132

   6.3.2　定时器/计数器的工作方式 134

   6.3.3　定时器/计数器的应用设计 137

   6.3.4　阶段实践 141

6.4　串行接口 146

   6.4.1　串行口的内部结构 146

   6.4.2　串行口的工作方式 148

   6.4.3　串行口的波特率 150

   6.4.4　SMOD 位对波特率的影响 151

   6.4.5　80C51 单片机串口通信应用 ... 151

   6.4.6　阶段实践 154

习题 163

第 7 章　80C51 单片机接口技术应用 165

7.1　LED 显示接口电路 165

   7.1.1　LED 显示器和显示器接口 165

   7.1.2　LED 显示器接口技术 166

   7.1.3　阶段实践 169

7.2　键盘接口电路 173

   7.2.1　键盘的工作原理 173

   7.2.2　独立式键盘 175

   7.2.3　矩阵式键盘 176

   7.2.4　键盘的编码 179

7.2.5　阶段实践 183

7.3　LCD 显示接口电路 185

7.3.1　概述 185

7.3.2　组成结构图 186

7.3.3　模块接口说明 187

7.3.4　模块的主要硬件构成 188

7.3.5　指令说明 189

7.3.6　读写时序图 191

7.3.7　应用举例 192

7.3.8　阶段实践 195

7.4　D/A 转换接口电路 199

7.4.1　D/A 转换接口电路的基本原理 200

7.4.2　D/A 转换器的主要特点与
　　　技术指标 201

7.4.3　DAC 0832 芯片 202

7.4.4　DAC 0832 与 80C51 的
　　　接口设计 203

7.4.5　阶段实践 204

7.5　A/D 转换接口电路 206

7.5.1　A/D 转换接口电路的基本原理 206

7.5.2　A/D 转换器的主要技术指标 209

7.5.3　ADC 0809 芯片 209

7.5.4　阶段实践 211

习题 213

**第8章　80C51 单片机的串行
　　　　通信技术** 215

8.1　串行通信基础 215

8.1.1　串行通信分类 215

8.1.2　串行通信的制式 217

8.1.3　接收/发送时钟 218

8.1.4　信号的调制与解调 220

8.1.5　通信数据的检测和校正 221

8.1.6　串行通信接口电路 UART、USRT
　　　和 USART 222

8.2　串行通信总线标准 224

8.2.1　RS-232C 总线标准与应用 225

8.2.2　RS-449、RS-422A 及 RS-423A
　　　接口总线标准与应用 231

8.2.3　RS-485 标准总线接口 233

8.2.4　20mA 电流环路串行接口 235

8.3　I²C 总线接口 236

8.3.1　I²C 总线的功能和特点 236

8.3.2　I²C 总线的构成及工作原理 236

8.3.3　I²C 总线的工作方式 237

8.3.4　I²C 总线数据传输方式的模拟 ...238

8.3.5　阶段实践 238

8.4　DS18B20 单线数字温度传感器 243

8.4.1　DS18B20 的特点 243

8.4.2　DS18B20 的内部结构 244

8.4.3　DS18B20 的控制方法 245

8.4.4　DS18B20 的工作时序 245

8.4.5　阶段实践 247

习题 252

**第9章　单片机应用系统设计与
　　　　调试** 253

9.1　单片机应用系统设计 253

9.1.1　单片机应用系统设计步骤 253

9.1.2　单片机应用系统硬件设计 255

9.1.3　单片机应用系统软件设计 255

9.2　单片机应用系统的开发与调试 256

9.2.1　单片机应用系统的开发 256

9.2.2　单片机应用系统的调试 258

9.3　单片机课程设计 260

9.3.1　单片机课程设计规范 260

9.3.2　课程设计实例——电子
　　　万年历设计 262

习题 270

附录 A　80C51 系列单片机指令表 271

附录 B　ASCII 码表 275

附录 C　C51 库函数 276

参考文献 282

第1章
单片机概论

1.1　单片机概述

单片微型计算机（Single Chip Microcomputer）简称单片机，其以体积小、质量轻、抗干扰能力强、对应用环境要求不高、价格低廉、维护简单、使用方便、稳定可靠、灵活性好、二次开发容易，以及较高的性能价格比，受到社会的重视和青睐。目前，单片机应用领域从航空、航天、仪器、仪表、家用电器已经普及到国计民生的各个领域。单片机的应用标志着人类社会向自动控制领域前进了一大步。

1.　什么是单片机

单片机是在一个硅片上集成了中央处理器（CPU）、只读存储器（ROM）、随机存储器（RAM）和各种输入/输出接口、定时器/计数器、串行通信口及中断系统等多种资源的一个集成电路。它构成了一个完整的微型计算机。因为它的结构及功能是按照工业过程控制设计的，所以单片机也被称为微控制器（Microcontroller）。

在结构设计上，单片机的硬、软件系统及 I/O 接口控制能力等方面都有独到之处，具有很强的有效功能。从其组成、逻辑功能上来看，单片机具备微型机系统的基本部件。但需要指出的是，单片机毕竟只是一个芯片，只有在配置了应用系统所需的接口芯片、输入/输出设备后，才能构成实用的单片机应用系统。

由于大规模与超大规模集成电路技术的快速发展，微型计算机技术形成了两大分支：**微处理器**（Micro Processor Unit，MPU）和**微控制器**（Micro Controller Unit，MCU）。

MPU 是微型计算机的核心部件，它的性质决定了微型计算机的性能。通用的计算机已从早期的数值计算、数据处理发展到今天的人工智能阶段，它不仅可以处理文字、字符、图形、图像等信息，还可以处理语音、视频等信息，并向多媒体、人工智能、虚拟现实、网络通信等方向发展。它的存储容量和运算速度正在以惊人的速度发展，高性能的 32 位、64 位微型计算机系统正在向大、中型计算机发出挑战。

MCU 主要用于控制领域，由它构成的检测控制系统具有实时、快速的外部响应功能，能快速地采集大量数据，在做出正确的逻辑推理和判断后实现对被控对象参数的调整与控制。

单片机的发展直接利用了 MPU 的成果，也发展了 16 位、32 位、64 位的机型。但它的发展方向是高性能、高可靠性、低功耗、低电压、低噪声和低成本。目前，单片机仍然处于以 8 位机为主，16 位、32 位、64 位机并行发展的格局。单片机的发展主要表现在其接口和性能不断满足多种被控对象的要求上，尤其在控制功能上，它可以构成各种专用的控制器和多机控制系统。

2. 单片机与嵌入式系统

面向检测控制对象，嵌入到应用系统中的计算机系统称为**嵌入式系统**。实时性是嵌入式系统的主要特征。此外，嵌入式系统对系统的物理尺寸、可靠性、重启动和故障恢复方面也有特殊的要求。由于被嵌入对象的系统结构、应用环境等的要求，嵌入式系统比通用的计算机系统设计更为复杂，涉及面也更为广泛。嵌入式系统从形式上可分为系统级、板级和芯片级。

系统级嵌入式系统为各种类型的工控机（包括用于进行机械加固和电气加固的通用计算机系统及各种以总线方式工作的工控机和由各种模块组成的工控机）。它们都有通用计算机组成的软件及外设的支持，具有很强的数据处理能力，应用软件的开发也很方便。但由于其体积庞大，一般适用于具有较大空间的嵌入式应用环境，如大型实验装置和船舶、分布式测控系统等。

板级嵌入式系统则是由带有 CPU 的主板及原始制造商（Original Equipment Manufacturer，OEM）的产品组成的系统。与系统级嵌入式系统相比，板级嵌入式系统体积较小，可以满足较小空间的嵌入式应用环境。

芯片级嵌入式系统是将单片机嵌入到对象的环境、结构体系中，作为一个智能化控制单元，是最典型的嵌入式计算机系统。它有唯一的专门为嵌入式应用而设计的体系结构和指令系统，加上它芯片级的体积和现场运行环境下的高可靠性，最能满足各种中、小型对象的嵌入式应用要求。但是一般的单片机目前还没有通用的系统管理软件或监控程序，只能放置用户调试好的应用程序。它本身不具备开发能力，需要专门的开发工具。

3. 单片机的特点

单片机与一般的微型计算机相比，由于其独特的结构决定了它具有如下特点。

（1）集成度高，体积小

在一块芯片上集成了构成一台微型计算机所需的 CPU、ROM、RAM、I/O 接口及定时器/计数器等部件，能满足很多应用领域对硬件的功能要求，因此由单片机组成的应用系统结构简单，体积特别小。

（2）面向控制，功能强

单片机面向控制，它的实时控制功能特别强大，CPU 可以直接对 I/O 接口进行各种操作，能有针对性地解决从简单到复杂的各种控制任务。

（3）抗干扰能力强

单片机内 CPU 访问存储器、I/O 接口的信息传输线（即总线）大多数在芯片内部，因此不易受外界的干扰。另外，由于单片机体积小，适应温度范围宽，在应用环境比较差的状况下，容易采取对系统进行电磁屏蔽等措施，在各种恶劣的环境下都能可靠地工作，所以单片机应用系统的可靠性比一般微型计算机系统高得多。

（4）功耗低

为了满足广泛使用于便携式系统的要求，许多单片机内的工作电压仅为 1.8～3.6V，而工作电流仅为数百微安。

（5）使用方便

因为单片机功能强，系统扩展方便，所以应用系统的硬件设计非常简单，又因为有多种多样的单片机开发工具，具有很强的软硬件调试功能和辅助设计的手段，使单片机的应用极为方便，缩短了系统研制的周期。另外，单片机还能方便地实现多机和分布式控制，使整个控制系统的效率和可靠性大为提高。

（6）性能价格比高

由于单片机价格便宜，其应用系统的印制电路板小，接插件少，安装调试简单，这一系列原因使得单片机应用系统的性能价格比高于一般的微型计算机系统。为了提高单片机的速度和运行效率，很多厂商已开始使用精简指令集计算机（Reduced Instruction Set Computer，RISC）流水线和数字信号处理（Digital Signal Processing，DSP）等技术。单片机应用广泛且市场竞争激烈，使其价格十分低廉，性能价格比极高。

（7）容易产品化

单片机以上的特性缩短了由单片机应用系统样机至正式产品的过渡过程，能够使科研成果迅速转化为生产力。

1.2 单片机的历史与发展

单片机自 20 世纪 70 年代诞生以来，发展十分迅速。从各种新型单片机的性能上看，单片机正朝着面向多层次用户的多品种、多规格方向发展。

1.2.1 单片机的发展概况

单片机的产生与发展和微处理器的产生与发展大体上同步，也经历了 4 个阶段。

第 1 阶段（1974—1976 年）：单片机初级阶段。1974 年，美国 Fairchild（仙童）公司研制出世界上第一台单片微型计算机 F8，深受家用电器和仪器仪表领域的欢迎和重视，从此拉开了研制单片机的序幕。这个时期生产的单片机特点是制造工艺落后，集成度低，而且采用双片结构。

第 2 阶段（1976 年～1978 年）：低性能单片机阶段。这一时期的单片机虽然已经能在单块芯片内集成 CPU、并行口、定时器、RAM 和 ROM 等功能芯片，但 CPU 功能还不太强，I/O 的种类和数量少，存储容量小，只能应用于比较简单的场合。例如，MCS-48 单片机是 Intel 公司的第一代 8 位单片机系列产品，集成了 8 位的 CPU、并行 I/O 接口、8 位定时器/计数器，寻址范围不大于 4KB，无串行接口。此阶段的很多产品（包括基本型 8048、8748 和 8035，强化型 8049、8039 和 8050、8040，简化型 8020、8021、8022，专用型 UPI-8041、8741 等）目前已被高档 8 位单片机所取代。

第 3 阶段（1978—1983 年）：高性能单片机阶段。这一阶段的单片机普遍带有串行接口，有多级中断处理系统和 16 位定时器/计数器，片内 RAM、ROM 容量加大，且寻址范围可达 64KB，有的片内还带有 A/D 转换接口。这类单片机有 Intel 公司的 MCS-51 及 Motorola 公司的 M6805 和 Zilog 公司的 Z8 等。由于其应用领域极其广泛，各公司正在不断地改进其结构与性能，所以，这个系列的各类产品仍是目前国内外同类产品的主流。其中，MCS-51 系列产品最为明显。

第 4 阶段（1983 年至今）：16 位以上的单片机和超 8 位单片机并行发展阶段。这一阶段的单片机的主要特征是，一方面发展 16 位及以上单片机和专用单片机；另一方面不断完善高档 8 位单片机，改善其结构，以满足不同用户的需要。自 1982 年 16 位单片机诞生以来，现在已有 Intel 公司的 MCS-96、Mostek 公司的 MK68200、NS 公司的 HPC16040、NEC 公司的 783xx 和 TI 公司的 TMS9940 及 9995 系列等。16 位单片机的特点是 CPU 是 16 位的，运算速度普遍高于 8 位机，有的单片机寻址可达 1MB，片内含有 A/D 和 D/A 转换电路，支持高级语言。16 位单片机主要用于过程控制、智能仪表、家用电器及计算机外部设备的控制器等。

32 位单片机的字长为 32 位，具有极高的运算速度。近年来，随着家用电子系统、多媒体技术和 Internet 技术的发展，32 位甚至 64 位单片机的生产前景看好，其典型产品有 Motorola 公司的 M68300 和 Hitachi 公司的 SH 系列等。第 4 阶段单片机的一个重要标志是，超 8 位单片机的各档机型都增加了直接存储器存取（DMA）通道、特殊串行接口等。这些 8 位单片机主要有 Intel 公司的 8044、87C252、80C252、UPI-452、Zilog 公司的 Super8 和 Motorola 公司的 68HC11 等。

单片机从操作处理的数据位数来看，有 4 位、8 位、16 位、32 位甚至 64 位单片机。从技术上看，8 位、16 位、32 位及 64 位单片机将会越来越受到人们的重视，今后其应用会越来越多。但是衡量单片机，不仅要看其性能指标，还要考虑价格和开发周期等综合效益。在许多场合，4 位和 8 位单片机已经可以满足要求，如果使用高档的 16 位及 32 位甚至 64 位单片机，可能会延长开发周期，增加开发费用。因此，在今后相当长的一段时间，16 位、32 位及 64 位单片机只能不断扩大其应用范围，并不能完全代替 8 位机。另外，因为 8 位单片机在性能价格比上占有优势，而且 8 位增强型单片机在速度和功能上可向现在的 16 位单片机挑战，所以，8 位单片机仍将在今后的一段时间里占主流地位。

尽管目前单片机品种繁多，但其中最为典型、销量最多的仍当属 Intel 公司的 MCS-51 系列单片机。它的功能强大，兼容性强，软硬件资料丰富。近年来，Intel 公司及其他公司在提高该系列产品的性能方面做了很多工作，如低功耗控制、高级语言编程，同时将 MCS-96 系列中的一些高速输出、脉冲宽度调制（PWM）、捕捉定时器/计数器功能移植进来了。直到现在，MCS-51 仍不失为单片机中的主流机型，因此，本书主要介绍 MCS-51 系列单片机。

1.2.2　单片机的发展趋势

近年来单片机的发展趋势正朝着大容量高性能化、小容量低价格比、外围电路内装化、多品种化及 I/O 接口功能的增强、功耗降低等方向发展。

（1）CPU 的发展

单片机内部 CPU 功能的增强集中体现在数据处理速度和精度的提高，以及 I/O 处理能力的提高。通过其他 CPU 改进技术，如采用双 CPU 结构、增加数据总线宽度、采用流水线结构，来加快运算速度，提高处理能力等。

（2）单片机大容量化

现在单片机片内存储器容量日益扩大。早期单片机片内 ROM 为 1～8KB，片内 RAM 为 64～256B，现在片内 ROM 可达 64KB，片内 RAM 可达 4KB，并具有掉电保护功能，I/O 接口也无需外加扩展芯片。许多高性能的单片机不但扩大了内部存储器容量，而且扩大了 CPU 的寻址范围，提高了系统的扩展功能。随着单片机程序空间的扩大，单片机的空余空间可以嵌入实时操作系统 RTOS 等软件。这些将大大提高产品的开发效率和单片机的性能。

（3）单片机内部的资源增多

现在很多单片机内部集成了一些常用的 I/O 接口电路（包括并行接口和串行接口、多路 A/D 转换器、定时器/计数器、定时输出和捕捉输入、系统故障监视器、DMA 通道、PWM、LED 和 LCD 驱动器，以及 D/A 输出电路等），大大减少了单片机的外接电路，从而减小了控制系统的体积，提高了工作的可靠性。

（4）引脚（引线）的多功能化、发展串行总线

随着单片机内部资源的增多，所需的引脚也相应增加，为了减少引脚数量，单片机中普遍使

用多功能引脚，即一个引脚具有几种功能供用户选择。单片机的扩展方式从并行总线发展出各种串行总线，并被工业界接受，形成一些工业标准，如 I^2C（Inter Integrated Circuit）总线、CAN（Controller Area Network）总线、USB（Universal Serial Bus）总线接口等。它们采用 3 条数据总线代替现行的 8 位数据总线，从而减少了单片机的引脚总数，降低了成本。

（5）单片机低廉化、超微型化

为了适应各个领域的应用需要，单片机正在向多层次、多品种的纵深方向发展。价格低廉的4 位、8 位机也是单片机的发展方向之一，其用途是把以往用数字逻辑电路组成的控制电路单片化。同时，专用型的单片机将得到大力发展，专业单片机能最大限度地简化系统结构，提高可靠性，提高资源利用率，大批量使用，最能体现经济效益。

单片机的内部一般采用模块式结构，在内核 CPU 不变的情况下，根据应用目标的不同，增减一定的模块和引脚就可以得到一个新的产品，于是便出现了一种超微型化的单片机。这类单片机的体积小，价格低廉，特别适用于家用电器、玩具等领域的应用。

（6）低功耗

目前单片机普遍采用 CMOS 制造工艺，非 CMOS 工艺的单片机逐步被淘汰，同时增加了软件激发的空闲（等待）方式和掉电（停机）方式，极大地降低了单片机的功耗。低功耗的单片机能用电池供电，对于野外作业等领域的应用具有特殊意义。低功耗的技术措施可提高可靠性，降低工作电压，使抗噪声和抗干扰等各种性能全面提高。

（7）单片机开发方式大为进步

现在单片机应用系统的开发方式走出了以功能实现为目标的初级阶段，进入全面解决系统可靠性的综合开发阶段，即从器件选择、硬件结构设计、电路板图设计、软件设计等各方面综合解决系统的可靠性。

另外，由于单片机片内 Flash ROM 的使用，替代了过去的片内掩膜 ROM，使得开发单片机应用不再需要仿真器。如今单片机的片内 Flash ROM 都可以在线编程，即在线写入、擦除、下载程序。Flash ROM 的写入、擦除次数可达 10 万次以上，故开发过程中可不必顾及寿命问题。在目标板的单片机中直接运行应用程序，是在真实的硬件环境下运行，比在使用仿真器的单片机上运行效果要真实得多。

（8）多机与网络系统的支持技术日益成熟

近年来推出的网络系统总线体现了单片机现场控制网络总线的特点，它与芯片间串行总线相配合，能灵活方便地构成各种规模的多机系统和网络系统。

1.2.3　单片机产品近况

目前主要的单片机供应商有美国的 Intel、Motorola（Freescale）、Zilog、NS、Microchip、Atmel和 TI，荷兰的 Philip，德国的 Siemens，日本的 NEC、Hitachi、Toshiba 和 Fujitsu，韩国的 LG 及中国台湾地区的凌阳等公司。对于 8 位、16 位和 32 位单片机，各大公司有很多不同的系列，每个系列又有繁多的品种。随着技术的发展，单片机可实现的功能会越来越多，也会不断地有新的单片机产品问世。下面对部分常用的单片机系列产品加以介绍。

MCS-51 系列单片机是 Intel 公司在总结 MCS-48 系列单片机的基础上于 20 世纪 80 年代初推出的高性能 8 位单片机。表 1-1 所示为 MCS-51 系列单片机的特性。

表 1-1 　　　　　　　　　　MCS-51 系列单片机常用产品特性一览表

型号	片内存储器		I/O 接口线	定时器/ 计数器	中断源	串行接口	A/D 转换器	PWM
	程序存储器	数据存储器						
8031		128B	32	2×16 位	5	UART		
8051	4KB ROM	128B	32	2×16 位	5	UART		
8751	4KB EPROM	128B	32	2×16 位	5	UART		
80C31		128B	32	2×16 位	5	UART		
80C51	4KB ROM	128B	32	2×16 位	5	UART		
87C51	4KB EPROM	128B	32	2×16 位	5	UART		
8032		256B	32	2×16 位	6	UART		
8052	8KB ROM	256B	32	3×16 位	6	UART		
8752	8KB EPROM	256B	32	3×16 位	6	UART		
80C232		256B	32	3×16 位	7	UART		
80C252	8KB ROM	256B	32	3×16 位	7	UART		
87C252	8KB EPROM	256B	32	3×16 位	7	UART		
80C552		256B	40	3×16+WDT	15	UART, I²C	8×10 位	2×8 位
83C552	8KB ROM	256B	40	3×16+WDT	15	UART, I²C	8×10 位	2×8 位
87C552	8KB EPROM	256B	40	3×16+WDT	15	UART, I²C	8×10 位	2×8 位
80C592		512B	40	3×16+WDT	15	UART, CAN	8×10 位	2×8 位
83C592	16KB ROM	512B	40	3×16+WDT	15	UART, CAN	8×10 位	2×8 位
87C592	16KB EPROM	512B	40	3×16+WDT	15	UART, CAN	8×10 位	2×8 位

　　MCS-51 系列单片机按片内有无程序存储器，分为 3 种基本品种：8051、8751 和 8031。这 3 种基本产品采用 HMOS 工艺，即高速度、高密度、短沟道 MOS 工艺。8051 单片机片内含有 4KB 的 ROM，ROM 中的程序是由单片机芯片生产厂家固化的，适合于大批量的产品。8751 单片机片内含有 4KB 的 EPROM，单片机应用开发人员可以把编好的程序用开发机和编程器写入其中，需要修改时，可以先用紫外线擦除器擦除，然后再写入新的程序。8031 单片机片内没有程序存储器，当在单片机芯片外扩展 EPROM 后，就相当于一片 8751，此种应用方式方便、灵活。这 3 种芯片只是在程序存储器的形式上不同，在结构和功能上都一样。

　　8xC51 系列单片机是 MCS-51 中的一个子系列，是一组高性能兼容型单片机。其中，x 规定为程序存储器的配置：0 表示无片内 ROM，3 表示片内为掩膜 ROM，7 表示片内为 EPROM/OTP ROM，9 表示片内为 Flash ROM。自从 Intel 公司对 MCS-51 系列单片机实行技术开放政策后，许多公司如（Philips、Siemens、Atmel 和 Fujitsu 等）都在 80C51 的基础上推出了与 80C51 兼容的新型单片机，通称为 80C51 系列。因此，现在的 80C51 系列已不局限于 Intel 公司一家。其中，Philips 公司的 80C51 系列单片机性能卓著，产品齐全，最具有代表性。此系列的典型产品还有 80C552，它与 Intel 公司的 MCS-51 系列单片机完全兼容，具有相同的指令系统、地址空间和寻址方式，采用模块化的系统结构。

　　由于 80C51 已经成为目前主要单片机流行系列，因而本书主要以 80C51 为例介绍单片机的原理及系统设计方法。

1.3　单片机的应用领域

单片机的应用十分广泛，具体包括以下领域。

1. 自动化过程控制

由于单片机的 I/O 接口线多，位操作指令丰富，逻辑操作功能强，所以特别适用于工业自动化过程控制，可构成各种工业控制系统、自适应控制系统、数据采集系统等。单片机既可以作为主机控制，也可以作为分布式控制系统的前端。在作为主机使用的系统中，单片机作为核心控制部件，用来完成模拟量和开关量的采集、处理和控制计算（包括逻辑运算），然后输出控制信号。另外，因为单片机有丰富的逻辑判断和位操作指令，所以广泛应用于开关量控制、顺序控制及逻辑控制系统，如锅炉控制、电机控制、机器人控制、交通信号灯控制、浓度控制、数控机床控制及汽车点火、变速、防滑制动、引擎控制等系统。

2. 智能化仪器仪表

单片机的广泛应用使仪器仪表智能化，提高了测量速度和测量精度，加强了控制功能，简化了仪器仪表的硬件结构，便于使用、维修和改进，促进仪表向数字化、智能化、多功能化、综合化、柔性化发展。例如，温度、压力、流量、浓度显示、控制仪表等系统中，通常采用单片机软件编程技术，使长期以来测量仪表中的误差修正、非线性化处理等难题迎刃而解。单片机在仪器仪表中的应用非常广泛，例如，数字温度控制仪、智能流量计、红外线气体分析仪、激光测距仪、数字万能表、智能电度表及各种医疗器械、电子秤等。同时在许多传感器中也安装了单片机，即智能传感器，对各种被测参数进行现场处理。

3. 机电一体化产品

单片机使传统的机械产品结构简化，控制智能化，构成新一代的机电一体化产品（机电一体化产品是指集机械技术、微电子技术、自动化技术和计算机技术于一体，具有智能化特征的机电产品，是机械工业发展的方向）。单片机作为机电产品中的控制器，能充分发挥其体积小、可靠性高、功能强、安装方便等优点，大大强化了机器的功能，提高了机器的自动化、智能化程度。例如，在电传打字机的设计中，由于采用了单片机，取代了近千个机械部件；在数控机床的简易控制机中，采用单片机可提高可靠性及增强功能，降低控制机的成本。

4. 家用电器设备

由于单片机的价格低廉，体积小，逻辑判断、控制功能强，并且内部具有定时器/计数器，所以广泛用于家电设备，例如，空调器、电冰箱、电视机、音响设备、VCD/DVD 机、微波炉、高级智能玩具、IC 卡、手机、电子门锁、防盗报警器等。由于家用电器涉及千家万户，生产规模大，配上单片机后深受用户的欢迎，因此它的应用前途十分广阔。

5. 智能化接口

现在通用计算机外部设备上已实现了单片机的键盘管理、打印机、绘图仪控制、磁盘驱动器控制等，并实现了图形终端和智能终端。还有许多用于外部通信、数据采集、多路分配管理、驱动控制等的接口，如果这些外部设备和接口全部由主机管理，会造成主机负担过重，运行速度降低，影响各种接口的功能。采用单片机专用接口设备进行控制和管理，使主机和单片机能并行工作，不仅大大提高了系统的运算速度，而且通过单片机还可以对接口信息进行预处理，如数字滤波、线性化处理、误差修正等，减少主机和接口界面的通信密度，极大地提高了接口控制功能。

例如，在通信接口中采用单片机可以对数据进行编码/译码、分配管理、接收/发送控制等处理。

6. 军用单片机

一般微处理器和有关元器件分为军用和民用两级，民用产品主要用于办公室及机房环境，工作温度在 0℃ ~ 70℃；军用产品要求在恶劣环境条件下稳定工作，工作温度在 -65℃ ~ +125℃，主要用于雷达、火炮、控制、航天导航系统和鱼雷制导系统通信、船载机、弹道飞行控制等。

1.4 单片机中使用的数制及常用的语言

1. 单片机中使用的数制

计算机数据信息通常是以数字、字符、符号、表达式等方式出现的。1940 年，现代著名数学家、控制学者罗伯特·维纳（Norbert Wiener，美国，1894 年 ~ 1964 年）首先倡导使用二进制编码形式，解决了数据在计算机中的表示，保证了计算机的可靠性、稳定性和高速性。单片机中常用的数制还有八进制和十六进制等。

二进制（Binary）是用 "0" 和 "1" 两个数字及其组合来表示任何数，其进位规则是 "逢 2 进 1"。它简单方便，易于电子方式实现，例如，用高电平表示 "1"，用低电平表示 "0"。计算机中全部采用的是二进制数。

2. 单片机中使用的 BCD 码和 ASCII 码

除了数值外，英文字母、符号、汉字、声音、图像等数据在计算机内部也采用二进制数的形式来编码。常见的编码有 BCD 码、ASCII 码等。

（1）BCD 码

因为二进制数不符合人们的使用习惯，所以在计算机输入/输出时通常使用十进制数表示，这就需要实现十进制数和二进制数之间的转换。通常采用二进制编码十进制数，简称为 BCD 码（Binary Coded Decimal）。

BCD 码是用 4 位二进制数表示 1 位十进制数，只要将每位十进制数用适当的 4 位二进制码代替即可。BCD 码的表示方法有很多种，最常用的是标准的 8421 码，其码位的权值自左向右依次为 8、4、2、1，故而得名；另外还有代码变换连续的格雷码，以及用 8421 码加上 0011H 得到的余三码等。表 1-2 给出了 10 个十进制数字的 3 种编码。

表 1-2   10 个十进制数字的 3 种编码

十进制数	8421 码	格 雷 码	余 三 码
0	0000	0000	0011
1	0001	0001	0100
2	0010	0011	0101
3	0011	0010	0110
4	0100	0110	0111
5	0101	0111	1000
6	0110	0101	1001
7	0111	0100	1010
8	1000	1100	1011
9	1001	1101	1100

（2）ASCII 码

计算机有时需要处理字符或字符串，因此计算机必须能用二进制数来表示字符。

计算机普遍采用的字符编码是美国标准信息编码（American Standard Coded for Information Interchange，ASCII）。ASCII 码是一种 8 位代码，其最高位一般用于奇偶校验，其余 7 位用于对 128 个字符进行编码。附录 B 中列出了 ASCII 码表。

汉字在计算机内部也是以二进制数代码形式表示的。1981 年，我国制定了国家标准 GB2312 —80（信息交换用汉字编码字符集——基本集），为 6763 个常用汉字规定了代码，规定每个汉字占两个字节，每个字节用 8 位二进制数来表示。1995 年又颁布了《汉字编码扩展规范》（GBK）。GBK 与 GB2312—80 所对应的内容标准兼容，同时，在字汇一级支持 ISO/IEC10646—1 和 GB13000—1 的全部中、日、韩（CJK）统一汉字字符，共计 20902 字，把文字、图形、图像、声音、动画等信息变成按一定规则编码的二进制数。

3. 单片机中常用的语言

单片机中常用的语言包括机器语言、汇编语言和高级语言。

（1）机器语言

机器语言是用二进制代码表示的计算机能够直接识别和执行的一种机器指令的集合。通常由操作码和操作数两部分组成。其格式如下：

操作码	操作数

其中，操作码指出计算机所执行的是何种操作，是该指令的功能；操作数则指出在指令操作过程中所需的操作数据，即操作对象。例如，下面是一条 MCS-51 的机器指令：

```
01110100 00000101（74H、05H）
```

指令的前 8 位是操作码部分，要求计算机将指令后面的 8 位数 05H 送入累加器 A。

对于某种特定的计算机而言，其所有机器指令的集合称为该计算机的机器指令系统。机器指令系统及其使用规则构成这种计算机的机器语言。完成特定功能的一系列机器指令的有序集合称为机器语言程序。综上所述，机器语言具有以下特征：

① 它是唯一能被计算机直接识别并执行的计算机语言；

② 它是由 "0" "1" 代码构成的语言，和自然语言相差甚远，不便于阅读和理解；

③ 它是面向机器的语言（低级语言）。

单片机的机器指令见附录 A。

（2）汇编语言

为了克服机器语言难以掌握和编程的缺点，一般采用容易记忆的助记符来表示指令、数据及地址，例如，用 ADD、SUB、JMP 等英文或其缩写取代原来的二进制操作码，来表示加、减、转移等操作。这种用助记符来表示的机器指令，称为汇编指令，又称为符号指令，是机器指令符号化的表示。前面所列举的传送指令，若用汇编指令书写应为

```
MOV A, #05H
```

其中，MOV 为传送指令操作码的助记符，A 是目的操作数，#05H 是源操作数，指令的功能是将数 05H 传送到累加器 A 中。

按照严格的语法规则用汇编语言编写的程序又称汇编语言源程序。由于计算机不能直接识别和执行汇编语言源程序，必须把源程序翻译成机器语言程序才能执行。这种将汇编语言源程序翻译成目标程序的语言加工程序称为汇编程序。使用汇编程序进行翻译的过程称作汇编。汇编程序将源程序翻译成机器语言后，计算机系统才能执行。其过程如图 1-1 所示。

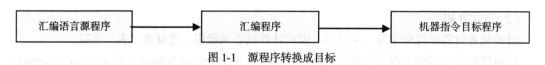

图 1-1   源程序转换成目标

综上所述，汇编语言具有以下特征：

① 在机器指令中使用助记符，较为接近自然语言，容易编程、阅读和记忆；

② 汇编程序是一对一的转换，生成的目标代码效率高（时空性能好）；

③ 适合于在硬件层次上开发程序。

（3）高级语言

汇编语言仍然烦琐、难懂。高级程序设计语言则更接近人类自然语言的语法习惯，与计算机硬件无关，用户易于掌握和使用。目前应用的高级语言主要有 C、C++等。使用高级语言书写的源程序也必须翻译成机器指令目标程序。完成此翻译任务的程序称为编译程序。编译程序和汇编程序的区别为，汇编程序是一对一的转换，而编译程序则是一对多的转换。综上所述，高级语言具有如下特征：

① 更接近自然语言，编程、阅读更容易；

② 与计算机硬件无关，机器是否支持该高级语言，取决于有无相应的编译软件；

③ 生成的目标代码效率低。

习　题

1. 微处理器、微型计算机、微处理机、CPU、单片机之间有何区别？

2. 单片机除了这一名称之外，还可以被称为什么？

3. 单片机主要应用在哪些领域？

4. 8051 和 8751 单片机的主要区别是什么？

5. 单片机根据其基本操作处理的位数可分为哪几种类型？

6. 单片机的发展大致分为哪几个阶段？

7. MCS-51 系列单片机的基本型芯片分为哪几种？它们的差别是什么？

8. MCS-51 系列单片机与 80C51 系列单片机的异同点是什么？

第2章
单片机系统开发环境

单片机系统的编程语言有汇编语言和高级语言两种。

每一种类型的单片机都有与其指令系统对应的**汇编语言**，汇编语言就是机器语言，优点是可直接操作硬件，可执行文件比较小，而且执行速度很快。汇编语言的缺点是软件的维护性和可移植性差。

单片机的高级语言包括 Basic 语言、PL/M 语言和 C/C++语言。Basic 语言主要应用在 MCS-51 系列单片机上，效果不是很理想，现在已经不再使用。PL/M 语言对硬件的控制能力和代码效率都很好，但局限于 Intel 公司的单片机系列，移植性差。 C/C++语言是目前单片机的主流编程语言。

Keil C51 软件是目前最流行开发 80C51 系列单片机的软件工具，这从近年来各单片机仿真机厂商纷纷宣布全面支持 Keil C51 即可看出。Keil C51 提供了包括 C 编译器、宏汇编、连接器、库管理和一个功能强大的仿真调试器等在内的完整开发方案，通过一个集成开发环境（μVision3 IDE）将这些部分组合在一起。

80C51 系列单片机在很多产品中得到了广泛的应用。在具体的工程实践中，单片机应用技术所涉及的实践环节较多，且硬件投入较大，如果因为控制方案有误而进行相应的开发设计，会浪费较多的时间和经费。Proteus 仿真软件很好地解决了这些问题，它可以像 Protel 一样绘制硬件原理图并实现硬件调试，再与 Keil 编程软件进行联调，实现对控制方案的验证。

因此，本书主要介绍 Keil μVision3 C51 集成开发环境和 Proteus 软件的使用。

2.1　Keil μVision3 C51 集成开发环境

Keil μVision3 C51 集成开发环境是 Keil Software，Inc/Keil Elektronik GmbH 开发的基于 51 内核的微处理器软件开发平台，内嵌多种符合当前工业标准的开发工具，可以完成从工程建立到管理、编译、链接、目标代码的生成、软件仿真、硬件仿真等完整的开发流程，尤其是 C 编译工具在产生代码的准确性和效率方面达到了较高的水平，而且可以附加灵活的控制选项，在开发大型项目时非常理想。

2.1.1　Keil μVision3 C51 的安装

1. Keil C 软件对系统的要求

安装 Keil C 集成开发软件，必须有一个最基本的硬件环境和操作系统的支持，才能确保集成开发软件中编译器及其他程序功能的正常，其最低要求为：

（1）Pentium、Pentium-II 或相应兼容处理器的 PC；

（2）Windows 95、Windows 98、Windows NT4.0 操作系统；

（3）至少 16MB RAM；

（4）至少 20MB 硬盘空间。

从以上要求来看，现在任一台个人计算机都能满足。也就是说，现在的新计算机安装 Keil C 软件都没问题。

2．Keil C 软件安装

这里以 Keil C51 V 8.02 为例介绍安装的方法。

运行安装文件，在桌面将弹出图 2-1 所示"安装向导"界面；单击"Next"按钮出现图 2-2 所示内容；选中同意许可协议的条款，单击"Next"按钮，在图 2-3 所示界面中选择安装路径后单击"Next"按钮；在图 2-4 所示界面中输入用户信息，再单击"Next"按钮；软件自动进行安装，如图 2-5 所示；安装完成后单击"Finish"按钮即可，如图 2-6 所示。

图 2-1　安装向导

图 2-2　阅读协议

图 2-3　选择安装路径

图 2-4　填写用户信息

图 2-5　安装过程

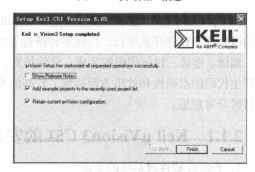

图 2-6　安装完成

2.1.2　Keil μVision3 C51 的使用及调试

1. 创建项目及源文件

在 Keil μVision3 C51 的主界面中单击"工程菜单",选择"新建工程",如图 2-7 所示,之后选择合适的路径和定义项目名称 mxlexample,单击保存后会弹出图 2-8 所示的对话框,选择 CPU 厂商后,单击"确定"按钮。

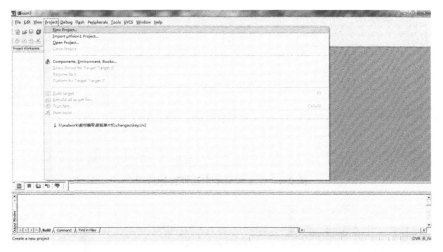

图 2-7　新建工程

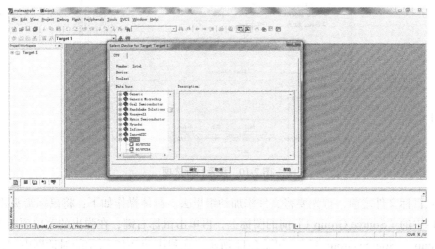

图 2-8　选择 CPU 厂商

在"文件"菜单中选择"新建",会出现代码编辑窗口,在编辑区输入程序代码,单击"保存"按钮,输入文件名称,如"mxlexample.asm"或"mxlexample.c"等,单击"保存"按钮即可。

2. 编译项目

首先,单击菜单"Project",选"Options for Target 'Target 1'",如图 2-9 所示。在弹出的对话框中选中"输出"标签页,选中页中的有关项,如图 2-10 所示。即在"创建 HEX 文件"前的复选框内打"√";在"HEX 格式"后的文本框中选择"HEX-80";在"浏览信息"前的复选框内打"√"。设置完后单击"确定"按钮,返回到主界面。此时,我们可以见到两个快捷按钮建立目标"Build target"和重建全部目标文件"Rebuild all target files"的颜色都变深了。目标文件选项设置完成。

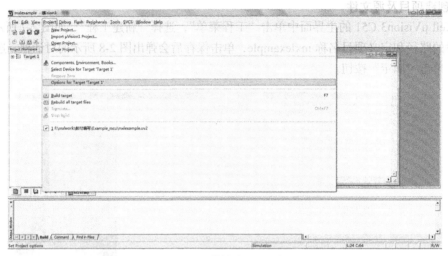

图2-9　在工程菜单中选择目标选项

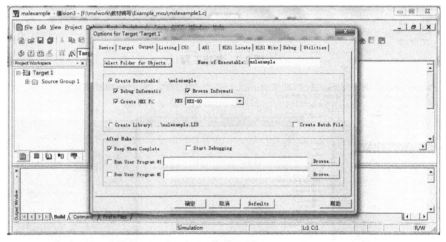

图2-10　设置目标选项

在建立目标文件之前，首先要将文件添加到组里去。具体操作如下：将鼠标箭头移至中间左边项目窗口中的"Source Group 1"前的图标上，再单击鼠标右键，在弹出的菜单项中选择"Add Files to Group 'Source Group 1'"，如图2-11所示。在弹出图2-12所示的对话框中"文件类型"选"All files(*.*)"，然后再找到刚才编辑保存好的源程序文件"mxlexample"。单击"Add"按钮，再单击"Close"按钮。此时，按钮建立目标"Build target"前的编译当前文件"Translate current file"按钮的颜色也变深了。而在中间左边项目窗口中的"Source Group 1"前多了一个"+"号。单击"+"号，可以看到在"Source Group 1"下面就有一个源程序文件图标，如图2-13所示。

完成上述操作后方可建立目标文件。通常先单击编译当前文件"Translate current file"，再建立目标文件"Build target"；或直接单击重建目标文件"Rebuild all target files"，即可生成我们需要的后缀名为HEX的十六进制代码文件。编译或汇编的结果如图2-14所示，上面提示"0 Error(s)，0 Warning(s)"。如果在编译、连接中出现错误，则可按照提示进行检查。这个以HEX为扩展名的文件就是我们要下载到单片机中的程序文件。

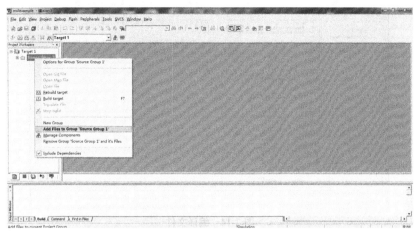

图 2-11　在组中添加文件

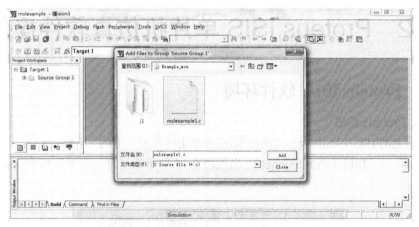

图 2-12　添加目标文件

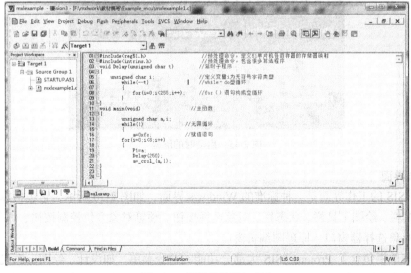

图 2-13　目标文件添加成功

图 2-14　编译文件

2.2　Proteus ISIS 单片机仿真软件操作

2.2.1　Proteus ISIS 软件环境

1. 进入 Proteus ISIS

双击桌面上的 ISIS 7 Professional 图标 或者单击屏幕左下方的"开始"→"程序"→"Proteus 7 Professional"→"ISIS 7 Professional"，出现图 2-15 所示的屏幕，表明进入 Proteus ISIS 集成环境。

图 2-15　启动时的屏幕

2. 工作界面

Proteus ISIS 的工作界面是一种标准的 Windows 界面，如图 2-16 所示，它包括标题栏、菜单栏、标准工具栏、绘图工具栏、状态栏、对象选择按钮、预览对象方位控制按钮、仿真控制按钮、预览窗口、对象选择器窗口、原理图编辑窗口。

其中，菜单栏包含了 Proteus ISIS 大部分功能的命令菜单，如设计、绘图、源代码、调试等命令菜单。同时，也包含了 Windows 窗口应用程序所具备的基本的功能命令菜单，如文件、编辑、帮助等命令菜单。

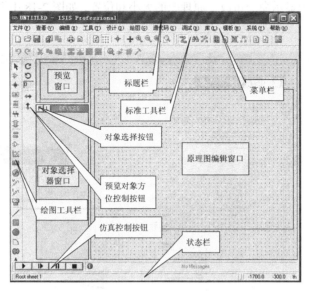

图 2-16　Proteus ISIS 的工作界面

标准工具栏则包含了在 Proteus ISIS 中进行电路仿真过程中最常用到的一些基本命令的快捷方式，如新建一个设计页面、保存当前设计、从库中选取元器件等操作。

绘图工具栏、对象选择按钮、预览对象方位控制按钮、仿真控制按钮、预览窗口、对象选择器窗口、原理图编辑窗口主要用于原理图设计及电路分析与仿真。

3. Proteus ISIS 中的主要操作

本节以 Proteus 提供的样例设计中的 8051 单片机驱动 LCD 电路来说明电路仿真的主要操作功能。在"帮助"中单击"样例设计(S)"按钮调出样例设计。选择其中的"8051 LCD Driver"文件夹下的"LCDDEMO.DSN"文件，如图 2-17 所示。单击"打开"按钮，打开电路原理图，如图 2-18 所示。

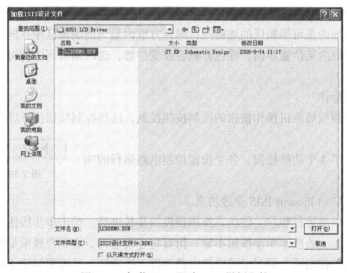

图 2-17　加载 8051 驱动 LCD 样例文件

（1）打开原理图

通过单击工具栏中显示命令可改变原理图的大小和位置，如图 2-18 中黑色填充所圈区域，主要功能见表 2-1。

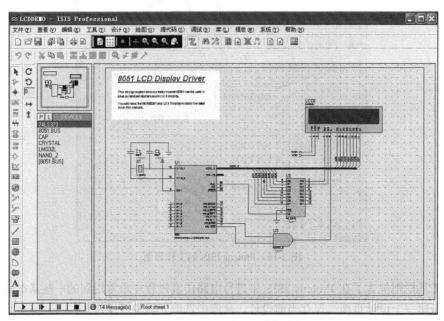

图 2-18　8051 驱动 LCD 原理图

表 2-1　　　　　　　　　　　　　　　显示命令按钮功能

	刷新显示页面		放大
	切换网格		缩小
	显示/不显示手动原点		查看整张图
	以鼠标所在点的中心进行显示		查看局部图

另外，还可以通过对象预览窗口来进行上述操作。在对象预览窗口中一般会出现蓝色方框和绿色方框。蓝色方框内是可编辑区的缩略图，绿色方框内是当前编辑区中在屏幕上的可视部分。在预览窗口蓝色方框内某位置单击，绿色方框会改变位置，这时编辑区中的可视区域也会相应改变、刷新。

（2）电路仿真操作

仿真是由一些貌似播放机操作按钮的控制按钮控制，这些控制按钮位于屏幕底端，如图 2-19 所示。

控制板上提供了 4 个功能按钮，各个按钮控制电路运行的功能如下。

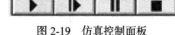

图 2-19　仿真控制面板

- 运行按钮：启动 Proteus ISIS 全速仿真。
- 单步按钮：单步运行程序，使仿真按照预设的步长进行。单击单步按钮，仿真进行一个单步时间后停止。若按下单步按钮不放，仿真将连续进行，直到释放单步按钮。这一功能可更为细化地监控电路，同时也可以使电路放慢工作速度，从而更好地了解电路各个元件的相互关系。

- 暂停按钮：暂停程序仿真。暂停按钮可延缓仿真的进行，再次按可继续被暂停的仿真，也可在暂停后接着进行步进仿真。暂停操作也可通过键盘的 Pause 键完成，但要恢复仿真需用控制面板按钮操作。
- 停止按钮：停止实时仿真，所有可动状态停止，模拟器不占用内存。除了激励元件（开关等），所有指示器重置为初始状态。停止操作也可通过键盘 Shift+Break 组合键完成。

当使用单步按钮仿真电路时，仿真按照预定的步长运行，步长可通过菜单命令设置。单击系统菜单下的设置仿真选项命令。用户可根据仿真要求设置步长。

4. Proteus ISIS 电路原理图输入

在整个电路设计过程中，电路原理图的设计十分关键，它是电路设计和仿真的第一步。电路原理图可以表达电路设计人员的设计思路，在后续的电路仿真和电路板设计过程中，它还提供了各个器件间连线的依据。

电路原理图是由一系列电路元件符号、连接导线及相关的说明符号组成的具有一定意义的技术文件。一般来说，原理图设计的主要工作包括：根据所要设计的原理图的要求设置图纸的大小和版面，规划原理图的总体布局，从元件库中查找并取出所需的元件放置在图纸上，并在必要时修改元件的属性，利用对元器件对象的操作，重新调整各元器件的位置，进行布局走线来连接电路，最后保存文档并打印输出设计。

下面通过实例，学习一下应用 Proteus ISIS 进行电路原理图输入的方法。例如，要求使用 Proteus ISIS 输入一个运算放大器 741 的应用电路原理图。电路所需元器件见表 2-2。

表 2-2　　　　　　　　　　　　　　　　元器件列表

序　号	元 件 名 称	仿真库名称	备　注
B1~B2	BATTERY	Miscellaneous	电源库→电池
U1	741	OPAMP	运算放大器库→741
R1~R3	MINRES10K	RESISTORS	电阻库→电阻

（1）Proteus ISIS 编辑窗口查找元器件

单击对象选择器端左侧"P"按钮或者在原理图编辑窗口单击鼠标右键，选择放置→器件→从库中选择，打开器件选择库对话框，如图 2-20 所示。

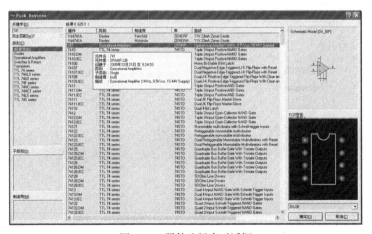

图 2-20　器件选择库对话框

在器件选择库对话框中的关键字区域中输入所需器件关键字，如在本例中需要一片 741 芯片，就可将 "741" 作为关键字来搜索所需器件。找到所需器件后，单击确定按钮将所需电路元器件添加到对象选择器列表中。按此方法将其他所需器件找到并添加到对象选择器列表中，如图 2-21 所示。

（2）Proteus ISIS 编辑窗口放置元器件

① 设置 Proteus ISIS 为元器件模式，即元器件图标 ➡ 被选中。

② 在对象选择器中，选中想要选择的元器件，此时在预览窗口中将出现所选元件的外观，同时状态栏显示对象选择器及预览窗口状态。

图 2-21　对象选择器

③ 将鼠标指针移向编辑窗口，并单击鼠标左键，此时元器件的轮廓出现在鼠标下方，这一轮廓将随着鼠标在编辑窗口中移动而移动，如图 2-22 所示。

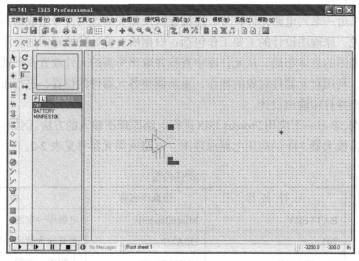

图 2-22　放置元器件过程

④ 期望放置鼠标的位置单击鼠标左键，元件将放置到编辑窗口所示，如图 2-23 所示。

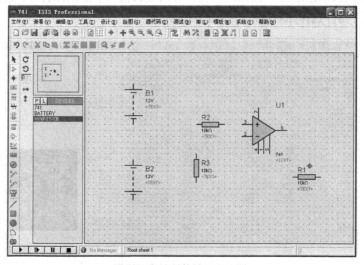

图 2-23　器件放置完成

（3）Proteus ISIS 编辑窗口中选中对象的方法

在 Proteus 中，当元器件对象被放置到编辑窗口中以后，可以通过选中对象进一步编辑。Proteus ISIS 中提供了多种方法。

① 设置 Proteus ISIS 编辑窗口为选择模式，在对象上单击鼠标左键，对象将被选中。

② 在对象上单击右键，对象将被选中，同时弹出右键菜单。

③ 当鼠标为选择指针时，在对象上单击鼠标左键，对象将被选中。

④ 按下鼠标左键，并拖动鼠标，将产生一个方框，方框内所有对象将被选中，拖动方框周围的手柄，可以改变方框的尺寸，采用这一方式，可将想要选中而未在方框内的对象进行选中。

（4）Proteus ISIS 编辑窗口中清除选中对象的方法

① 在空白处单击鼠标左键可清除元件标记。

② 在空白处单击鼠标右键，选择右键菜单中的"清除选中"选项也可以清楚选中元器件标记。

（5）Proteus ISIS 编辑窗口中移动选中对象的方法

① 当元件被选中后，将鼠标放置对象上，单击鼠标左键，对象可随鼠标的移动而移动。

② 在对采用方框选中的对象操作时，将鼠标放置在方框中，鼠标将变成交叉箭头的样式，移动鼠标，方框内的对象将随着鼠标的移动而移动。

③ 在元件上单击鼠标右键，选择右键菜单中的拖动对象选项，此时，被选中对象将随着鼠标的移动而移动。

（6）Proteus ISIS 编辑窗口布线

当元件放置到合适的位置以后，接着连接元件，即在 Proteus ISIS 编辑窗口布线。Proteus ISIS 中没有布线模式，但用户可以在任意时刻放置连线和编辑连线。系统提供了以下 3 种技术支持布线。

① 实时显示鼠标连线状态。

② 使用"锚"确定布线路径。在布线期间单击鼠标左键放置"锚"，则系统会沿着"锚"连线。单击鼠标右键可以删除放置的"锚"，或放弃画线，在绘制比较大的电路图或需要跨越其他对象时，这一方法非常有用。

③用 Ctrl 键手动画线。在画线起始或画线过程中，按下 Ctrl 键可屏蔽自动布线功能，用户可以完全实现手动布线。

在本实例中，布线完成之后，如图 2-24 所示。

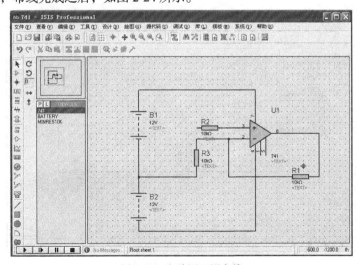

图 2-24　电路原理图布线

（7）Proteus ISIS 编辑窗口连接端子

在完成电路原理图工作中，还有一步就是放置并连接端子。

① 选择"终端模式"图标 ，此时在对象选择器中列出可用的端子类型。

② 选择所需要的端子并将其放置到编辑窗口，并与所需元件连接。

本实例中端子连接完成之后，如图 2-25 所示。

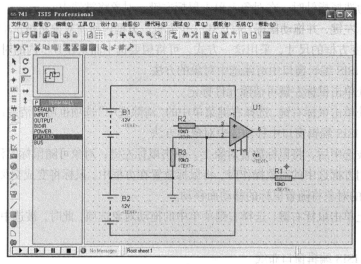

图 2-25　端子连接

（8）Proteus ISIS 编辑元器件属性的方法

在 Proteus 中，提供了多种编辑元件属性的方法，用户可以采用下述方法编辑元件属性。

① 双击元器件。

② 在元件上单击鼠标右键，在弹出菜单上选择"属性编辑"选项。

③ 设置编辑窗口为"选择"模式，在元件上单击鼠标左键，端子将以高亮的形式显示，然后单击鼠标右键，弹出右键菜单，选择右键菜单中的"属性编辑"选项。本实例属性编辑完成之后，如图 2-26 所示。

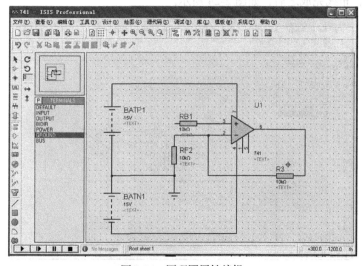

图 2-26　原理图属性编辑

当原理图绘制并完善以后，可以通过文件菜单下的保存命令对设计进行存档。

2.2.2　在 Proteus 中创建新的元件

在 Proteus 中，当某一元件不存在，用户需要在 Proteus ISIS 编辑环境中创建这一元件，在 ISIS 中，没有专门的元件编辑模式，所有的元件制作符号、元件编辑工作都是在原理图编辑窗口中完成的。本节以制作元件 7110 数字衰减器为例，介绍创建元件的基本步骤。

在创建新元件之前，应首先了解一下其外形、尺寸、引脚数量等信息。7110 元器件外观如图 2-27 所示。

① 打开 Proteus ISIS 编辑环境，新建一个设计，系统将清除所有原有的设计数据，出现一张空的设计图纸。

② 单击绘图工具栏中的绘制"2D 图形框体模式"图标█来绘制元器件的外观，对象选择器中列出了各种图形风格，如图 2-28 所示。不同的风格包含了不同的线的颜色、粗度、填充风格等属性。本例中选择"COMPONENT"图形风格选项。在原理图编辑区中单击鼠标左键，然后拖动鼠标将出现一个矩形框，如图 2-29 所示。

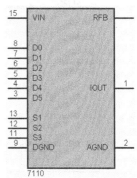

图 2-27　7110 元件外观

图 2-28　2D 图形框体模式及其所包含的图形风格

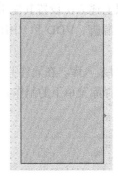

图 2-29　COMPONENT 图形

③ 单击绘图工具栏中的"器件引脚模式"图标▷ 为新器件添加引脚。图 2-30 所示为引脚列表，其中 DEFAULT 为普通引脚，INVERT 为低电平有效引脚，POSCLK 为上升沿有效的时钟输入引脚，NEGCLK 为下降沿有效的时钟输入引脚，SHORT 为较短引脚，BUS 为总线。本例中选择 DEFAULT。

④ 参照图 2-27 中 7110 的引脚位置，在图 2-29 图形边框单击鼠标左键从左到右依次放置引脚 VIN、D0、D1……D5、S1、S2、S3、DGND、RFB、IOUT 及 AGND。此外，在元件边框的上边框和下边框分别放置 VDD、VBB 电源引脚，如图 2-31 所示。

图 2-30　引脚名称列表

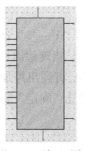

图 2-31　放置引脚

⑤ 标注引脚名，并为其设置电气类型。用鼠标单击右键左上方的第一个引脚，从右键菜单中选择"编辑属性"选项，将弹出图 2-32 所示对话框。在弹出的编辑引脚对话的引脚名称文本框键入引脚名称为"VIN"，其引脚类型设置为输入，并设置显示引脚选项，如图 2-33 所示。单击"确定"按钮，完成设置，如图 2-34 所示。

图 2-32　编辑引脚属性对话框

图 2-33　设置引脚

参照上述方法设置其他引脚。其中 IOUT 引脚设置为输出类型，VDD、VBB、AGND 和 DGND 设置为电源脚，VDD 和 VBB 引脚设置为不显示，其余引脚均设置为输入，得到图 2-35 所示的元件。

⑥ 封装入库。在元件上单击鼠标右键，选择"全选"命令选中整个元件，如图 2-36 所示，然后，选择库菜单下的制作元件命令，出现图 2-37 所示对话框，并按照图中内容输入相应部分。

图 2-34　设置 VIN 引脚

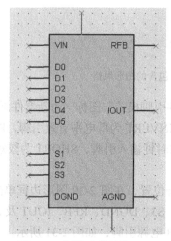

图 2-35　制作出的元件 7110

图 2-36　用右键选择整个元件

单击图 2-37 中的"下一步"选项，出现选择 PCB 封装界面，如图 2-38 所示。直接单击图中的"添加/删除"选项，出现添加封装界面，如图 2-39 所示。

单击"添加"按钮，将弹出添加封装界面，如图 2-40 所示。在关键字文本框中键入"DIL16"，选择 DIL16 封装，单击"确定"按钮，系统将设置 7110 的默认封装为 DIL16，如图 2-41 所示。

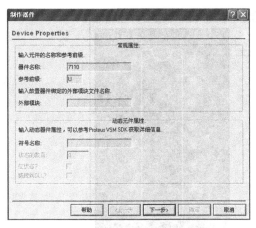

图 2-37　制作器件对话框

图 2-38　选择 PCB 封装界面

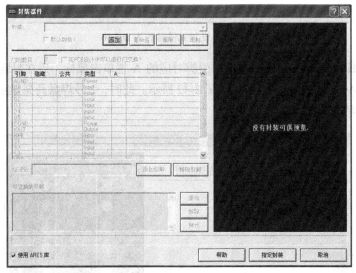

图 2-39　可视封装工具界面

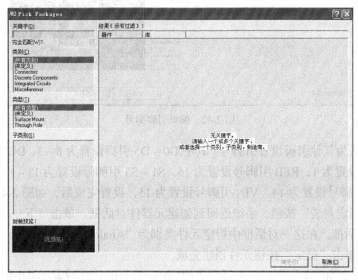

图 2-40　添加封装界面

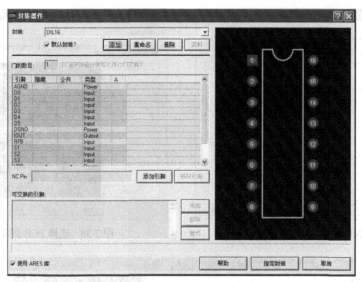

图 2-41　设置元件封装为 DIL16

利用封装图编辑引脚编号。在 AGND 引脚对应的 A 栏单击鼠标，后在封装预览区单击 2 号焊盘，则可设置 AGND 引脚编号为 2，如图 2-42 所示。此时，2 号焊盘高亮显示，同时光标移动到 D0 对应的引脚号编辑框。

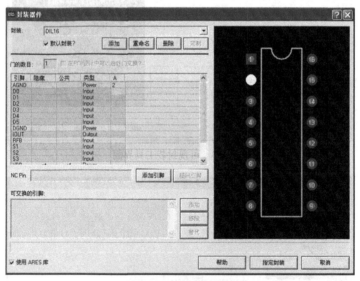

图 2-42　编辑引脚编号

按照上述方法为其他引脚设置引脚号。其中 D0～D5 引脚设置为 8～3，DGND 引脚号设置为 9，IOUT 引脚号设置为 1，RFB 引脚号设置为 16，S1～S3 引脚号设置为 13～11，VBB 引脚号设置为 10，VDD 引脚号设置为 14，VIN 引脚号设置为 15，设置完成后，如图 2-43 所示。

继续单击"指定封装"按钮，系统返回到创建元器件对话框。单击"下一步"按钮，直到出现图 2-44 所示对话框。在这一对话框中指定元件类别为"Analog ICs"，子类为"Miscellaneous"，如图 2-45 所示。单击"确定"按钮元件创建完成。

单击选择器件按钮"P"，在关键字文本框中输入"7110"，在搜索结果中即可找到刚刚创建的 7110 器件，如图 2-46 所示。

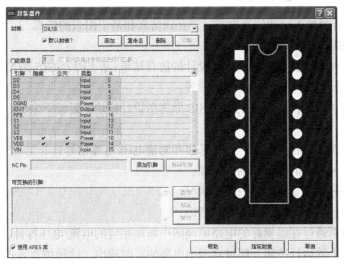

图 2-43　引脚编号编辑完成

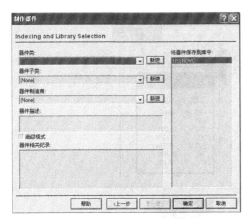

图 2-44　索引及库选择对话框

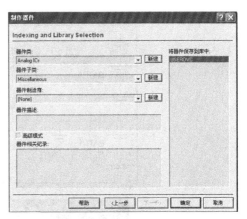

图 2-45　编辑元件所属类及其子类

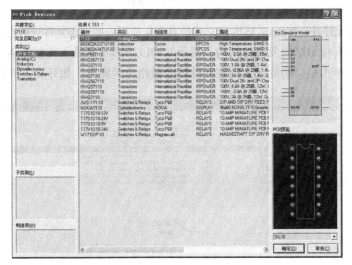

图 2-46　在器件库中查找 7110

2.2.3 Proteus 电路仿真

Proteus VSM 有两种不同的仿真方式：交互式仿真和基于图表的仿真。

1. Proteus ISIS 交互式仿真

交互式仿真——实时直观地反映电路设计的仿真结果；基于图表的仿真(ASF)——用来精确分析电路的各种性能，如频率特性、噪声特性等。

Proteus VSM 中的整个电路分析是在 ISIS 原理图设计模块下延续下来的，原理图中可以包含以下仿真工具。

- 探针——直接布置在线路上，用于采集和测量电压/电流信号；
- 电路激励——系统的多种激励信号源；
- 虚拟仪器——用于观测电路的运行状况；
- 曲线图表——用于分析电路的参数指标。

交互式电路仿真通过在编辑好的电路原理图中添加相应的电流/电压探针，或放置虚拟仪器，然后单击控制面板上的运行按钮，即可观测出电路的实时输出。这种仿真方式具有直观的结果输出，如图 2-47 所示。

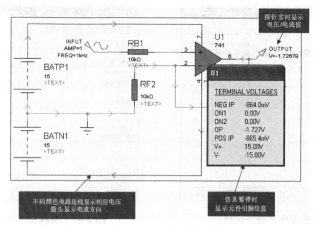

图 2-47 交互式仿真

除一些通用的元件外，Proteus ISIS 交互式仿真通常使用一些动态元件进行电路仿真，如图 2-48 所示。动态元件具有指示结构及操作结构，指示结构以图形状态显示其在电路中的状态。操作结构为红色的标记，单击相应的标记，动态元件就会做相应的操作，如开关，可以打开和闭合。

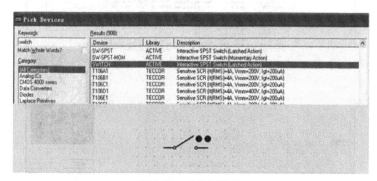

图 2-48 动态元器件

下面让我们看一个交互式仿真的简单例子，如图 2-49 所示。这是一个简单的串联电路，需要的电子元器件主要有：12V 的电池组一个、开关一个、50Ω 的滑动变阻器一个、熔断电流为 1A 的保险丝一个。

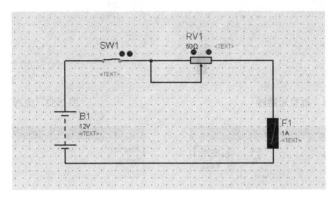

图 2-49　交互式仿真实例

首先，将电路输入 ISIS 的原理图编辑区。单击对象选择器的"P"按钮，进入元件库对话框，如图 2-50 所示。

在器件库对话框的关键字区域输入所需器件的关键字，将所需器件逐个添加到对象选择器窗口中，如图 2-51 所示。

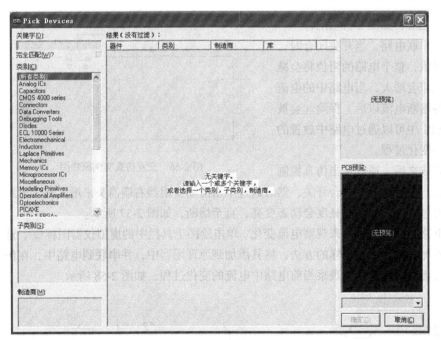

图 2-50　选择器件

图 2-51　对象选择

将对象选择器中的器件，逐一添加到原理图编辑窗口的适当位置，如图 2-52 所示。

将器件用线连接起来，如图 2-53 所示。

滑动变阻器的阻值和保险丝的熔断电流可以通过左键选择器件后，鼠标右键单击编辑属性命令来调整，如图 2-54 和图 2-55 所示。

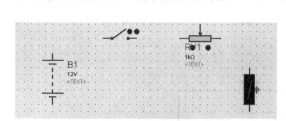

图 2-52　放置元器件

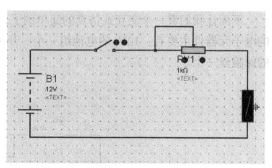

图 2-53　原理图布线

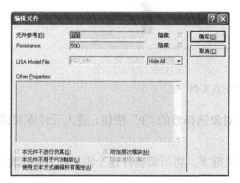

图 2-54　编辑滑动变阻器属性对话框

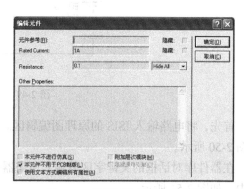

图 2-55　编辑保险丝属性对话框

原理图编辑完成之后，如图 2-56 所示。

这是一个简单的串联电路，当开关闭合时，减小滑动变阻器的阻值，整个电路的阻值将会减小，从而电路中的电流会增大，当电路中的电流增大到超过保险丝的熔断电流以后，保险丝会被熔断。在 Proteus ISIS 中可以通过电路中放置的动态器件来仿真这一变化过程。

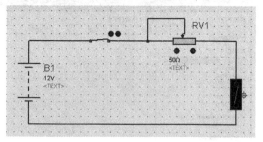

图 2-56　交互仿真实例原理图

当原理图输入完成之后，通过单击仿真控制面板的全速运行按钮，启动仿真。闭合开关，然后通过单击滑动变阻器右端箭头来增大整个电路的电流值。电流增大过程中保险丝的亮度会动态变亮，直至熔断，如图 2-57 所示。

也可以在串联电路中添加电流表来观察电流变化。单击绘图工具栏中的虚拟仪器图标，选中直流电流表，同添加普通元器件一样的方法，将其添加到原理图当中，并串联到电路中，在仿真过程中就可以通过虚拟电流表实时观察当前电路中电流的变化过程，如图 2-58 所示。

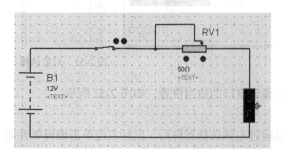

图 2-57　交互式仿真过程实例

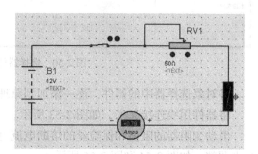

图 2-58　交互式仿真电路中电流表应用

2. Proteus ISIS 基于图表的仿真

图表分析可以得到整个电路的分析结果，并且可以直观地对仿真结果进行分析。同时，图表分析能够在仿真过程中放大一些特别的部分，进行一些细节上的分析。另外，图表分析也是唯一一种能够实现在实时中难以做出的分析，比如说交流小信号分析、噪声分析和参数扫描。

图表在仿真中是一个最重要的部分。它不仅是结果的显示媒介，而且定义了仿真类型。通过放置一个或若干个图表，用户可以观测到各种数据（数字逻辑输出、电压、阻抗等），即通过放置不同的图表来显示电路在各方面的特性。

以原理图输入一节中，图 2-26 所示运算放大器 741 的应用电路为例做一下说明。

当电路输入完成以后，基于图表的仿真需要放置信号发生器。在这里需要的是频率为 1kHz 的振幅为 1 的正弦波信号源。单击绘图工具栏中的激励源图标，在对象选择器列表中会列出相应多种供选择的激励源，如图 2-59 所示。选择其中的正弦信号源，添加到原理图中，并设置信号源属性，如图 2-60 所示。

图 2-59　激励源模式下的对象选择器　　　图 2-60　正弦波信号属性编辑窗口

另外，需要在放大电路的输出端放置电压探针。放置完成信号源与电压探针的原理图如图 2-61 所示。

下面具体介绍基于模拟图表的电路分析与仿真的方法。

（1）选择图表

单击工具箱中的图表模式按钮，在对象选择器中将出现各种仿真分析所需的图表（如模拟、数字、混合等），如图 2-62 所示。选择模拟图表仿真图形。

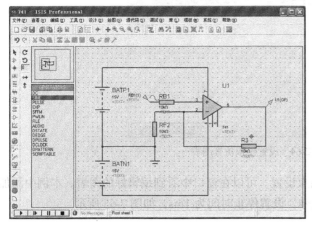

图 2-61　放置完成信号源与电压探针的原理图　　　图 2-62　仿真分析所需图表

（2）放置图表

光标指向编辑窗口，按下左键拖出一个方框，确定方框大小后松开左键，则模拟分析图表被添加到原理图中，如图2-63所示。

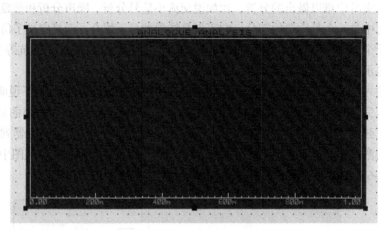

图2-63 模拟分析图表被添加到原理图

① 图表与其他元器件在移动、删除、编辑等方面的操作相同。

② 图表的大小可以进行调整，其方法是：选中图表，此时图表的四周出现黑色的小方框，光标指向方框拖动即可调整图表大小。

（3）放置探针

把信号发生器和探针放到图表中。每个发生器都有一个默认的自带探针，所以不需要单独为发生器放置探针。加入发生器和探针的方法有多种。这里只介绍最常用的一种。依次选中原理图中的探针或发生器，按住左键将其拖入图表，松开左键即可完成放置。图表有左、右两条竖轴，探针或发生器靠近哪侧竖轴拖入，其名称就被放置在哪条轴上，图表中的探针和发生器名与原理图中的名称相同。

（4）设置仿真图表

运行时间由X轴的范围确定。双击图表即可出现编辑瞬态图表对话框，如图2-64所示，设置相应的开始时间和停止时间。

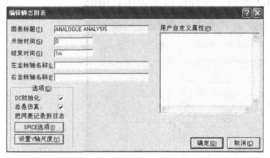

图2-64 设置模拟仿真图表

设置完成后，单击"确定"按钮结束设置。可以在窗口中看到编辑好的图表。本例中添加的发生器和探针为INPUT和OUTPUT信号，设置停止时间为1ms，如图2-65所示。

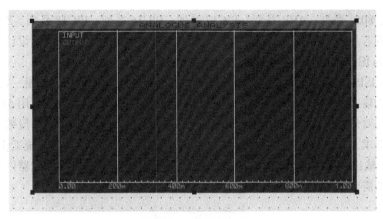

图 2-65　编辑好的图表

（5）进行仿真

单击"绘图"菜单下的"仿真图表"命令或者按下空格键，电路开始仿真，图表也随着仿真的结果进行更新，仿真结果如图 2-66 所示。

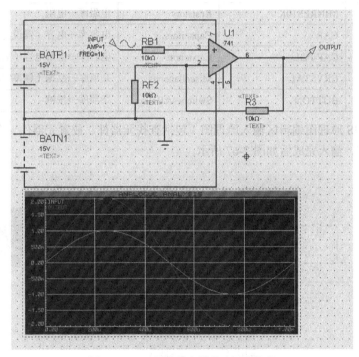

图 2-66　741 运算放大器基于图表仿真

仿真的情况可以通过"绘图"菜单下的"查看日志"命令查看。仿真日志记录最后一次的仿真情况，当仿真中出现错误时，日志中可显示详细的出错信息。

2.2.4　Proteus ISIS 单片机仿真

结合 Proteus ISIS 的交互式仿真及基于图表的仿真方式，可以有效且直观地、生动地对模拟电路、数字电路及单片机系统电路进行仿真，尤其是对单片机系统的仿真是 Proteus VSM 的主要特色。用户可在 Proteus 中直接编辑、编译、调试代码，并直观地看到仿真结果。目前支持的单片机类型有 68000 系列、8051 系列、AVR 系列、PIC12 系列、PIC16 系列、PIC18 系列、Z80 系列、HC11 系列及各种外围芯片。在本节中主要介绍在 Proteus ISIS 环境中单片机系统的设计与仿真的方法。

1. Proteus ISIS 中单片机系统电路设计

在 Proteus ISIS 环境中设计单片机系统电路和设计其他类型的电路方法是一样的，仍然是一个电路原理图的输入及编辑过程。下面结合一个实例说明一下。例如，要求利用 51 单片机设计一个简单计数电路对外部按键输入进行 0 ~ 9 循环计数，并且将计数值显示在 7 段数码管上。

分析题目要求，首先要确定整个电路由三个部分组成，分别是单片机系统工作的最小电路、按键输入、显示输出，然后对电路的每个部分做详细设计，确定具体需要的元器件的种类及数量。在本示例中主要需要的元器件见表 2-3。

表 2-3 实例所需器件列表

序 号	元 件 名 称	仿真库名称	备 注
U1	AT89C51	MCS8051	微处理器库→AT89C51
L1	7SEG-COM-ANODE	Optoelectronics	光电元件库→7 段数码管
R1~R7	RES	Resistors	电阻库→电阻（需设置为 220Ω）
R8	MINRES10K	Resistors	电阻库→电阻
C1、C2	CAP	Capacitors	电容库→电容（需设为 33pF）
C3	CAP-POL	Capacitors	电容库→电解电容（需设为 10μF）
X1	CRYSTAL	Miscellaneous	杂项库→晶振（频率需设为 12MHz）
K1	BUTTON	Switches&Relays	杂项库→按键

在 Proteus ISIS 原理图编辑区输入原理图（包括查找元器件、放置元器件、布线、连接端子、编辑器件属性等），输入完成后如图 2-67 所示。

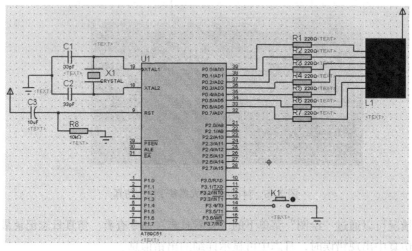

图 2-67 计数电路原理图

2. Proteus ISIS 中单片机程序设计

Proteus VSM 中的源代码控制系统包括以下两个主要特性。

● 内部集成源代码编程环境。这一功能使得用户可以直接在 ISIS 编辑环境中直接编辑源代码，而无需手动切换应用环境。在 ISIS 中定义了源代码编译为目标代码的规则。一旦程序启动，并执行仿真，这些规则将被实时加载，因此目标代码被更新。

- 如果用户定义的汇编程序或编译器自带 IDE，可直接在其中编译，无需使用 ISIS 提供的源代码控制系统。当生成外部程序时，切换回 Proteus 即可。

下面介绍在 Proteus ISIS 中创建源代码方法。

选择"源代码"菜单下"添加/移除源文件"命令，在弹出的对话框中单击代码生成工具下方的下拉式菜单，将列出系统提供的代码生成工具。在本例中使用的是 51 系列单片机，因此选择"ASEM51"代码生成工具，如图 2-68 所示。

单击"新建"按钮，在对话框中的文件名一栏中为源代码键入文件名"51counter"，并在文件类型中指定新建文件的类型为"ASEM51 souce files（*.ASM）"，如图 2-69 所示。

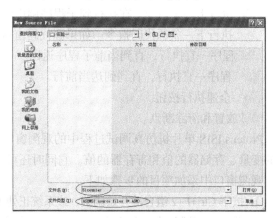

图 2-68　代码生成工具选择　　　　　　　　图 2-69　新建源代码文件

选择"源代码"菜单，点选"51counter.ASM"，即可打开源文件编辑窗口，在编辑窗口中键入程序并保存，如图 2-70 所示。

选择"源代码"菜单，点选"全部编译"命令，如果程序没有语法错误，将对当前源文件进行编译并生成目标文件，并加载到当前所选 CPU，同时生成日志，如图 2-71 所示。

图 2-70　Proteus ISIS 中源代码编辑　　　　　　图 2-71　代码编译日志

3. Proteus ISIS 中单片机系统调试

Proteus VSM 支持源代码调试。系统的 debug loders 包含在系统文件 LOADERS.DLL 中。目前，系统可支持的工具数量正在增加。

对于系统支持的汇编程序或编译器，Proteus VSM 将会为设计项目中的每一个源代码文件创建一个源代码窗口，并且这些代码将会在 Debug 菜单中显示。

在进行代码调试时，需先在微处理器属性编辑中的 Program File 项配置目标代码文件名。因为设计中可能有多个处理器，所以 ISIS 不能自动获取目标代码。

单击控制面板中的暂停按钮 ▐▐ ，开始调试程序，此时会弹出源代码调试窗口，如图 2-72 所示。

源代码窗口为一个组合框，允许用户选择组成项目的其他源代码文件。用户也可使用组合键 CTRL-1，CTRL-2，CTRL-3 等切换源代码文件。蓝色条代表当前命令行，在此处按动 F9 键，可设置断点；如果按动 F10，程序将单步执行。红色箭头表示处理程序计数器的当前位置。红色圆圈标注的行说明系统在这里设置了断点。在源代码窗口中提供了如下命令按钮。

执行下一条指令。在执行到子程序调用语句时，整个子程序将被执行。

执行下一条源代码指令。如果源代码窗口未被激活，系统将执行一条机器代码指令。

程序一直执行，直到当前子程序返回。

程序一直执行，直到到达当前行。

全速执行按钮。

放置和清除断点。

Proteus ISIS 单片机仿真调试过程中的观测窗口的功能非常值得一提。观测窗口可以显示处理器的变量、存储器的值和寄存器的值。它同时还可以给独立存储单元指定名称。

观测窗口中添加项目的步骤如下。

① 按下 Ctrl+F12 组合键开始调试，或系统正处于运行状态时，单击"暂停"按钮，暂停仿真。

② 单击"调试"菜单中的"watch window"命令，显示 Watch Window 窗口。

③ 在 Watch Window 窗口单击鼠标右键，为窗口添加观测变量，如图 2-73 所示。

图 2-72　源代码调试窗口

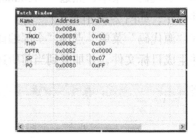

图 2-73　观测窗口

2.3　Keil 与 Proteus 联合调试

在单片机中，所有的硬件电路设计、对应软件其实都可以在 Keil 及 Proteus 平台上进行，Keil 完成单片机软件设计调试，Proteus 完成硬件设计及系统运行结果查看。通过它们，用户可以方便地进行电路原理图的设计和仿真测试、观察电路的工作状态及软件运行后的变化情况。

2.3.1　Keil 与 Proteus 接口

将 Proteus 和 Keil 进行联调，需要设置好双方软件的接口，联调接口设置步骤如下。

（1）把安装目录 Proteus \ MODELS 下的 VDM51. dll 文件复制到 Keil 安装目录的 \ C51 \ BIN 目录中。

（2）修改 Keil 安装目录下 Tools. ini 文件，在 C51 字段加入 TDRV5=BIN \ VDM51.DLL （"PROTEUS 7 EMULATOR"）并保存。注意：不一定要用 TDRV5，根据原来字段选用一个不重复的数值就可以了，引号内的名字随意。

（3）打开 Proteus，画出相应电路，在"调试"菜单中选中"使用远程调试监控"命令。

（4）进入 Keil 软件，选择 Project 菜单下的"Option for Target 'Target1'"命令，在弹出的对话中选择 Debug 选项卡，单击右栏上部的组合列表框，选择"Proteus VSM Simulator"，然后单击"Settings"按钮，设置机器 IP 为 127.0.0.1，端口号为 8000，如图 2-74 所示。

图 2-74　Keil 中的联调设置

（5）在 Keil 中进行程序调试，同时在 Proteus 中查看直观的结果，这样就可以像使用仿真器一样调试程序了。

2.3.2　Keil 与 Proteus 联合调试实例

本节仍以基于 51 单片机的简单计数电路为例，说明使用 Proteus 和 Keil 软件进行单片机系统设计和仿真的过程 。

首先，用 Proteus ISIS 画好电路图，如图 2-75 所示。

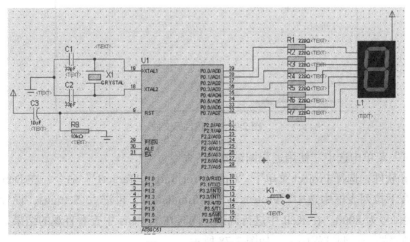

图 2-75　计数电路原理图

要求在 Keil μV3 软件环境下运用 C 语言对单片机编程实现题目中要求的对外部按键输入进行 0~9 循环计数，并且将计数值显示在 7 段数码管上，程序编辑及调试如图 2-76 所示。

图 2-76　运用 C 语言在 Keil 中对单片机编程

Keil 中的具体调试过程本书中不做详细介绍，相关内容请参照第 3 章。编译无误后生成.hex 文件，生成的目标文件通常在 Keil 的当前工程文件目录中，然后，将生成的 . hex 文件"下载"到 51 芯片中，如图 2-77 所示。

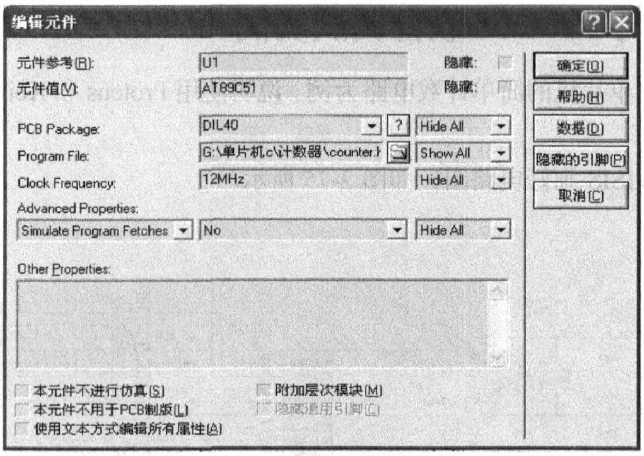

图 2-77　加载目标文件

在"调试"菜单中选中"使用远程调试监控"命令。

运行 Keil 软件，选择 Project 菜单下"Option for Target 'Target1'"命令，在 Debug 选项中右栏上部的组合下拉列表框中选中"Proteus VSM Simulator"，再进入 Settings，设置机器 IP 为 127.0.0.1，端口号为 8000。在 Keil 中进行调试，同时在 Proteus 中查看直观的结果。这样就可以像使用硬件仿真器一样调试程序了，如图 2-78 所示。

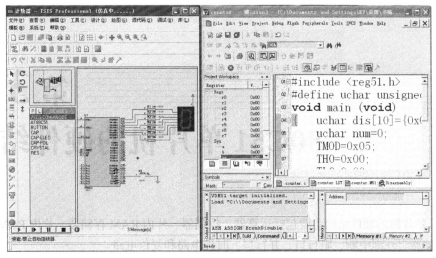

图 2-78 Keil 与 Proteus 联合调试

习　题

1. Keil μVision3 C51d 主要功能有哪些？

2. Keil software 提供了哪些套件？

3. keil C 软件对系统的要求是什么？

4. 如何创建项目及源文件？

5. Proteus 软件有哪两部分组成，各部分的功能有哪些？

6. 使用 Proteus ISIS 进行原理图输入都要经过哪些步骤？

7. 交互式仿真的特点是什么？

8. 基于图表仿真的步骤是怎样的？

9. 使用 Proteus ISIS 进行单片机系统设计流程是怎样的？

10. 使用 Proteus ISIS 和 Keil 软件进行整合及联合调试以及软、硬协同仿真的一般步骤是怎样的？

第3章
80C51 单片机的硬件结构

80C51 单片机的硬件结构主要包括运算器、控制器、片内 RAM 存储器、片内 ROM 存储器、定时器/计数器、外部中断、串行口、并行口、时钟电路和复位电路。

3.1　80C51 单片机的硬件组成

单片机是把计算机的运算器、控制器、少量存储器、最基本的输入/输出电路、串行口电路、中断和定时电路等都集成在一块芯片上的微型计算机，故下面将从微机的主要基本组成部分来介绍单片机的系统结构。

3.1.1　80C51 单片机硬件结构图

80C51 系列单片机的内部结构如图 3-1 所示，它主要由以下几部分组成。

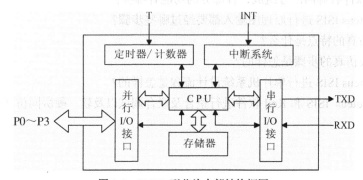

图 3-1　80C51 型芯片内部结构框图

1. 中央处理器

中央处理器（CPU）是单片机的核心部件，由运算器、控制器组成，此外，在 CPU 的运算器中还有一个专门进行位数据操作的位处理器。

2. 内部存储器

内部存储器是用来存放程序和数据的部件，分为内部程序存储器和内部数据存储器。在单片机中，内部程序存储器和内部数据存储器是分开寻址的。

（1）内部程序存储器

它由 ROM 和程序地址寄存器组成，称为内部 ROM。80C51 单片机有 4KB 掩膜式的 ROM，主要用于存放程序、原始数据和表格内容。因为单片机工作时程序是不必修改的，故内部程序存储器是只读存储器。

（2）内部数据存储器

它由 RAM 和数据地址寄存器组成，80C51 单片机有 128 个字节的 RAM 单元，而增强型单片机有 256 个字节的 RAM 单元，主要用于存放可随机存取的数据及运算结果。

3. 定时器/计数器

80C51 单片机共有 2 个 16 位长度的定时器/计数器，用于实现定时或计数功能，并可用定时、计数结果对单片机及系统进行控制。

4. 并行 I/O 接口

80C51 单片机共有 4 个 8 位的并行 I/O 接口（P0、P1、P2、P3），以实现数据的并行输入与输出。

5. 串行 I/O 接口

80C51 单片机有一个全双工的串行 I/O 接口，以实现单片机与其他数据设备之间的串行数据传递。该串行 I/O 接口的功能较强，既可作为全双工异步通信收发器使用，也可作为同步移位器使用。

6. 中断控制系统

80C51 单片机共设有 5 个中断源（2 个外部中断、2 个定时/计数中断和 1 个串行中断）、二级优先级，可实现二级中断嵌套。

7. 时钟电路

80C51 单片机芯片内有时钟电路，但石英晶体和微调电容需要外接。时钟电路为单片机产生时钟脉冲序列，作为单片机工作的时间基准，典型的晶体振荡频率为 12MHz。

以上各个主要功能部件基本上构成了 80C51 单片机，作为计算机应该具有的基本部件，它都包括，实质上单片机系统就是一个简单的计算机系统。

3.1.2　80C51 单片机的引脚信号

80C51 单片机采用 40 个引脚双列直插式封装（DIP）方式。其中，许多引脚具有第 2 功能，但各种不同的单片机芯片又略有不同。80C51 单片机的芯片引脚如图 3-2 所示，这些引脚可以分为 4 类：电源类（2 个）、时钟类（2 个）、并行 I/O 类（32 个）、控制类（4 个）。各个引脚说明如下。

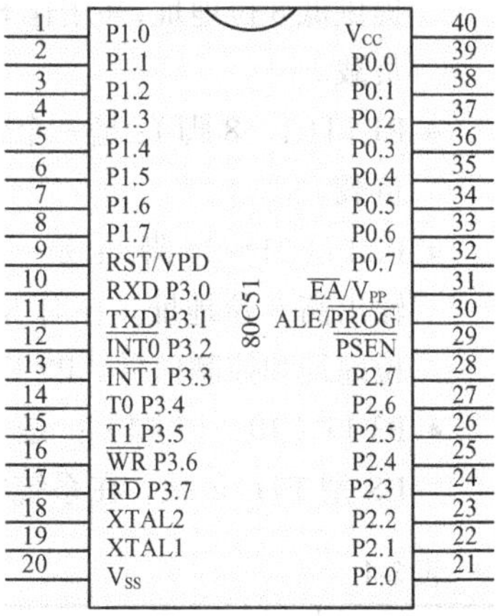

1. 电源类引脚

- V_{CC}（40 脚）：芯片工作电源的输入端，+5V。
- V_{SS}（20 脚）：电源的接地端。

2. 时钟类引脚

XTAL1（19 脚）和 XTAL2（18 脚）的内部是一个振荡电路。为了产生时钟信号，对 80C51 单片机的内部工作进行控制，在 80C51 单片机内部设置了一个反相放大器，XTAL1

图 3-2　80C51 型单片机芯片引脚图

为放大器的反相输入端，XTAL2 为放大器的同相输入端。当使用芯片内部时钟时，在这两个引脚上外接石英晶体和微调电容；当使用外部时钟时，用于接外部时钟脉冲信号。

3. 控制信号引脚

- RST/VPD（9 脚）：RST 为复位信号输入端。当振荡器工作时，RST 端保持两个机器周期以上的高电平时，可使 80C51 单片机实现复位操作。该引脚的第 2 功能（VPD）是作为内部备用电源的输入端。当主电源 V_{CC} 一旦发生故障或电压降低到电平规定值时，可通过 VPD 为单片机内部 RAM 提供电源，以保护片内 RAM 中的信息不丢失，使系统在上电后能继续正常运行。

- ALE/$\overline{PROG}$（30 脚）：ALE 为地址锁存允许输出信号。在访问外部存储器时，80C51 单片机通过 P0 口输出片外存储器的低 8 位地址，ALE 用于将片外存储器的低 8 位地址锁存到外部地址锁存器中。在不访问外部存储器时，ALE 以时钟振荡频率的 1/6 的固定频率输出，因而它又可用作外部时钟信号及外部定时信号。每当 CPU 访问外部数据存储器时，将跳过一个 ALE 脉冲。ALE 可以驱动 8 个 LS 型 TTL 门。此引脚的第 2 功能 $\overline{PROG}$ 是对 8751 型单片机内部 EPROM 编程/校验时的编程脉冲输入端。

- $\overline{PSEN}$（29 脚）：外部程序存储器 ROM 的读选通信号输出端。当访问外部 ROM 时，$\overline{PSEN}$ 定时产生负脉冲，用于选通片外程序存储器信号，即每个机器周期（12 个时钟周期）内有效两次。在访问外部 RAM 或片内 ROM 时，不会产生有效的 $\overline{PSEN}$ 信号。$\overline{PSEN}$ 可驱动 8 个 LSTTL 输入端。

- $\overline{EA}$/V_{PP}（31 脚）：$\overline{EA}$ 为访问内/外部程序存储器控制信号。当 $\overline{EA}$ 为电平时，对 ROM 的读操作先从内部 4KB 开始，当地址范围超出 4KB 时自动切换到外部进行；当 $\overline{EA}$ 为低电平时，对 ROM 的读操作限定在外部程序存储器。由此可见，8031 型单片机没有内部的 4KB 程序存储器，因此其 $\overline{EA}$ 脚只能接地。当向内含 EPROM 的 8751 型单片机固化程序时，通过该引脚的第 2 功能 V_{PP} 外接 12～25V 的编程电压。

4. 并行 I/O 接口引脚

80C51 单片机有 32 条 I/O 线，构成 4 个 8 位双向端口，其基本功能如下。

- P0 口（32～39 脚）：是一个 8 位漏极开路型的双向 I/O 接口。在访问外部存储器时，分时提供低 8 位地址，并用作 8 位双向数据总线。P0 口能以吸收电流的方式驱动 8 个 LS 型 TTL 负载。

- P1 口（1～8 脚）：是一个带内部提升电阻的 8 位准双向 I/O 接口。它能驱动 4 个 LS 型 TTL 负载。

- P2 口（21～28 脚）：是一个带内部提升电阻的 8 位准双向 I/O 接口；在访问外部存储器时，输出高 8 位地址。在对 8751 型单片机内 EPROM 进行编程和检验时，P2 用于接收高 8 位地址和控制信号。P2 口可以驱动 4 个 LS 型 TTL 负载。

- P3 口（10～17 脚）：是一个带内部提升电阻的 8 位准双向 I/O 接口。P3 口可以驱动 4 个 LS 型 TTL 负载。在系统中，这 8 个引脚都有各自的第 2 功能，详见表 3-1。

表 3-1   P3 口各位的第 2 功能

P3 口引脚	第 2 功能	P3 口引脚	第 2 功能
P3.0	RXD（串行口输入端）	P3.4	T0（定时器 0 外部输入）
P3.1	TXD（串行口输出端）	P3.5	T1（定时器 0 外部输出）
P3.2	INT0（外部中断 0 输入）	P3.6	$\overline{WR}$（外部数据存储器写脉冲输出）
P3.3	INT1（外部中断 1 输入）	P3.7	$\overline{RD}$（外部数据存储器读脉冲输出）

3.2　80C51 单片机的微处理器

80C51 单片机的微处理器是由运算器和控制器构成的。

3.2.1　运算器

运算器的功能是主要进行算术和逻辑运算，它由算术逻辑单元 ALU、累加器 A、寄存器 B、状态字寄存器 PSW 和两个暂存器组成。

1. 算术逻辑单元（ALU）

算术逻辑单元（ALU）是运算器的核心部件，基本的算术逻辑运算都在其中进行，包括加、减、乘、除、增量、十进制调整和比较等算术运算，与、或、异或等逻辑运算；左移位、右移位和半字节交换等位操作运算。操作数暂存于累加器和相应寄存器，操作结果存于累加器，操作结果的状态保存于状态寄存器（PSW）中。

2. 累加器 A（Accumulator）

累加器 A 是程序中最常用的 8 位特殊功能寄存器。其主要功能为存放操作数及运算的中间结果。单片机中大部分单操作数指令的操作数取自累加器，多操作数指令中的一个操作数也取自累加器。加、减、乘、除算术运算指令的运算结果都存放于累加器 A 或 AB 寄存器中。指令系统中用 A 作为累加器的助记符。

3. 寄存器（B）

寄存器（B）主要用于乘、除运算的 8 位寄存器。乘法运算时，B 为乘数，乘积的高位也存于 B 中；除法运算时，B 为除数，并将余数存于 B 中。此外，寄存器（B）也可以作为一般数据寄存器来使用。

4. 程序状态字 PSW（Program Status Word）

程序状态字 PSW 是用于存放指令执行时状态信息的 8 位寄存器。其中有些位的状态是根据指令执行结果，由硬件自动设置的。PSW 的状态可用专门的指令进行测试，也可以用指令读出。一些条件转移指令将根据 PSW 中有关位的状态来进行条件转移。其各位定义如下：

位　序	PSW.7	PSW.6	PSW.5	PSW.4	PSW.3	PSW.2	PSW.1	PSW.0
位标志	Cy	AC	F0	RSl	RS0	OV	/	P

其中，PSW.1 位未使用。

Cy（PSW.7）：进位标志。是 PSW 中最常用的标志位，其功能是存放算术运算的进位标志和在位操作中作为累加器使用，在位与、位或等操作中都要使用 Cy。

AC（PSW.6）：辅助进位标志。当进行加法或减法运算中，当低 4 位向高 4 位进位或借位时，AC 被硬件置 "1"，否则被清零。在进行 BCD 码十进制运算时，需要进行十进制调整，要使用 AC 进行判断。

F0（PSW.5）：用户标志。它是用户定义的一个状态标志，可以使用软件对 F0 进行置位或复位，也可以通过测试 F0 来控制程序的转向。

RSl、RS0（PSW.4、PSW.3）：寄存器选择控制位。可使用软件设置这两位的状态来选择对应的寄存器。被选中的寄存器称为当前寄存器。

OV（PSW.2）：溢出标志。执行算术指令时，由硬件置位或清零，以指示溢出状态。在带符号的加减运算中，若OV=1，表示加减运算的结果超出了累加器A所能表示的范围（−128～+127），即产生溢出，因此运算结果错误；反之，若OV=0，则表示无溢出，运算结果正确。在乘法运算中，OV=1表示乘积超过255，溢出，否则OV=0，无溢出。在除法运算中，OV=1表示被除数为0，除法不能进行；反之，OV=0，除法可以正常进行。

P（PSW.0）：奇偶标志位。用来表示累加器中1的个数的奇偶性，在每个指令周期内由硬件根据累加器A的内容，对P进行置位或复位。若P=0，表示1的个数为偶数；若P=1，表示1的个数为奇数。

3.2.2　控制器

控制器的功能是控制单片机各部件协调动作。它由程序计数器（PC）、PC加1寄存器、指令寄存器、指令译码器、定时与控制电路组成。其工作过程就是执行程序的过程，而程序的执行是在控制器的控制下进行的。首先，从片内/外程序存储器ROM中取出指令，送给指令寄存器，然后通过指令寄存器再送给指令译码器，将指令代码译成一种或几种电平信号，最后与系统时钟一起，送给时序逻辑电路进行综合后产生各种按一定时间节拍变化的电平或脉冲控制信号，用以控制系统各部件进行相应的操作，完成指令的执行。执行程序就是重复这一过程。

1. 程序计数器（PC）

程序计数器（PC）是一个16位的计数器，用于存放一条要执行的指令地址，寻址范围达64KB。它有自动加1的功能，以实现程序的顺序执行。另外，它没有地址，是不可寻址的，因此，用户无法对它进行读写，但在执行转移、调用、返回等指令时，能自动改变其内容，以改变程序的执行顺序。

2. 指令寄存器（IR）、指令译码器及定时与控制电路

指令寄存器（IR）是用来存放指令操作码的专用寄存器。执行程序时，首先进行程序存储器的读指令操作，也就是根据PC给出的地址从程序存储器中取出指令，并送给指令寄存器（IR），再将IR的输出送给指令译码器；然后由指令译码器对该指令进行译码，译码结果送给定时控制逻辑电路，定时控制逻辑电路根据指令的性质发出一系列的定时控制信号，也称时序信号，控制单片机的各组成部件进行相应工作，执行指令。有时也会用到条件转移逻辑电路，主要用于控制程序的分支转移。

综上所述，单片机整个程序的执行过程就是在控制部件的控制下，将指令从程序存储器中逐条取出，进行译码，然后由定时控制逻辑电路发出各种定时控制信号，控制指令的执行。对于运算指令，还要将运算的结果特征送入程序状态字寄存器PSW。

控制器以主振频率为基准（每个主振周期称为振荡周期），控制CPU的时序，对于指令进行译码，然后发出各种控制信号，它将各个硬件环节的动作组织在一起。

3.2.3　CPU时序

单片机的时序是指CPU在执行指令时所需控制信号的时间顺序。时序信号是以时钟脉冲为基准产生的，分为两大类：一类用于芯片内部各功能部件的控制，用户无需了解，这里不做详细介绍；另一类用于通过单片机的引脚进行片外存储器或扩展的I/O端口的控制，该部分时序信号对于分析、设计硬件电路至关重要。

80C51单片机时序从小到大依次为时钟周期、状态周期、机器周期、指令周期。

1. 时钟周期

时钟周期是 80C51 单片机中最小的时序单位，它是单片机内部的时钟振荡器（OSC）振荡频率 f_{osc} 的倒数，又称振荡周期或拍。它随振荡电路的时钟脉冲频率（f_{osc}）的高低而改变。例如，若某单片机的时钟频率（f_{osc}）为 12MHz，则时钟周期（$P=1/f_{osc}$）为 0.0833μs。若时钟电路一旦确定，时钟周期就固定不变。时钟脉冲是系统的基本工作脉冲，它控制着单片机的工作节奏，使单片机的每一步工作都统一到它的步调上来。

2. 机器周期

机器周期是单片机完成某种基本操作所需要的时间。指令的执行速度和机器周期有关，机器周期越少的指令的执行速度越快。一个机器周期由 6 个状态（即 12 个振荡脉冲）组成，分别用 S1 ~ S6 来表示。这样，一个机器周期中的 12 个振荡周期就可以表示为 S1P1、S1P2、S2P1、S2P2、…、S6P2，每一项也叫作时相，当单片机系统的时钟频率（f_{osc}）为 12MHz 时，它的一个机器周期就等于 $12/f_{osc}$，也就是 1μs。

3. 指令周期

指令周期是执行一条指令所需要的时间，它是时序中最大的时间单位。由于执行不同的指令所需要的时间长短不同，因此按照指令消耗的机器周期的多少来区别，80C51 单片机的指令可分为单机器周期指令、双机器周期指令和四机器周期指令三种。四机器周期指令只有乘法和除法共两条指令，如当系统时钟频率为 12MHz 时，80C51 单片机的多数指令只需要消耗 1μs 或 2μs 就可以执行完毕。

3.3　80C51 单片机存储器

80C51 单片机存储器可以分为程序存储器和数据存储器两大类。从组织结构上来看，80C51 单片机采用的是 Haward 结构，即哈佛结构，程序存储器和数据存储器互相分离，分开编址，而且存储器有片内、片外之分，即有芯片内、外程序存储器和芯片内、外数据存储器。

由于 80C51 系列单片机中各芯片内部 RAM 和内部 ROM 的容量和形式不尽相同，故下面以 80C51 单片机为例进行介绍。

3.3.1　片内 RAM 结构及其地址空间分布

数据存储器用来存放数据的暂存和缓冲、运算的中间结果、标志位等，可以分为片内 RAM 与片外 RAM 两大部分。其中，片外 RAM 的地址空间为 64KB。80C51 单片机内部共有 128B，地址为 00H ~ FFH，而增强型单片机有 256B，按其功能可划分为两部分：低 128 单元（地址 00H ~ 7FH）和高 128 单元（地址 80H ~ FFH），如图 3-3 所示。其中，低 128 单元是供用户使用的数据存储单元，高 128 单元是为特殊功能寄存器提供的特殊功能寄存器区。

片内 RAM 的低 128 单元按照功能不同，可分为工作寄存器区、位寻址区、用户 RAM 区三个区域。

1. 工作寄存器区（00H~1FH）

工作寄存器区占片内 RAM 的前 32 个字节单元，地址为 00H ~ 1FH，共分 4 组，每组有 8 个寄存器，组号依次为 0、1、2、3。每个寄存器都是 8 位，在组内按 R0 ~ R7 编号，用于存放操作数及中间结果等。由于它们的功能及作用预先不做规定，故称为工作寄存器。在任一时刻，CPU

只使用 4 组工作寄存器中的一组，正在使用的这些寄存器称为当前寄存器，它由状态寄存器 PSW 中的 RS0 和 RS1 两位组合来确定，见表 3-2。

图 3-3　80C51 型芯片内部数据存储器分布

表 3-2　　　　　　　　　　　　　　　使用 RS0 和 RS1 选择当前寄存器

RS1	RS0	工作寄存器区
0	0	0 区，地址为 00H～07H
0	1	1 区，地址为 08H～0FH
1	0	2 区，地址为 10H～17H
1	1	3 区，地址为 18H～0FH

工作寄存器区主要用来存放操作数和运算的中间结果，利用工作寄存器为 CPU 提供数据，能够提高程序的运行速度。80C51 系列单片机为内部 RAM 提供了丰富的操作指令，执行速度快。工作寄存器单元除了以寄存器的形式使用（即以寄存器符号 R0～R7 表示）外，还可以存储单元的形式表示（使用单元地址 00H～1FH）。

2. 位寻址区（20H～2FH）

内部 RAM 的 20H～2FH 单元为位寻址区，有 16 个单元，共有 128 位，该区的每一位都有一个位地址，依次编址为 00H～7FH。可以对位寻址区的 16 个单元进行字节操作，也可以对单元中的某一位单独进行位操作，其中所有位均可以直接寻址，见表 3-3。

表 3-3　　　　　　　　　　　　　　　内部 RAM 位寻址区的位地址映像

单元地址	位　地　址							
2FH	7FH	7EH	7DH	7CH	7BH	7AH	79H	78H
2EH	77H	76H	75H	74H	73H	72H	71H	70H
2DH	6FH	6EH	6DH	6CH	6BH	6AH	69H	68H
2CH	67H	66H	65H	64H	63H	62H	61H	60H
2BH	5FH	5EH	5DH	5CH	5BH	5AH	59H	58H
2AH	57H	56H	55H	54H	53H	52H	51H	50H

单元地址	位　地　址							
29H	4FH	4EH	4DH	4CH	4BH	4AH	49H	48H
28H	47H	46H	45H	44H	43H	42H	41H	40H
27H	3FH	3EH	3DH	3CH	3BH	3AH	39H	38H
26H	37H	36H	35H	34H	33H	32H	31H	30H
25H	2FH	2EH	2DH	2CH	2BH	2AH	29H	28H
24H	27H	26H	25H	24H	23H	22H	21H	20H
23H	1FH	1EH	1DH	1CH	1BH	1AH	19H	18H
22H	17H	16H	15H	14H	13H	12H	11H	10H
21H	0FH	0EH	0DH	0CH	0BH	0AH	09H	08H
20H	07H	06H	05H	04H	03H	02H	01H	00H

其中，每位的地址有两种表示形式。一种是以位地址的形式表示的，如位寻址区的首址是 00H，第 2 位、第 3 位的地址分别是 01H、02H，最后两位的地址分别是 7EH 和 7FH；另一种是以存储单元地址加位的地址的形式表示，如第 2 位表示为 20H.1，倒数第 2 位表示为 20H.6。

3. 堆栈、数据缓冲区（30H～7FH）

内部 RAM 中地址为 30H～7FH 的 80 个单元是用户 RAM 区，也是堆栈和数据缓冲区，以存储单元的形式来使用，没有任何规定或限制，通常用作堆栈区及存放用户数据。

（1）堆栈的概念

堆栈是一种数据结构，堆栈操作遵循先进后出的原则，即先压入堆栈的数据，最后才能弹出。堆栈区域的一端固定，称为栈底，另一端激活，称为栈顶，并用堆栈指针寄存器（SP）存放栈顶地址，SP 也称为堆栈指针，也叫堆栈指示器，它总是指向栈顶。

堆栈主要用于存放调用子程序或中断时的返回地址即断点地址，另外在中断服务时用于保护CPU 现场。

（2）堆栈的操作

数据写入堆栈称为入栈或压栈，对应指令的助记符为 PUSH；数据从堆栈中读出称为出栈或弹出，对应指令的助记符为 POP。堆栈的操作只能从栈顶进行，在堆栈为空时，SP 指向栈底，当有数据存入堆栈时，SP 内容加 1，从堆栈取出数据时 SP 内容减 1，叫作下推堆栈。

进栈操作时，首先 SP 加 1，然后写入数据。

出栈操作时，首先读出数据，然后 SP 减 1。

由于堆栈一般是在内部 RAM 的 30H～7FH 单元中开辟，因而程序设计时应注意把 SP 的初始值置为 30H 以后。由于 SP 可以初始化不同值，因此，堆栈的位置是浮动的。一般选择在 60H 之后，用 MOV 指令设置，如 "MOV SP,#60H"。

（3）堆栈的类型

堆栈可以分为向上生长型和向下生长型两种。向上生长型堆栈是指随着数据的不断入栈，栈顶地址不断增大；反之，随着数据的不断出栈，栈顶地址不断减小。向下生长型堆栈是指随着数据的不断入栈，栈顶地址不断减小；反之，随着数据的不断出栈，栈顶地址不断增大，如图 3-4所示。

4. 特殊功能寄存器（SFR）

内部数据存储器的高 128 单元是特殊功能寄存器区。特殊功能寄存器一般用于存放相应功能部件的控制命令、状态和数据。这些寄存器的功能已做了专门的规定，故称为特殊功能寄存器（Special Function Register，SFR）。它们离散地分布在 80H~FFH 的 RAM 空间中。80C51 的特殊功能寄存器共有 21 个,可以进行位寻址的特殊功能寄存器及其位地址映像分别见表 3-4 和表 3-5。

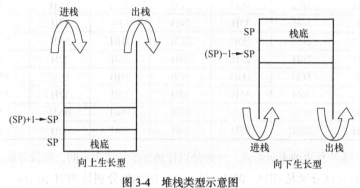

图 3-4 堆栈类型示意图

表 3-4 　　　　　　　　　　　　　80C51 特殊功能寄存器一览表

标　识　符	寄存器名称	字　节　地　址	是否可位寻址
A	累加器	E0H	是
B	寄存器	F0H	是
PSW	程序状态寄存器	D0H	是
SP	堆栈指针	81H	
DPH	数据地址指针（高位字节）	83H	
DPL	数据地址指针（低位字节）	82H	
P0	P0 口	80H	是
P1	P1 口	90H	是
P2	P2 口	A0H	是
P3	P3 口	B0H	是
IP	中断优先级控制	B8H	是
IE	允许中断控制	A8H	是
TMOD	定时器/计数器方式控制	89H	
TCON	定时器/计数器控制	88H	是
TH0	定时器/计数器 0（高位字节）	8CH	
TL0	定时器/计数器 0（低位字节）	8AH	
TH1	定时器/计数器 1（高位字节）	8DH	
TL1	定时器/计数器 1（低位字节）	8BH	
SCON	串行口控制	98H	是
SBUF	串行数据缓冲器	99H	
PCON	电源控制	97H	

表 3-5   80C51 特殊功能寄存器的位地址映像

SFR 名称	字节地址	位 地 址							
A	E0H	E7H	E6H	E5H	E4H	E3H	E2H	E1H	E0H
B	F0H	F7H	F6H	F5H	F4H	F3H	F2H	F1H	F0H
PSW	D0H	D7H	D6H	D5H	D4H	D3H	D2H	D1H	D0H
P0	80H	87H	86H	85H	84H	83H	82H	81H	80H
P1	90H	97H	96H	95H	94H	93H	92H	91H	90H
P2	A0H	A7H	A6H	A5H	A4H	A3H	A2H	A1H	A0H
P3	B0H	B7H	B6H	B5H	B4H	B3H	B2H	B1H	B0H
TCON	88H	8FH	8EH	8DH	8CH	8BH	8AH	89H	88H
SCON	98H	9FH	9EH	9DH	9CH	9BH	9AH	99H	98H
IE	A8H	AFH		ACH	ABH	AAH	A9H	A8H	
IP	B8H			BCH	BBH	BAH	B9H	B8H	

需要说明的是，2 个 8 位特殊功能寄存器 DPH、DPL 组成了数据指针（DPTR）。DPTR 既可以按 16 位寄存器使用，也可以作为两个 8 位寄存器使用，其高位字节寄存器用 DPH 表示，低位字节寄存器用 DPL 表示。在访问外部数据存储器时用 DPTR 作为地址指针使用，寻址整个 64KB 外部数据存储器空间；在变址寻址中，用 DPTR 作为基址寄存器，对程序存储器空间进行访问。

3.3.2 片外 RAM 的扩展

80C51 单片机具有扩展 64KB 的外部数据存储器和 I/O 接口的能力，片外 RAM 一般由静态 RAM 芯片组成，地址范围为 0000H ~ FFFFH，共 64KB 空间。由于内外地址有重叠，因此 CPU 通过不同的指令来加以区分，MOV 是对内部 RAM 进行读写的操作指令，而 MOVX 是对外部 RAM 进行读写的操作指令，采用间址寻址方式，R0、R1 和 DPTR 都可作为间址寄存器。

3.3.3 程序存储器

程序存储器用来存放程序代码及表格常数，分为片内 ROM 和片外 ROM 两大部分。

80C51 单片机内部有 4KB ROM 存储单元，地址范围为 0000H ~ 0FFFH，片外通过 16 条地址线可以进行 64KB ROM 的扩展，两者统一编址，当引脚 EA = 1 时，低 4KB 地址（0000H ~ 0FFFH）指向片内；EA = 0 时，低 4KB 地址（1000H ~ FFFFH）指向片外。8052 内部有 8KB ROM 程序存储器，外部同样可扩展到 64KB。使用片内无 ROM/EPROM 的单片机 8031/8032 构成应用系统时，必须使 EA = 0，程序存储器只能外部扩展。

程序存储器的操作完全由程序计数器（PC）控制。PC 值指向常数、表格单元，则实现查表取数操作。因此，程序存储器的操作分为程序运行与查表操作两类。

1. 程序运行控制操作

程序的运行控制操作包括复位控制、中断控制、相对转移控制。复位控制与中断控制有相应的硬件结构，其程序入口地址是固定的，见表 3-6，用户不能更改。

单片机复位后程序计数器（PC）的内容为 0000H（复位入口地址），故系统必须从 0000H 单元开始取指令来执行程序，0000H 单元是系统的起始地址，通常在 0000 ~ 0002H 单元中存放一条无条件转移指令（LJMP），转向指定的主程序。而用户设计的主程序，从跳转后的地址开始安放。

表 3-6   80C51 中断程序入口地址

操　　作	入 口 地 址
复位	0000H
外部中断 INT0	0003H
定时中断 T0	000BH
外部中断 INT1	0013H
定时中断 T1	001BH
串行口中断	0023H

除了 0000H 单元外，内部 ROM 的 0003H～002AH 共有 40 个字节单元，固定用于 5 个中断源的中断地址区，分别对应 5 种中断源的中断服务程序的入口地址，用户通常在这些入口地址处安放一条绝对跳转指令（LJMP xxx）。由于两个中断入口地址间仅有 8 个字节单元，无法存放中断服务程序，必须跳到中断服务程序的起始地址，具体内容将在中断部分介绍。转移控制是由转移指令给定的，转移指令分为有条件转移指令和无条件转移指令，详细的指令系统分析参阅第 4 章。

2. 查表操作

80C51 型单片机指令系统读取程序存储器的程序代码及表格常数等数据时，通常采用 MOVC 指令。其寻址方式采用基址变址的间接寻址方式。

```
MOVC A,@A+DPTR
```

该指令将一个无符号数据表入口地址加载到 DPTR 上，然后把所得的地址内容送入累加器 A 中。DPTR 作为 16 位的基址寄存器，执行这条指令后，DPTR 的内容不变。

```
MOVC A,@A+PC
```

该指令以 PC 作为基址寄存器，A 作为变址寄存器，相加后所得的数据作为地址，该地址的内容送入累加器 A 中，指令执行后 PC 的值不变，仍指向下一条指令。

3.4　时钟电路和复位电路

时钟电路用于产生单片机工作所需要的时钟信号，而 CPU 的时序是指控制器在统一的时钟信号下，按照指令功能发出的在时间上有一定次序的信号，控制和启动相关逻辑电路完成指令操作。复位电路主要实现单片机复位的初始化操作。

3.4.1　时钟电路

80C51 型单片机的时钟信号可以由两种方式产生，一种是内部方式，利用芯片内部的振荡电路；另一种方式为外部方式。由于 80C51 型单片机有 HMOS 型与 CHMOS 型之分，它们的时钟电路有一定的区别，这里仅介绍通常所用的 HMOS 型的时钟电路。

1. 内部时钟方式

80C51 型单片机内部有一个用于构成振荡器的高增益反相放大器，其引脚 XTAL1 和 XTAL2 分别是输入端和输出端。放大器与作为反馈元件的片外晶体或陶瓷谐振器一起构成一个自激振荡器。虽然有内部振荡电路，但要形成时钟，必须外接元件。图 3-5（a）所示为单片机内部时钟方式的电路，外接晶体及电容 Cl 和 C2 构成并联谐振电路，接在放大器的反馈回路中，外接电容的大小会影响振荡器的稳定性和频率的高低、起振的快速性和温度的稳定性，晶体的振荡频率可在 1.2 ~ 12MHz 之间任选，电容 Cl 和 C2 的值一般在 20 ~ 100pF 之间选择，典型值约为 47pF。若对于频率的稳定性要求不高，可选用较为廉价的陶瓷谐振器。在设计印制电路板时，应采用温度稳定性能好的高频电容，晶体或陶瓷振荡器和电容应尽可能与单片机芯片靠近安装，以减少寄生电容，提高系统的稳定性和可靠性。

2. 外部时钟方式

外部时钟方式是利用外部振荡器信号源（即时钟源）直接接入 XTAL1 或 XTAL2。通常 XTAL1 接地，XTAL2 接外部时钟，电路如图 3-5（b）所示。由于 XTAL2 的逻辑电平不是 TTL 的，故建议外接一个 4.7 ~ 10kΩ 的上拉电阻。

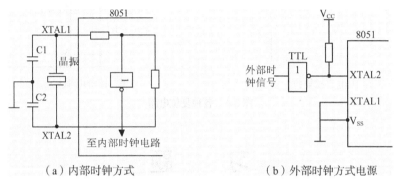

（a）内部时钟方式　　　　　　（b）外部时钟方式电源

图 3-5　80C51 型单片机时钟电路

3.4.2　复位电路

复位是单片机的初始化操作，其目的是使 CPU 及各个寄存器处于一个确定的初始状态，把 PC 初始化为 0000H，使单片机从 0000H 单元开始执行程序。系统正常上电即可以复位，另外，当系统程序运行出错或操作错误使系统处于死锁状态时，也需要按复位开关恢复系统正常工作状态。

除了初始化 PC 外，进行复位操作后对某些特殊功能寄存器有影响，见表 3-7。复位还对单片机的少数引脚有影响，如把 ALE 和 PSEN 变为无效，即 ALE=0，PSEN=1。

表 3-7　　　　　　　　　　　　单片机复位后的特殊功能寄存器初态

特殊功能寄存器	初　　态	特殊功能寄存器	初　　态
ACC	00H	TMOD	00H
B	00H	TCON	00H
PSW	00H	TH0	00H
SP	07H	TL0	00H
DPL	00H	TH1	00H
DPH	00H	TL1	00H
P0 ~ P3	0FFH	SCON	00H
IP	×××00000B	SBUF	不定
IE	0××00000B	PCON	0×××××××B

复位方式主要有以下两种。

1. 上电自动复位方式

这种方式是将单片机接通电源后，对复位电路的电容充电来实现的，电路如图 3-6（a）所示。

2. 手动复位方式

手动复位方式分为按键电平复位和按键脉冲复位，按键电平复位是相当于 RST 端通过电阻与 V_{CC} 电源接通而实现的，电路如图 3-6（b）所示。

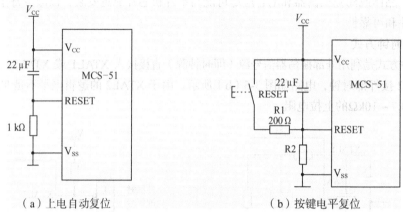

（a）上电自动复位　　　　　　　　　　（b）按键电平复位

图 3-6　各种复位电路

习　　题

1. 80C51 型单片机内部包含哪些主要逻辑功能部件？

2. 中央处理单元 CPU 主要有哪几部分组成？

3. 80C51 单片机的引脚可以分为哪几大类？

4. 简述 80C51 单片机中 ALE/$\overline{PROG}$、$\overline{EA}/V_{PP}$、$\overline{PSEN}$、XTAL1 引脚的功能。

5. 存储器如何分类？其主要技术参数包括哪些？

6. 80C51 单片机片内数据存储器按照功能不同可以分为哪几个区域？简述 8751 型、8031 型与其有何不同。

7. 简述下列各特殊功能寄存器的作用和性质：B、A、SP、DPTR、PSW、PC。

8. 程序计数器（PC）的功能和特点是什么？

9. 简述程序状态字（PSW）中各位的含义。

10. 什么叫作堆栈？堆栈操作遵循的原则是什么？堆栈有何用途？

11. 80C51 单片机有哪几个并行接口？各 I/O 接口有什么特点？

12. 简述 P3 口各个引脚的第 2 功能。

13. 80C51 单片机的时钟电路的产生方式包括哪两种？两者有何区别？

14. 80C51 单片机的时序单位主要有哪些？

15. 单片机复位后将自动指向工作寄存器区的哪一个区？为什么？

16. 80C51 单片机是低电平复位还是高电平复位？

17. 单片机的复位方法有哪几种？复位后各寄存器的状态如何？

18. 单片机的基本时序信号有哪几种？它们之间的关系如何？

第4章
80C51 单片机指令系统与程序设计

单片机系统设计包括硬件设计与软件编程两部分。在硬件电路设计合理和编制的程序正确的基础上，单片机才能按照设计者的要求完成各种工作。

4.1 概　　述

80C51 单片机共有 111 条指令，可表示 30 多种控制，见表 4-1。

表 4-1　　　　　　　　　　　　　　111 条指令分类

按字节可分成	按指令执行时间可分成	按功能可分成
单字节指令 49 条	单机器周期指令 64 条	数据传送类指令 29 条
双字节指令 45 条	双机器周期指令 45 条	算术运算类指令 24 条
三字节指令 17 条	四机器周期指令 2 条	位操作类指令 12 条
		逻辑操作类指令 24 条
		控制转移类指令 22 条

4.1.1　机器码指令

用二进制代码（十六进制数书写）表示的指令称为机器码指令或目标代码指令。这种形式的指令能够直接被计算机硬件识别执行，但不便于记忆。例如，指令"MOV A, #00H"执行的操作是将立即数 00H 送入累加器 A 中，它的机器码指令为"74H 00H"。

当用机器码表示的指令格式以 8 位二进制数（或字节）为基数时，可分为单字节、双字节和三字节指令，它的相应的格式介绍如下。

1. 单字节指令

单字节指令即一个字节的机器码表示一条指令，这个字节叫作操作码。指令格式如下：

操作码

2. 双字节指令格式

第 1 字节是操作码，第 2 字节是 RAM 地址/立即数。指令格式如下：

操作码		地址/数据

3. 三字节指令格式

第1字节是操作码，第2、3字节是RAM地址/立即数。指令格式如下：

| 操作码 | | 地址/数据 | | 地址/数据 |

4.1.2 汇编语言指令

为了便于记忆，利于程序的编写和阅读，可以用助记符来表示每一条机器码指令的功能，称作汇编语言指令。该指令不能被计算机硬件直接识别和执行，只有通过汇编程序把它翻译成机器码指令才能被计算机执行，如指令"MOV A, #00H"即为汇编语言指令。用汇编语言指令编写的程序叫作源程序，被翻译成的机器码指令程序叫作目标程序，用作翻译的程序叫作汇编程序。

计算机的所有指令被称为计算机的指令系统，不同型号的计算机，其指令系统也是不同的，在很大程度上决定了其相应的使用功能。

80C51单片机的指令可分为单机器周期、双机器周期和四机器周期指令，它们的机器周期是不同的，其中按字节又可以分为以下几种情况：单字节单机器周期指令、单字节双机器周期指令、双字节单机器周期指令、双字节双机器周期指令、三字节双机器周期指令和单字节四机器周期指令。80C51单片机的几种典型的单/双机器周期指令时序如图4-1所示。

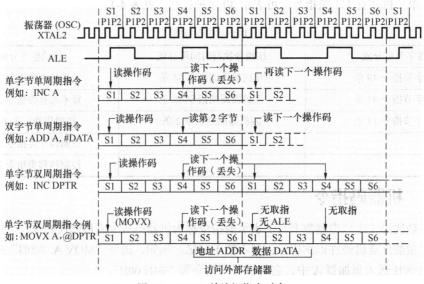

图4-1　80C51单片机指令时序

图4-1中地址锁存器信号ALE是振荡脉冲的1/6频率信号，因此在一个机器周期中ALE信号两次有效，第1次有效在S1P2和S2P1期间，第2次有效在S4P2和S5P1期间，ALE信号每次有效时对应单片机进行一次读指令操作。下面对几种典型指令的时序加以说明。

1. 单周期指令

当指令操作码读入指令寄存器时，便从S1P2开始执行指令。如果是双字节指令，如"ADD A, #DATA"，则在同一周期的S4上读入第2字节；如果为单字节指令，如"INC A"，则在S4期间仍进行读，但所读出的字节被忽略，且PC也不再加1，在S6P2结束时完成指令操作。

2. 双周期指令

两个机器周期共进行 4 次读指令操作,但后 3 次读操作全无效。对于单字节双周期类指令(如 MOVX 类)情况有所不同,因为此类指令是访问外部存储器的,在执行 MOVX 指令期间,外部 RAM 被访问,并且选通时跳过两次取操作。

3. 四周期指令

在 80C51 的指令系统中,只有乘、除两条指令是四周期指令。

4.2　寻　址　方　式

计算机传送数据、执行算术操作、逻辑操作等都要涉及操作数。一条指令的运行先从操作数所在地址寻找到本指令有关的操作数,然后才能按规定操作运作,这就是寻址。计算机的指令系统各不相同,其相应的寻址方式也不尽相同。80C51 单片机中的操作数可能存放的地方有 4 种:

① 指令中;

② 某个寄存器中;

③ 片内 RAM 单元中;

④ 程序存储单元中。

4.2.1　立即寻址

立即寻址是指操作数位于操作码后面,这种操作数存放在指令中,可立即参与指令所规定的操作,该操作数称为立即数。为了方便辨识,一般在立即数的前面加上"#"标识符。

格式:MOV A, #data

其中,data=00H~FFH

例如:

MOV A, #20H

表示将立即数 20H 传送到 A 中,如图 4-2 所示。

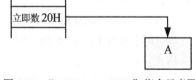

图 4-2　"MOV　A,#20H"指令示意图

4.2.2　寄存器寻址

寄存器寻址是指定某个可寻址的寄存器的内容为操作数,即所寻找的操作数在某个寄存器内,对选定的 8 个工作寄存器 R7~R0、累加器 A、通用寄存器 B、数据指针(DPTR)和 Cy(布尔处理机的累加器,也编址为一个寄存器)中的数进行操作寻址的方式。一般来说,对于 4 个工作寄存器组的编码如下:

第 0 组 00H~07H　　　　第 2 组 10H~17H

第 1 组 08H~0FH　　　　第 3 组 18H~1FH

格式:MOV A, Rn

例如:

```
INC  A       ;将寄存器 A 中的内容加 1 后送回累加器 A
ADD  A, R2   ;将工作寄存器 R2 中的内容取出,与累加器 A 中的内容相加,其和送回累加器 A
MOV  R3, A   ;将累加器 A 中的内容传送到工作寄存器 R3
```

4.2.3　RAM 寻址

如果被寻找的操作数在某个 RAM 单元中，写指令时要把存储单元地址写上。存储单元的地址写法有两种。

1. 直接寻址

直接给出操作数所在的存储器地址，供寻址取数或存放的寻址方式称为直接寻址。在 80C51 系列单片机中，可访问如下三种地址空间：

① 特殊功能寄存器 SFR，直接寻址是其唯一的访问形式；

② 内部数据 RAM 128 个字节单元；

③ 211 个位地址空间。

格式：MOV　A, direct

其中，direct=00H ~ 7FH

例如：

MOV A, 70H

表示把 70 单元中的内容送入累加器 A 中，如图 4-3 所示。

2. 间接寻址

间接寻址又称为寄存器间址，简称间址，是将指定寄存器的内容作为该操作数的地址，再从该地址找到操作数的寻址方式。在 80C51 单片机中可用来间接寻址的寄存器有工作寄存器区的 R0、R1，堆栈指针（SP）和 16 位的数据指针（DPTR），在使用时为了容易辨识，在寄存器前面加 "@" 来表示。通常使用间接地址寄存器的情况如下。

① 访问片内 RAM 265B 或片外低 256B（00H ~ FFH）空间时，可以用 R0 或 R1 作为间址寄存器，记作@Ri(i=0, 1)。

② 访问片外 64KB RAM 空间时，可以用 DPTR 作为间址寄存器，记作@DPTR。

③ 执行 PUSH 或 POP 指令时，可以用 SP 作为间址寄存器。

格式：MOV　A, @R0

该指令将 R0 存储单元中的内容传送至累加器 A 中，如图 4-4 所示。

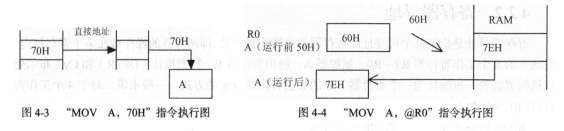

图 4-3　"MOV A, 70H" 指令执行图　　　　图 4-4　"MOV A, @R0" 指令执行图

格式：MOVX　@DPTR, A

表示将累加器 A 中的内容传送到外 RAM 的 DPTR 所示的存储单元中。

4.2.4　程序存储器中数据的寻址

基址变址寻址方式用于访问程序存储器。它只能用于读取，不能存放，它主要应用于查表性质的访问。

基址变址寻址的概念是将指令中指定的变址寄存器的内容加上基址寄存器的内容，形成操作数地址的寻址方式。在该寻址方式中，以程序计数器（PC）或数据指针（DPTR）作为基址寄存器，用累加器 A 作为变址寄存器。

格式：MOVC　A, @A+DPTR

该指令把累加器 A 的内容与 DPTR 内容相加后得到一个新地址，并把通过该地址查表得到的操作数再送入累加器 A 中，如图 4-5 所示。

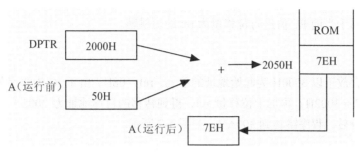

图 4-5　"MOVC　A, @A+DPTR" 指令执行图

格式：MOVC　A, @A+PC

其中，A 为偏移量寄存器，PC 为基址寄存器，A 中无符号数和 PC 相加，得到新的操作数地址，并把通过该地址所得的操作数送入累加器 A 中。

4.2.5　I/O 端口中数据的寻址

当操作数在 I/O 端口中时，其寻址方式也采用间接寻址，所使用的间址寄存器为 DPTR（16 位）。

格式：MOVX　A, @ DPTR

该指令将片外 RAM 由 DPTR 所示的存储单元中的内容传送到累加器 A 中，如图 4-6 所示。

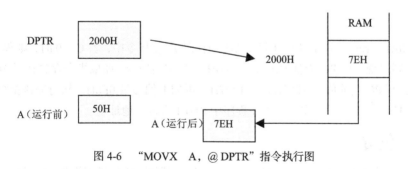

图 4-6　"MOVX　A, @ DPTR" 指令执行图

4.2.6　程序的寻址

程序的寻址有绝对寻址和相对寻址两种方法。

1. 绝对寻址

将程序存储器地址直接写在指令中的寻址方法叫作绝对寻址。

格式：LJMP　addr16

例如：

LJMP 8100H　　　　；把 8100H 装入 PC 中

2. 相对寻址

相对寻址是将给定的相对位移量 rel 与当前的 PC 值相加所得到的真正的程序转移地址。它与变址方式不同，相对位移 rel 是一个带符号的 8 位二进制数，必须用补码形式表示，其变化范围为 -128 ~ +127。该寻址方式常用于相对跳转指令。

格式：

JC　rel

该指令是相对于当前 PC 值进行位移量为 rel 的短跳转。

例如：

JC　80H

假设该指令存放于以 3000H 为起始地址的单元，rel = 08H，由于 JC 为双字节指令，故 PC 当前值为 3000H + 2 = 3002H，再加上位移量 rel，得到转移的目标地址为 3002 + 08H = 300AH，所以执行完该条指令后，程序跳转到 300AH，如图 4-7 所示。

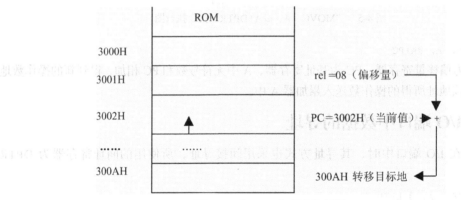

图 4-7　"JC 08H"指令执行图

例如：

JC　0F6H

即 rel = 0AH（rel 为补码，0F6H 是 -0AH 的补码），该指令中，若 C = 0 时，则程序顺序执行，若 C = 1 时，则以现行的 PC 为基地址加上 0F6H 得到转向地址。如果指令存放在以 1005H 为起始地址的单元，则 PC 当前值为 1005H+2 = 1007H，再加上偏移量 0F6H，执行完该指令后，程序就此转到 0FFDH 地址上执行（注，真正在程序中 0F6H 为符号地址）。

4.2.7　位寻址

位寻址是对片内 RAM 中的 128 位和特殊功能寄存器的 83 位进行操作。该寻址方式同直接寻址方式的形式和执行过程基本相同，但是参与操作的数据是 1 位，而不是 8 位。

例如：

MOV　20H, C

表示将进位位 Cy 中的内容送到位地址 20H 指示的位中。

4.3　指令系统

80C51 型单片机的指令系统共有 111 条指令。按指令的功能分为 5 类：数据传送类（29 条）、算术运算类（24 条）、逻辑运算类（24 条）、控制转移类（22 条）和位操作类（12 条）。本节中将着重讲解除控制转移类指令之外的 4 类指令的功能。

4.3.1　数据传送类指令

数据传送指令是单片机指令系统中数量最多、使用最多的一类指令，主要用于数据的保存和交换等。若按其操作方式可以分为 3 种：数据传送、数据交换和栈操作。

1. 数据传送类指令

数据传送操作又可分为内部数据存储器传送、外部 RAM 与内部各部分之间的数据传送和程序存储器中的数据传送，这三类操作码的助记符分别用 MOV、MOVX、MOVC 表示。

（1）片内数据传送指令

格式：MOV 〈目的字节〉，〈源字节〉

功能：传送字节变量。

 把源字节的内容传给目的字节，而源字节的内容不变，也不影响标志位。但当执行结果改变累加器 A 的值时，会使奇偶标志变化。

① 如果目的字节是累加器 A，则有 4 条传送指令。

```
MOV  A, #data           ; A←data
MOV  A, Rn              ; A←(Rn)
MOV  A, direct          ; A←(direct)
MOV  A, @Ri             ; A←((Ri))
```

例如：

```
MOV  A, R0              ; 把寄存器 R0 中的数据传给 A，即 A←(R0)
MOV  A, 20H             ; 把直接地址 20H 存储单元中的数据传给 A，即 A←（20H）
MOV  A, #20H            ; 把立即数 20H 传给 A，即（A）＝ 20H
MOV  A, @R0            ; 把以 R0 中的数为地址的存储单元中的内容传送给 A，即 A←((R0))
```

② 如果目的字节是 Rn，则有 3 条传送指令。

```
MOV  Rn, #data          ; Rn←data
MOV  Rn, A             ; Rn←(A)
MOV  Rn, direct         ; Rn←(direct)
```

例如：

```
MOV  R6, #60H          ; 把立即数 60H 传给 R6，即（R6）＝ 60H
MOV  R0, A             ; 把 A 的内容传送给 R0，即 R0←（A）
MOV  R2, 40H           ; 把 40H 单元的内容传给 R2，即 R2←（40H）
```

③ 如果目的字节是直接地址，则有 5 条指令。

```
MOV  direct , #data     ; direct←data
MOV  direct , A        ; direct←(A)
MOV  direct , Rn       ; direct←(Rn)
MOV  direct1, direct 2  ; direct1 ←(direct2)
```

```
MOV  direct, @Ri            ; direct←((Ri))
```

例如：

```
MOV  3FH, #3FH              ; 把立即数 3FH 送入 RAM 3FH 单元
MOV  3FH, A                 ; 把 A 中的内容送入 RAM 3FH 单元
MOV  3FH, R0                ; 把工作寄存器 R0 中的内容送入 RAM 3FH 单元
MOV  3FH, 3EH              ; 将内部 RAM 中 3EH 单元的内容送入 RAM 3FH 单元
MOV  3FH, @R0              ; 把以 R0 中的数为地址的存储单元的内容送入 RAM 3FH 单元
```

④ 目的字节是寄存器间接地址，则有 3 条信号指令。

```
MOV  @Ri, #data            ; (Ri)←data
MOV  @Ri, A                ; (Ri)←(A)
MOV  @Ri, direct           ; (Ri)←(direct)
```

【例 4-1】 设片内 RAM（30H）= 40H，（40H）= 20H，当 P1 口为输入口，输入数据为 CDH 时，试分析以下程序运行的结果。

```
MOV  R0, #30H              ; (R0)=30H
MOV  A, @R0                ; (A)=((30H))=40H
MOV  R1, A                 ; (R1)=40H
MOV  B,@R1                 ; (B)=(40H)=20H
MOV  @R1,P1                ; ((R1))=(40H)=CDH
MOV  P2,P1                 ; (P2)=(P1)=CDH
```

执行程序结果：(R0) = 30H，(A) = 40H，(B) = 20H，(40H) = CDH，(P2) = CDH。

【例 4-2】 假设片内 RAM 中（20H）= 50H，试分析以下程序运行的结果。

```
MOV  60H, #20H            ; (60H)=20H
MOV  R0, #60H             ; (R0)=60H
MOV  A, @R0               ; (A)=((R0))=(60H)=20H
MOV  R1, A                ; (R1)=(A)=20H
MOV  40H,@R1              ; (40H)=((R1))=(20H)=50H
```

执行程序结果：(60H) = 20H，R0 = 60H，A = (R0) = 20H，R1 = A = 20H，(40H) = (R1) = 50H。

⑤ 16 位数据传送指令。

格式：`MOV  DPTR, #data16`

功能：把 16 位数据送入 DPTR。

 将数据的高 8 位送入 DPH 中，低 8 位送入 DPL 中，用作 16 位间址指针。16 位数据传送指令只有这一条。

（2）片外 RAM 传送指令

片外 RAM 传送指令用于 CPU 与外部数据存储之间的数据传送。对外部数据存储器的访问都要采用间接寻址方式。访问片外 RAM 使用 MOVX 指令。该指令主要用于 CPU 与外部数据存储器间的数据传送。MOVX 类指令共有 4 条，两条通过工作寄存器间址 R0 ~ R1 对 RAM 进行操作，寻址范围为 256B（00H ~ FFH）；另两条通过数据指针间址（DPTR）对 RAM 进行操作，寻址范围为 64KB（0000H ~ FFFFH）。

格式：`MOVX 〈目的字节〉,〈源字节〉`

功能：外部数据传送。

```
MOVX A,@DPTR              ; A←((DPTR))
MOVX A,@Ri               ; A←((Ri))
MOVX @DPTR,A             ; (DPTR)←(A)
MOVX @Ri,A              ; (Ri)←(A)
```

上式中，前两条指令为外部数据存储器读指令，后两条指令为外部数据存储器写指令。这 4 条指令的共同特点是都要经过累加器 A，片外 RAM 的低 8 位地址均由 P0 传送，高 8 位地址均由 P2 传送，其中 8 位数据由 P0 传送（因为 P0 口为复用口）。

【例 4-3】　把外部 RAM 2000H 单元的内容读入累加器 A 中，设 RAM（2000H）= 64H。

```
MOV   DPTR, #2000H              ; DPTR←2000H
MOVX  A, @DPTR                  ; (A)=64H
```

【例 4-4】　把外部 RAM 2000H 单元的数据读出，写入外部 RAM 2010H 单元中。

```
MOV    DPTR, #2000H
MOVX   A, @DPTR
MOV    DPTR, #2010H
MOVX   @DPTR, A
```

（3）查表指令

80C51 单片机的程序存储器除了存放程序外，还可存放一些常数（称为表格）。单片机指令系统提供了两条访问程序存储器的指令，称为查表指令，其实就是程序存储器向累加器 A 传送指令。常用的查表指令使用方法有以下两种。

① MOVC A, @ A+PC。

用 PC 作为基址寄存器时，由于 PC 是一个程序计数器，因而查表时可分为以下三步操作：

第 1 步　变址值存于累加器 A 中；

第 2 步　偏移量与累加器 A 中的内容相加，结果送入累加器 A 中；

第 3 步　执行指令"MOVC　A，@ A+PC"，该指令由 PC 作为基址寄存器，它虽然提供 16 位地址，但其基址值是固定的，"A+PC"中的 PC 是程序计数器的当前内容（查表指令的地址加 1），所以它的查表范围是查表指令后 256B 的地址空间。

② MOVC　A，@ A+DPTR。

该指令用 DPTR 作为基址寄存器，查表时分为以下三点进行：

第 1 点　基址值赋给 DPTR，基址值为表的起始地址；

第 2 点　变址值存于累加器 A 中；

第 3 点　执行指令"MOVC　A，@ A+DPTR"，该指令采用 DPTR 作为基址寄存器，它的寻址范围为整个程序存储器的 64KB 空间，所以表格可以放在程序存储器的任何位置。其缺点是若 DPTR 有其他用途，在将基址值赋给 DPTR 之前必须保护现场，执行完查表指令后再进行恢复。

【例 4-5】　将 1 位十六进制数转换为 ASCII 码。设 1 位十六进制数存放在 R0 的低 4 位，转换后的 ASCII 码仍送回 R0 中。程序如下：

```
ORG    0200H
MOV    A, R0                    ; 读数据
ANL    A, #0FH                  ; 屏蔽高 4 位
MOV    DPTR, #TAB               ; 置表格首地址
MOVC   A, @A+DPTR               ; 查表
MOV    R0, A                    ; 回存
SJMP   $
TAB: DB 30H, 31H, 32H, 33H, 34H, 35H, 36H, 37H, 38H, 39H    ; 0~9 的 ASCII 码
     DB 41H, 42H, 43H, 44H, 45H, 46H                         ; A~F 的 ASCII 码
```

当采用 PC 作为基址寄存器时，由于表格地址空间分配受到限制，在编程时还需要进行偏移量的计算，其公式为：表首地址-(该指令所在地址+1)。

2. 交换指令

交换指令是将源地址和目的地址中的操作数进行互换。该指令共有三条，它在数据传送任务上更为出色，而且不易丢失信息。

（1）字节交换指令

格式：

```
XCH   A,Rn               ;(A) ↔ (Rn)
XCH   A,@Ri              ;(A) ↔ ((Ri))
XCH   A,direct           ;(A) ↔ (direct)
```

功能：将 A 的内容与源字节中的内容互换。

例如：设(R0)＝20H，(A)＝3FH，(20H)＝74H，执行以下程序后，累加器 A 和内部数据 RAM 20H 单元中的内容进行了互换。

```
XCH    A,@R0  ;  (A)=74H,（20H）=3FH
```

（2）半字节交换指令

格式：`XCHD   A,@Ri        ; A3～A0 ↔ (Ri)3～0`

功能：将累加器 A 中的内容的低 4 位与 Ri 所指的片内 RAM 单元中的低 4 位互换，但它们的高 4 位均不变。

（3）累加器高低 4 位互换指令

格式：`SWAP   A             ; A7～A4↔A3～A0`

功能：把累加器 A 中的内容的高、低 4 位互相交换。

【例 4-6】 如果要使片内 RAM 30H 单元与 50H 单元中的内容互换，应该怎样编制程序？

方法 1：使用交换类指令。

```
XCH   A, 30H      ; A ←(30H)
XCH   A, 50H      ; A ←(50H)
XCH   A, 30H      ; A ←(30H)
```

方法 2：使用栈操作指令。

```
PUSH   30H
MOV    30H,50H
POP    50H
```

方法 3：使用传送指令。

```
MOV   A,30H
MOV   30H,50H
MOV   50H,A
```

3. 堆栈操作指令

堆栈操作指令共两条：压栈（PUSH）和出栈（POP），分别用于保存及恢复现场。压栈指令用于保存某片内 RAM 单元(低 128 字节)或某专用寄存器的内容，出栈指令用于恢复某片内 RAM 单元（低 128 字节）或某专用寄存器的内容。

格式：

```
PUSH   direct; SP←SP+1,SP←(direct)

POP   direct; direct←(SP),SP←SP-1
```

PUSH 指令用于将指定的直接寻址单元的内容压入堆栈。操作时先将堆栈指针 SP 的内容加 1，指向栈顶的一个新单元,然后把指令指定的直接寻址单元内容送入该单元。直接寻址单元包括片内 RAM 00H ~ 7FH 和片内的 128 个地址中的特殊功能寄存器。

POP 指令是将当前栈指针(SP)所指示的单元内容弹出到指定的内 RAM 单元中,然后再将 SP 减 1。

以上这两条指令均为双字节指令,在编写程序时一定要遵循"后进先出"的原则。

例如:

```
PUSH  A          ; 保护 A 中的内容
PUSH  PSW        ; 保护标志寄存器中的内容
POP   PSW        ; 恢复标志寄存器中的内容
POP   A          ; 恢复 A 中的内容
```

上述程序执行完毕后, A 和 PSW 寄存器中的内容得到了正确恢复。

【例 4-7】　假设 SP = 32H,片内 RAM 的 30H ~ 32H 单元的内容分别为 20H、23H、01H,执行下列指令后,DPTR、SP 应为多少?

解: POP　DPH　;(SP)=(32H)=01H→DPH,(SP)-1→SP, SP=31H
　　POP　DPL　;(SP)=(31H)=23H→DPL,(SP)-1→SP, SP=30H

结果: DPTR = 0123H, SP = 30H。

【例 4-8】　当 SP = 06H, DPTR 的内容为 1234H 时, 执行以下指令的结果是什么?

```
            PUSH  DPH        ; SP←(SP)+1, SP=07H, SP←(DPH),
                               (SP)=(07H)=12H
            PUSH  DPL        ; SP←(SP)+1, SP=08H, SP←(DPL),
                               (SP)=(08H)=34H
```

结果: (07H) = 12H, (08H) = 34H, SP = 08H, DPTR = 1234H。

4.3.2　算术运算类指令

80C51 单片机的算术运算类指令共计 24 条,它主要完成加、减、乘、除四则运算,以及加 1、减 1、二-十进制调整操作。这些指令一般都影响标志位。

1. 加法指令

加法指令共有 8 条,都是以累加器中的内容作为相加的一方,相加后的和被送回累加器中, A 为目的地址,影响标志位 AC、Cy、OV、P。

(1)不带进位的加法指令(4 条)

格式: ADD　A,#data　　　; A←(A)+data
　　　ADD　A,direct　　; A←(A)+(direct)
　　　ADD　A,@Ri　　　　; A←(A)+((Ri))
　　　ADD　A,Rn　　　　 ; A←(A)+(Rn)

功能:将两个操作数相加,再送回累加器中。

【例 4-9】　某程序执行指令为:

```
            MOV A,#0C3H
            ADD A,#0AAH
```

计算执行结果,并说明对状态字的影响。

解:　　　　11000011(0C3H)
　　+　　　　10101010(0AAH)
　┌─┐
　│ 1 │　　011011 01
　└─┘

结果：A = 6DH，Cy = 1，OV = 1 AC = 0，P = 1。

【例4-10】 8位数加法的两个程序如下：

程序1：

```
MOV    A,#0ACH
ADD    A,#85H
```

程序2：

```
MOV    A,#54H
ADD    A,#27H
```

给出程序执行结果，并说明对状态标志的影响。

解：首先计算程序1。

```
  1 0 1 0 1 1 0 0   (ACH)
+ 1 0 0 0 0 1 0 1   (85H)
─────────────────────────
```

0 0 1 1 0 0 0 1

结果：A = 31H，Cy = 1，OV = 1，AC = 1，P = 1。

然后计算程序2。

```
  0 1 0 1 0 1 0 0   (54H)
+ 0 0 1 0 0 1 1 1   (27H)
─────────────────────────
  0 1 1 1 1 0 1 1
```

结果：Cy = 0，OV = 0，AC = 0，P = 1，A = 7BH。

说明　带符号数运算时，如果和的第6、7位中有一位产生进位而另一位不产生进位，则使OV置1，否则被清0。

（2）带进位的加法指令（4条）

```
格式：   ADDC    A,#data    ; A←(A)+data
        ADDC    A,Rn       ; A←(A)+(Rn)
        ADDC    A,direct   ; A←(A)+(direct)
        ADDC    A,@Ri      ; A←(A)+((Ri))
```

功能：将两个操作数与进位标志相加，再送回累加器中。

【例4-11】 求执行指令"ADDC A，R0"的结果，设R0 = 55H，A = AAH，Cy = 1。

解：
```
      10101010 （AAH）
      01010101 （55H）
  +          1 （Cy）
```

1 00000000

结果： A = 00H，Cy = 0，AC = 0，OV = 0，P = 0。

【例4-12】 设A = 85H，（30H）= 6DH，Cy = 1，计算执行指令"ADDC A，30H"的结果。

解：
```
   10000101（85H）
   01101101（6DH）
+         1 （Cy）
──────────────────
   11110011
```

结果：A = F3H，Cy = 0，OV = 0，AC = 1，P = 0。

【例 4-13】　编写程序计算 4455H+22FFH 的结果。

解：由于两个加数均为 16 位数，应分两步计算，先将两数的低 8 位相加，若有进位，则存入 Cy 中，再将两数的高 8 位与 Cy 相加，结果分别存入 40H、41H 单元中。

```
MOV   A ,#55H        ; 取第一个加数的低 8 位
ADD   A ,#0FFH       ; 将两个加数的低 8 位相加
MOV   40H ,A         ; 存入低 8 位的和
MOV   A ,#44H        ; 取第一个加数的高 8 位
ADDC  A, #22H        ; 将两个加数的高 8 位与 Cy 相加
MOV   41H ,A         ; 存入高 8 位的和
```

结果：（40H）= 54H，（41H）= 67H。

（3）加 1 指令

该指令是把所指定的变量加 1，结果仍送回原地址单元。这类指令不影响标志位。加 1 指令共有 5 条。

格式：

```
INC  A            ; A←(A)+1
INC  Rn           ; Rn←(Rn)+1
INC  direct       ; (direct)←(direct)+1
INC  @Ri          ; (Ri)←((Ri))+1
INC  DPTR         ; DPTR←(DPTR)+1
```

【例 4-14】　设(R0) = 7EH，片内数据 RAM(7EH) = 0FFH，(7FH) = 40H，执行下列指令后结果是什么？

```
INC  @R0          ; (R0)←((R0))+1=00H
INC  R0           ; R0←(R0)+1=7FH
INC  @R0          ; (7FH)←41H
```

结果：(R0)=7FH,(7EH)=00H,(7FH)=41H。

（4）二-十进制调整指令

该指令又称为 BCD 码调整指令，它主要是对加法运算结果进行 BCD 码调整。由于 BCD 码按二进制运算方法运算时，有可能出错，利用二-十进制调整指令可对运算结果进行调整。

格式：DA　A

进行 BCD 码加法运算时，需要在加法指令后加入该指令，可以对 BCD 进行调整。

【例 4-15】　已知两个 BCD 码分别存在 31H、30H 和 43H、42H 中，试编程求其和，并存入 R4、R3、R2。

程序如下：

```
MOV   A, 30H
ADD   A, 42H         ; 低 16 位相加
DA    A              ; 低 16 位 BCD 码调整
MOV   R2, A          ; 低位存入 R2
MOV   A, 31H
ADDC  A, 43H         ; 高 16 位相加
DA    A              ; 高 16 位 BCD 码调整
```

```
        MOV    R3, A              ; 高位存入R3
        CLR    A
        RLC    A                  ; 进位位移入A中
        MOV    R4, A              ; 进位位存入R4
```

2. 减法指令

（1）带借位的减法指令

该指令有4条，以累加器中的内容作为被减数，差数送回累加器。

格式：

```
SUBB   A , #data              ; A←(A)-data-Cy
SUBB   A , Rn                 ; A←(A)-(Rn)-Cy
SUBB   A , direct             ; A←(A)-(direct)-Cy
SUBB   A , @Ri                ; A←(A)-(Ri)-Cy
```

功能：累加器A中的内容减去原操作数中的内容及进位位Cy，差数存入累加器A中。

【例4-16】 求执行程序指令"SUBB A，#64H"后的结果，设A = 49H，Cy = 1。

解：　01001001（49H）

　　　01100100（64H）

　　－　　　　　1

$\boxed{1}$　11100100

结果：A = E4H，Cy = 1，P = 0，AC = 0，OV = 0。

减法运算对PSW有以下影响。

① 减法运算的最高位有借位时，进位位Cy置位为1，否则Cy为0。

② 减法运算时如果低4位向高4位有借位，则辅助进位位AC置位为1，否则AC为0。

③ 减法运算过程中，第6位和第7位同时借位时，溢出标志位OV为1，否则OV为0。

④ 运算结果中"1"的个数为奇数（不计Cy中的1）时，奇偶校验位P置1，否则P为0。

⑤ 由于减法只有带借位的减法这一条指令，所以在单字节数相减时，必须先清借位位（CLR C）。

⑥ 加法运算与上述减法运算类似，这里不再赘述。

【例4-17】 设A = D9H，R0 = 87H，求执行以下减法指令后的结果。

```
    CLR    C
    SUBB   A,R0
```

解：　11011001（D9H）

　　　10000111（87H）

　　－　　　　0（Cy）

　　　01010010

结果：A = 52H，Cy = 0，AC = 0，P = 1，OV = 0。

【例4-18】 设计程序为双字节数相减，设被减数放在30H、31H中，减数放在40H、41H中，得到的差放入50H、51H中，如果在高字节有借位，则转入OVER处执行。

设计程序如下：

```
        AUN1: MOV    A, 30H        ; 把被减数的低字节放到A中
              CLR    C             ; Cy清0
              SUBB   A, 40H        ; 低字节相减
```

```
        MOV     50H, A          ; 存入结果
        MOV     A, 31H          ; 被减数的高字节送 A
        SUBB    A, 41H          ; 高字节相减
        MOV     51H, A          ; 存入结果
        JC      OVER            ; 高字节若有借位，Cy = 1，转入 OVER 执行
OVER
            ⋮
```

（2）减 1 指令

该指令是将指定变量减 1，结果仍存在原指定单元。这类指令不影响标志位。减 1 指令共有 4 条。

格式：

```
DEC  A              ; A←(A)-1
DEC  Rn             ; Rn←(Rn)-1
DEC  direct         ; (direct)←(direct)-1
DEC  @Ri            ; (Ri)←((Ri))-1
```

【例 4-19】 执行下列指令序列后结果是什么？

```
MOV R1,#7FH         ; R1←7FH
MOV 7EH,#00H        ; (7EH)←00H
MOV 7EH,#40H        ; (7EH)←40H
DEC @R1             ; (7FH)←3FH
DEC R1              ; R1←7EH
DEC @R1             ; (7EH)←0FFH
```

执行结果：(R1) = 7EH，(7EH) = 0FFH，(7EH) = 3FH。

加 1、减 1 指令说明如下。

① 加 1、减 1 指令不影响标志位，即加 1 大于 256 时不向 Cy 进位，Cy 保持不变；减 1 不够减时不向 Cy 借位，Cy 同样保持不变。

② 没有 16 位减①指令。

【例 4-20】 试编制两个三字节数相减程序。设被减数放在从 10H 开始的连续三个单元中（低位在前），减数放在从 30H 开始的连续三个单元（低位在前），相减的结果仍放在从 10H 起始的单元。

程序如下：

```
CLR   C              ; Cy 清 0
MOV   R0, #10H       ; 置被减数的首地址
MOV   R1, #30H       ; 置减数的首地址
MOV   A, @R0         ; 取低 8 位被减数
SUBB  A, @R1         ; 低 8 位相减
MOV   @R0, A         ; 保存低 8 位的差
INC   R0             ; 指向中 8 位被减数
INC   R1             ; 指向中 8 位减数
MOV   A, @R0         ; 取中 8 位被减数
SUBB  A, @R1         ; 中 8 位相减
MOV   @R0, A         ; 保存中 8 位的差
INC   R0             ; 指向高 8 位被减数
INC   R1             ; 指向高 8 位减数
MOV   A, @R0         ; 高 8 位被减数
```

```
SUBB    A, @R1          ; 高 8 位相减
MOV     @R0, A          ; 保存高 8 位的差
```

从上述程序可以看出，有些指令为重复操作，若采取循环操作，则可将程序简化。

3. 乘法指令

格式：MUL AB；A×B→BA

功能：把累加器 A 和寄存器 B 中的 8 位无符号整数相乘，乘积为 16 位，低 8 位存于 A 中，高 8 位存于 B 中。如果乘积大于 255（0FFH），则 OV 置 1，否则清 0，在任何情况下进位位 Cy 清 0。

【例 4-21】 设 A = 80H，B = 32H，执行"MUL AB"指令后结果如何？

执行结果：乘积 1900H，A = 00H，B = 19H，OV = 1，Cy = 0。

【例 4-22】 编写程序 33H55H×44H→R5R4R3。

解：16 位数乘以 8 位数，先将 16 位数分为两个 8 位数，先乘以低 8 位，然后乘以高 8 位，再相加，假设 J = 33H，K = 55H，L = 44H，图示如下：

$$
\begin{array}{rccc}
 & J & K \\
\times & & L \\
\hline
 & KL_{高} & KL_{低} \\
+ & JL_{高} & JL_{低} \\
\hline
 & R5 & R4 & R3 \\
\end{array}
$$

编制程序如下：

```
MOV     A, #55H
MOV     B, #44H
MUL     AB
MOV     R3, A           ; R3←KL低
MOV     R4, B           ; R4←KL高
MOV     A, #33H
MOV     B, #44H
MUL     AB              ; J×L
ADD     A, R4
MOV     R4, A           ; R4←KL高+JL低
MOV     A, B
ADDC    A, #00H         ; R5←JL高+进位
MOV     R5, A
```

4. 除法指令

格式：DIV AB；A/B→A（商），余数→B

功能：把累加器 A 中的 8 位无符号整数除以寄存器 B 中的 8 位无符号整数，商数放在 A 中，余数放在 B 中，标志位 Cy 和 OV 均清 0。若除数（B）为 00H，则执行结果为不确定值，OV 置 1，在任何情况下，进位位 Cy 清 0。

【例 4-23】 设累加器 A = 87H，B = 0CH，执行指令"DIV AB"后的结果是什么？

结果：A = 0BH，B = 03H，OV = 0，Cy = 0。

【例 4-24】 试编写程序，要求把 A 中的二进制数转换为三位 BCD 码，百位数放在 30H，十位、个位数放在 31H 中。

解：首先将要转换的二进制数除以 100，商即为百位数，余数再除以 10，商和余数分别为十位数和个位数，然后通过 SWAP、ADD 指令组成一个压缩的 BCD 数，其中十位数放在 A7 ~ A4，

个位数放在 A3 ~ A0。

程序编写如下：

```
MOV   B, #100      ; 置除数为 100
DIV   AB           ; 除以 100
MOV   30H, A       ; 商放入 30H
MOV   A, B         ; 余数放入 A
MOV   B, #10       ; 置除数为 10
DIV   AB           ; 除以 10, 个位数放入 B, 十位数放入 A
SWAP  A            ; 十位数放入 A7 ~ A4
ADD   A, B         ; 组合 BCD 码
MOV   31H, A       ; 保存十位和个位数
SJMP  $
```

对于乘、除法指令，需要说明几点。

① 乘法指令和除法指令需要 4 个机器周期，也是指令系统中执行时间最长的指令。

② 在进行 8 位数乘除法运算时，必须将相应的被乘数和乘数、被除数和除数分别放入累加器 A 和寄存器 B 中，才能进行计算。

③ 在 80C51 型单片机中，乘法和除法指令仅适用于 8 位数乘法和除法运算。如果被乘数、乘数、被除数和除数中有一个是 16 位数时，不能使用这两个指令。

4.3.3　逻辑操作类指令

逻辑操作类指令共 24 条，包括"与""或""异或""清零""求反"和"左右移位"等逻辑指令。按操作数的不同也可将其分为单、双操作数两种。逻辑操作指令涉及寄存器 A 时，影响 P，但对 AC、OV 及 Cy 没有影响。

1. 双操作数的指令

（1）"与"指令

本指令共有 6 条，逻辑与的结果大部分送回累加器 A，只有最后两条指令送入直接地址单元中。

格式：

```
ANL  A, #data         ; A←(A)∧data
ANL  A, Rn            ; A←(A)∧Rn
ANL  A, direct        ; A←(A)∧(direct)
ANL  A, @Ri           ; A←(A)∧((Ri))
ANL  direct, #data    ; A←(direct)∧data
ANL  direct, A        ; A←(direct)∧(A)
```

功能：前 4 条指令将 A 中的内容与源操作数所指的内容进行按位与运算，并将结果送入 A 中，影响奇偶标志位；后两条指令将直接地址单元中的内容与操作数所指的内容进行按位与运算，将结果送入直接寻址地址单元中。

【例 4-25】 如果 A = 00001111B，（40H）= 10001111B，当执行指令"ANL A, 40H"时，求 A 的内容。

解：A = 0FH。

【例 4-26】 将寄存器 A 中的压缩 BCD 码拆分为 2 个字节，将寄存器 A 中的低 4 位送到 P1 口的低 4 位，高 4 位送到 P2 口的低 4 位，P1、P2 口的高 4 位清 0。

程序如下：

```
MOV   B, A              ; A 的内容暂存于 B 中
ANL   A, # 00001111B    ; 清高 4 位，保留低 4 位，即屏蔽高 4 位
MOV   P1, A             ; A 的低 4 位→P1 口
MOV   A, B              ; 取原数据
ANL   A, # 11110000B    ; 保留高 4 位，低 4 位清 0
SWAP  A                 ; A7~A4→A3~A0
MOV   P2, A             ; A 的高 4 位→P2 口
```

（2）"或"指令

"或"指令共有 6 条，执行指令后的结果存入累加器或直接地址单元中。

格式：

```
ORL  A, # data      ; A←(A) ∨ data
ORL  A, Rn          ; A←(A) ∨ (Rn)
ORL  A, direct      ; A←(A) ∨ (direct)
ORL  A, @Ri         ; A←(A) ∨ ((Ri))
ORL  direct, #data  ; direct ←(direct) ∨ data
ORL  direct, A      ; direct ← (direct) ∨ (A)
```

"或"指令也常用于修改工作寄存器、片内 RAM 单元、直接寻址（包括 P0、P1、P2、P3 端口）或累加器本身的内容，控制修改的数或累加器中内容等。

【例 4-27】 如果(A) = 12H，(R0) = 71H，(71H) = 60H，当执行下列指令后，求 A 中的内容。

```
ORL  A,R             ; A = 73H
ORL  A,@R0           ; A = 72H
```

最后 A 中的内容为 72H。

（3）"异或"指令

同"与""或"指令一样，"异或"指令有 6 条，其操作方式与"与""或"指令一样。

格式：

```
XRL  A, # data       ; A ←(A) ⊕ data
XRL  A, Rn           ; A ←(A) ⊕ (Rn)
XRL  A, @Ri          ; A ←(A) ⊕ ((Ri))
XRL  A, direct, # data  ; A←(A) ⊕ (direct)
XRL  direct, #data   ; direct ← (direct) ⊕data
XRL  direct, A       ; direct ← (direct) ⊕ (A)
```

"异或"指令也常用于修改工作寄存器、片内 RAM 单元、直接寻址字节（包括 P0、P1、P2、P3 端口）或累加器本身的内容。

【例 4-28】 执行指令"XRL P1, # 00110001B"后的结果是什么？

执行结果：P1 = 01001000B。

2. 单操作数指令

单操作数指令共有 6 条，可以实现将累加器 A 中的内容进行取反、清零、循环左、右移及带 Cy 的循环左、右移。

格式：

```
CLR  A               ; A ←0
CPL  A               ; A ←Ā
RL   A               ; 循环左移，如图 4-8 所示
```

```
RLC     A                       ; 带 Cy 的循环左移, 如图 4-9 所示
RR      A                       ; 循环右移
RRC     A                       ; 带 Cy 的循环右移
```

图 4-8　循环左移示意图

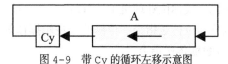

图 4-9　带 Cy 的循环左移示意图

【例 4-29】　假设 A = 5AH, C = 1, 在下面的指令中 RL 和 RR 指令的作用是什么?

```
CPL  A                          ; A=5H
CLR  A                          ; A=0
RLA  A                          ; A=B4H
RLC  A                          ; A=B5H
RR   A                          ; A=2DH
RRC  A                          ; A=ADH
```

执行 RL 指令相当于把原内容乘以 2; 执行 RR 指令相当于把原内容除以 2。

【例 4-30】　编程实现 16 位数的算术左移。设 16 位数存放在片内 RAM 40H、41H 单元, 低位在前。

算数左移是指将操作数整体左移一位, 最低位补充 0。相当于完成对 16 位数的乘 2 操作。程序如下:

```
CLR   C                         ; Cy 清 0
MOV   A, 40H                    ; 取操作数的低 8 位送 A
RLC   A                         ; 低 8 位左移 1 位
MOV   40H, A                    ; 送回
MOV   A, 41H                    ; 指向高 8 位
RLC   A                         ; 高 8 位左移
MOV   41H, A                    ; 送回
```

【例 4-31】　设在片外 RAM 2000H 中存放有两个 BCD 码, 试编写程序将这两个 BCD 码分别存到 2000H 和 2001H 的低 4 位。

程序如下:

```
MOV    DPTR , # 2000H
MOVX   A , @DPTR               ; 读片外 RAM 2000H 单元中的 BCD 码
MOV    B , A                   ; 暂存
ANL    A , # 0FH              ; 屏蔽高 4 位, 保留低 4 位
MOVX   @DPTR, A                ; 回存片外 RAM 2000H 单元
INC    DPTR                    ; 指向片外 RAM 2001H 单元
MOV    A , B                   ; 读原 BCD 码
ANL    A, #0F0H               ; 屏蔽低 4 位, 保留高 4 位
SWAP   A                       ; 高 4 位→低 4 位
MOVX   @DPTR ,A                ; 回存片外 RAM 2001H 单元
```

【例 4-32】　在 30H 与 31H 单元中有两个 BCD 码, 将它们合并到 30H 单元以节省内存空间。

程序如下:

```
MOV    A , 30H
SWAP   A                       ; (20H)3~0→A7~A4
ORL    A , 31H                 ; 合并
MOV    30H , A                 ; 回存
```

4.3.4　位操作类指令

位操作指令又称为布尔指令。在80C51系列单片机的硬件结构中除了8位CPU，还附有一个布尔处理机（或称位处理机），可以进行位寻址，进位位C具有一般CPU中累加器的作用。布尔指令可以分为位传送指令、位修改及逻辑操作等。该指令一般不影响标志位。

1. 位数据传送指令

位数据传送指令有互逆的两条，可实现进位位C与某直接寻址位bit间内容的传送。

```
MOV C, bit       ; Cy←bit
```

双字节指令，机器码的第1字节为A2H，第2字节为直接寻址位的位寻址。

```
MOV bit, C       ; bit←Cy
```

双字节指令，机器码的第1字节为92H，第2字节为直接寻址位的位寻址。

上述指令中，C为进位位Cy，bit为内部RAM 20H～2FH中的128个可寻址位和特殊功能寄存器中的可寻址位。

【例4-33】 将20H.0传送到22H.0。

程序如下：

```
MOV C, 20H.0
MOV 22H.0, C
```

也可写成：

```
MOV C, 00H           ; C←20H.0
MOV 10H, C           ; 22H.0←C
```

后两个指令中的00H和10H分别为20H.0和22H.0位地址，不是字节地址。

2. 位数据修改指令

位数据修改指令共有6条，包括对位清0、置1、取反指令。

（1）清0指令

```
CLR C            ; C←0，单字节指令，机器码为C3H
CLR bit          ; bit←0，双字节指令，机器码的第1字节为C2H，第2字节为位地址
```

（2）置1指令

```
SETB C           ; C←1，单字节指令，机器码为D3H
SETB bit         ; bit←1，双字节指令，机器码的第1字节为D2H，第2字节为位地址
```

（3）位取反指令

```
CPL C            ; C←C̄，单字节指令，机器码为B3H
CPL bit          ; bit←bit̄，双字节指令，机器码第1字节为B2H，第2字节为位地址
```

3. 逻辑运算指令

位逻辑运算指令分为位逻辑"与"和位逻辑"或"，共有4条指令。

（1）位逻辑"与"指令

```
ANL C, bit       ; C←C∧bit
```

双字节指令，机器码的第1字节为82H，第2字节为位地址。

```
ANL C, bit̄       ; C←C∧bit̄
```

双字节指令，机器码的第 1 字节为 B0H，第 2 字节为位地址。

（2）位逻辑"或"指令

```
ORL  C, bit                ; C←C∨bit
```

双字节指令，机器码的第 1 个字节为 72H，第 2 个字节为位地址。

```
ORL  C, bit                ; C←C∨bit
```

双字节指令，机器码的第 1 个字节为 A0H，第 2 个字节为位地址。

80C51 型单片机中无位异或指令，可以用若干条位操作指令来实现。

【例 4-34】 D、E、Y 都代表位地址，试编程实现对 D、E 中的内容进行异或操作，结果送入 Y 中。

直接按公式 $Y = D\overline{E} + \overline{D}E$ 来编写，程序如下：

```
MOV  C, D
ANL  C, E                  ; C←D∧E
MOV  Y, C                  ; 暂存
MOV  C, E
ANL  C, D                  ; C←E∧D
ORL  C, Y                  ; DE+DE
MOV  Y, C                  ; 结果存入 Y 中
```

【例 4-35】下列程序段可满足只在 P1.0 为 1、A.7 为 1 和 OV 为 0 时置位 P3.1 的逻辑控制（其硬件电路如图 4-10 所示）。

程序如下：

```
MOV  C, P1.0
ANL  C, A.7
ANL  C, OV
MOV  P3.1, C
```

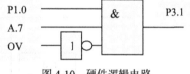

图 4-10　硬件逻辑电路

4.4　汇编语言程序设计基础

汇编语言程序有多种结构类型，如顺序程序、循环程序、分支程序等。

4.4.1　顺序程序设计

顺序程序又称直接程序，程序执行时从第 1 条指令开始顺序执行到最后一条指令。

【例 4-36】 已知 16 位二进制数存放在 R1R0 中，试求其补码，并将结果存放在 R3R2 中。

程序如下：

```
MOV    A, R0            ; 读低 8 位
CPL    A               ; 取反
ADD    A, #1           ; 加 1
MOV    R2, A           ; 存低 8 位
MOV    A, R1           ; 读高 8 位
CPL    A               ; 取反
ADDC   A, #0           ; 加进位
MOV    20H, R1         ; 高 8 位送入位寻址区
```

```
MOV    C, 07H                ; 符号位送入C
MOV    A.7, C                ; 恢复符号
MOV    R3, A                 ; 存高8位
SJMP   $                     ; 等待新的指令
```

【例4-37】 设有任意一个三字节EFL作为被乘数，有一个单字节数N作为乘数，试编程求其积，并将结果存放在20H~23H单元中（由低字节到高字节顺序存放）。

解：运算过程如图4-11所示，程序流程图如图4-12所示。

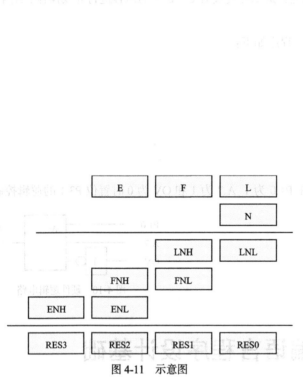

图4-11　示意图　　　　　图4-12　流程图

程序如下：

```
ORG 1000H
MOV R0,#20H              ;建立存放结果的地址指针
MOV A, N
MOV B, L
MUL AB
MOV @R0, A              ; NL低→(20H)
MOV R1, B              ; NL高→R1

MOV A, N
MOV B, F
MUL AB
MOV R2, A              ; NF低→R2
MOV R3, B              ; NF高→R3

MOV A, N
MOV B, E
MUL AB
MOV R4, A              ; NE低→R4
```

```
MOV  R5, B                ; NE高→R5
MOV  A, R1
ADD  A, R2
INC  R0
MOV  @R0, A
MOV  A, R3
ADDC A, R4                ; 相加, 保存
INC  R0
MOV  @R0, A
CLR  A
ADDC A, R5
INC  R0
MOV  @R0, A
SJMP $                    ;等待新的指令
```

顺序结构程序比较简单，能完成一定的功能任务，是构成复杂程序的基础。

4.4.2　循环程序设计

在计算机应用中，当程序处理的对象具有某种重复性的规律时，需要用到循环程序。在 80C51 型系统中的汇编语言没有设置专门的循环语句，完成循环任务实质上是由"反转"结构的分支程序来完成的。另外，循环程序可以缩短程序，减少其所占有的内存。循环程序一般由以下 4 个部分组成。

① 置循环初值。在进入循环之前，要对循环中需要使用的寄存器和存储器赋予其规定的初始值，如循环次数、循环中工作单元的初值、用到的 Reg 赋初值等。

② 置循环体。循环体是程序中需要重复执行的部分，是循环结构中的主要部分。

③ 循环修改。每执行一次循环，就对有关参数进行相应修改，使指针指向下一数据所在的位置，为进入下一轮循环做准备。

④ 循环控制。在程序执行中，需要根据循环计数器的值或其他条件来判断控制循环是否该结束。

以上 4 部分有两种组织方式，其结构如图 4-13 所示。

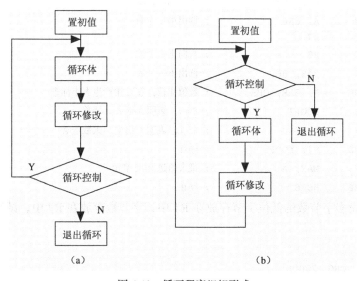

（a）　　　　　　　　　　　　　　　（b）

图 4-13　循环程序组织形式

循环分为单重循环和多重循环两种。

1. 单重循环程序设计

循环程序通常使用比较转移指令与循环转移指令来实现。

（1）循环次数已知的循环程序设计

对于循环次数已知的程序，通常使用循环转移指令 DJNZ 来实现。

格式1：DJNZ Rn, rel   ; PC←(PC)+2, Rn←(Rn)-1

若（Rn）= 0，按顺序执行，否则 PC←(PC)+rel，转移。

此为双字节指令。机器码的第1字节为 D8H～DFH，第1字节为相对地址。

格式2：DJNZ direct, rel   ; PC←(PC)+3, direct←(direct)-1

若（direct）= 0，按顺序执行，否则 PC←(PC)+rel，转移。

此为三字节指令。机器码的第1字节为 D5H，第2字节为直接地址，第3字节为相对地址。

DJNZ 指令是减1不为零跳转指令，即将 Rn 的内容减1，然后再判断 Rn 中的内容是否为 0，若不为零，则跳过 rel 字节去执行，若为零，则退出循环向后执行。

【例4-38】 对一数组做累加计算。设数组长度存放在 R0 中，数组首地址存放在 R1 中，将数组之和存放在 20H 单元中，因为字长是 8 位，所以其和不应大于 256。可编程序如下：

```
        CLR  A              ; A清0
LOOP:   ADD  A, @R1         ; 相加
        INC  R1             ; 地址指针增1
        DJNZ R0, LOOP       ; 字节数减1不为0继续相加
        MOV  20H, A         ; 结果存入20H单元
        END
```

【例4-39】 内部 RAM 30H 单元中存有 8 个数，找出其中的最大的数，送入 MAX 单元。

分析：假定在比较过程中，以 A 存放大数，与之逐个比较的另一个数放在 3AH 单元中，比较结束后，把查找到的最大数送 MAX 单元。

程序如下：

```
        MOV   R0, #30H       ; 置数据区首地址
        MOV   R7, #08H       ; 置数据区长度
        MOV   A, @R0         ; 读出第1个数
        DEC   R7
LOOP:   INC   R0             ; 指向下一个数
        MOV   3AH, @R0       ; 读出下一个数
        CJNE  A, 3AH, CHK    ; 数值比较，在C中产生大小标志
CHK:    JNC   LOOP1          ; C=0，表明A值大，转移
        MOV   A, @R0         ; C=1，表明A值小，大数送A
LOOP1:  DJNZ  R7, LOOP       ; 循环
        MOV   MAX, A         ; 最大值送MAX单元
HERE:   AJMP  HERE           ; 停止
```

【例4-40】 设多字节数的低位字节存放在 R1 中，字节数存放在 R7 中，试编制多字节乘10程序。

程序如下：

```
        ORG 2000H
MUL10:  PUSH PSW            ; 保护现场
```

```
            PUSH  A                ; A 压栈
            PUSH  B                ; B 压栈
            CLR   C                ; 清进位位 C
            MOV   R2, #00H         ; 将 R2 清 0
GH10:       MOV   A, @R1           ; 低位字节送入 A 中
            MOV   B, #0AH          ; 将 10 送入 B 中
            PUSH  PSW
            MUL   AB               ; 字节乘以 10
            POP   PSW              ; 标志寄存器 PSW
            ADDC  A, R2            ; 上次积的高 8 位与本次积的低 8 位相加得到本次积
            MOV   @R1, A           ; 送原存储单元中
            MOV   R2, B            ; 将 B 中内容送入 R2 中
            INC   R1               ; R1←R1+1
            DJNZ  R7, GH10         ; 如果未乘完则跳到 GH10, 否则向下执行
            MOV   @R1, B           ; (R1)←B
            POP   B                ; B 出栈
            POP   A                ; A 出栈
            POP   PSW              ; PSW 出栈
            RET
```

因为低位字节乘以 10，其积可能会超过 8 位，所以把本次乘积的低 8 位与上次（低位的字节）乘积的高 8 位相加作为本次的积存入。在进行相加时，有可能产生进位，因此使用 ADDC 指令，这就要求进入位循环之前 C 必须清 0（第 1 次相加无进位），在循环体内未执行 ADDC 之前 C 必须保持。由于执行 MUL 指令总是清除 C，所在该指令前后安排了保护和恢复标志寄存器 PSW 的指令。程序中实际是逐字节进行这种相乘相加运算，直到整个字节操作完毕，结束循环。

【例 4-41】设 X_i 为单字节数，并按顺序存放在 RAM 以 60H 为首地址的存储单元中，数据长度（个数）n 存在 R2 中，求 $S = X_1 + X_2 + \cdots + X_n$，并将和 S（双字节）存放在 R3R4 中，假设和小于 65536，试编制程序。

程序流程如图 4-14 所示。程序如下：

```
            MOV   R2, #n
            MOV   R3, #00H
            MOV   R4, #00H
            MOV   R0, #60H
LOOP:       MOV   A, R4
            ADD   A, @R0
            MOV   R4, A
            CLR   A
            ADDC  A, R3
            MOV   R3, A
            INC   R0
            DJNZ  R2, LOOP
            SJMP  $
```

（2）循环次数未知的循环程序设计

对于循环次数未知的程序，通常使用比较转移指令 CJNE 来实现。

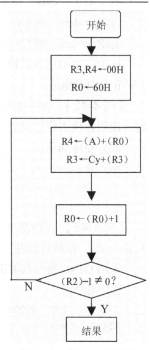

图 4-14　例 4-41 流程图

格式：CJNE （目的操作数），（源操作数），rel

比较转移指令的功能是将目的操作数与原操作数进行比较。

如果目的操作数＝源操作数，则 PC←(PC)+3，程序顺序执行，Cy = 0。

如果目的操作数≠原操作数，则 PC←(PC)+3+rel，转移。

具体的比较转移指令有 4 条。

① CJNE A, #data, rel   ; PC←(PC)+3。

若（A）= data，按顺序执行，Cy = 0；

若（A）<data，则 Cy = 1，PC←（PC）+rel，转移；

若（A）>data，则 Cy = 0，PC←（PC）+rel，转移。

此为三字节指令。机器码的第 1 字节为 B4H，第 2 字节为立即数，第 3 字节为相对地址。

② CJNE Rn, #data, rel   ; PC←(PC)+3。

若（Rn）= data，按顺序执行，Cy = 0；

若（Rn）<data，则 Cy = 1，PC←（PC）+rel，转移；

若（Rn）>data，则 Cy = 0，PC←（PC）+rel，转移。

此为三字节指令。机器码的第 1 字节为 B8H～BFH，第 2 字节为立即数，第 3 字节为相对地址。

③ CJNE A, direct, rel   ; PC←(PC)+3。

若（A）=（direct），按顺序执行，Cy = 0；

若（A）<(direct)，且 Cy = 1，PC←(PC)+rel，转移；

若（A）>(direct)，则 Cy = 0，PC←(PC)+rel，转移。

此为三字节指令。机器码的第 1 字节为 B5H，第 2 字节为直接地址，第 3 字节为相对地址。

④ CJNE @Ri, #data , rel   ; PC←(PC)+3。

若（Ri）= data，按顺序执行，Cy = 0；

若(Ri)<data，则 Cy = 1，PC←(PC)+rel，转移；

若(Ri)>data，则 Cy = 0，PC←(PC)+rel，转移。

此为三字节指令。机器码的第 1 个字节因为 i 值不同为 B6H～B7H，第 2 字节为立即数，第 3 字节为相对地址。

【例 4-42】 编写程序，要求 P1 口 P1.0～P1.3 为准备就绪信号输入端，当该 4 位输入全为"1"时，说明各项工作已准备好，单片机可以顺序执行主程序，否则程序等待。

部分程序如下：

```
D1: MOV  A, P1              ; P1 口内容送 A
    ANL  A, #0FH            ; 屏蔽高 4 位
    CJNE A, #0FH, D1        ; 该 4 位不全为"1"，返回 D1，否则继续执行
```

【例 4-43】 在内部 RAM 40H 开始的存储区有若干个字符，已知最后一个字符为"$"（有且只有一个），试统计这些字符的个数，结果存入 50H 单元。

采用 GJNE 指令与关键字符做比较，比较时使用关键字符"$"的 ASCII 码 24H。

程序如下：

```
      ORG  3000H
STATR: MOV  R1, #40H        ; R1 作为地址指针（建立地址指针）
      CLR  A                ; A 作为计数器
```

```
LOOP:    CJNE  @R1, #24H, NEXT  ; 与"$"号比较, 不相等则转移
         SJMP  NEXT1            ; 找到"$", 结束循环
NEXT:    INC   A                ; 计数器加 1
         INC   R1               ; 指针加 1
         SJMP  LOOP             ; 循环
NEXT1:   INC   A                ; 再加入"$"这个字符
         MOV   50H, A           ; 保存结果
         END
```

在本例中, 循环结束的条件是是否已查到关键字"$", 所以循环次数是不确定的。

2. 多重循环程序设计

多重循环是指在循环体中又含有循环语句的结构。多重循环程序设计的基本方法和单重循环程序设计是一致的, 应分别考虑各重循环的控制条件及其程序实现, 相互之间不能混淆。另外, 应该注意在每次通过外层循环再次进入内层循环时, 初始条件必须重新设置。

【例 4-44】 编写一个延时 50ms 的程序, 设 $f_{OCS} = 12MHz$。

具体程序如下:

```
DEL:    MOV   R7, #200
DEL1:   MOV   R6, #125
DEL2:   DJNZ  R6, DEL2
        DJNZ  R7, DEL1
        RET
```

精确延时时间为: $1+(1 \times 200)+(2 \times 125 \times 200)+(2 \times 200)+2$

$$= (2 \times 125+3) \times 200+3$$

$$= 50603(\mu s)$$

$$\approx 50(ms)$$

这个程序中共有 5 条指令, 现分别就每一条指令被执行的次数和所耗时间进行分析。

"MOV R7, #200"在整个子程序中只被执行一次, 且为单周期指令, 所以耗时 1μs。

对于"MOV R6, #125", 只要 R7-1 不为 0, 就会返回到这句, 共执行了 R7 次, 共耗时 200μs。

对于"DJNZ R6, DEL2", 只要 R6-1 不为 0, 就反复执行此句(内循环 R6 次), 又受外循环 R7 控制, 所以共执行 R6 × R7 次, 因为是双周期指令, 所以耗时(2 × R6 × R7)μs。

【例 4-45】编制程序, 采用冒泡排序法, 将 8031 片内 RAM 50H~57H 的内容以无符号数的形式从小到大进行排序, 即程序运行后, 50H 单元的内容为最小, 57H 单元的内容为最大。

算法说明如下所述。

数据排序的方法很多, 常用的算法有插入排序法、快速排序法、选择排序法等, 本例以冒泡排序法为例。

冒泡排序法是一种相邻数互换的排序方法, 由于其过程类似于水中的气泡上浮, 故称为冒泡法。执行时从前向后进行相邻数的比较, 若数据的大小次序与要求的顺序不符(也就是逆序), 就将这两个数交换, 否则为正序, 不互换。如果是升序排列, 则通过这种相邻数互换的排序方法使小的数向前移, 大的数向后移, 如此从前向后进行一次冒泡, 就会把最大的数换到最后, 再进行一次冒泡, 会把次大的数排到倒数第 2 的位置上, 如此下去, 直到排序完成。

若原始数据的顺序为: 50、38、7、13、59、44、78、22, 第 1 次冒泡的过程如下:

50、38、7、13、59、44、78、22 (逆序, 互换)

38、50、7、13、59、44、78、22 (逆序, 互换)

38、7、<u>50</u>、<u>13</u>、59、44、78、22 (逆序，互换)

38、7、13、<u>50</u>、<u>59</u>、44、78、22 (正序，不互换)

38、7、13、50、<u>59</u>、<u>44</u>、78、22 (逆序，互换)

38、7、13、50、44、<u>59</u>、<u>78</u>、22 (正序，不互换)

38、7、13、50、44、59、<u>78</u>、<u>22</u> (逆序，互换)

38、7、13、50、44、59、22、78 (第1次冒泡结束)

如此进行，各次冒泡的结果是

第1次冒泡：38、7、13、50、44、59、22、78

第2次冒泡：7、13、38、44、50、22、59、78

第3次冒泡：7、13、38、44、22、50、59、78

第4次冒泡：7、13、38、22、44、50、59、78

第5次冒泡：7、13、22、38、44、50、59、78

第6次冒泡：7、13、22、38、44、50、59、78

可以看出，冒泡排序到第5次已完成。针对上述冒泡排序过程，有两个问题需要说明。

① 由于每次冒泡都是从前向后排定一个大数（假定升序），因此每次冒泡所需进行的比较次数都递减1。例如，如果有 n 个数排序，则第1次冒泡需比较 $(n-1)$ 次，第2次冒泡则需比较 $(n-2)$ 次，……，依次类推。但在实际编程时有时为了简化程序，往往把各次的比较次数都固定为 $(n-1)$。

② 对于有 n 个数的排序，冒泡法应进行 $(n-1)$ 次冒泡才能完成排序，但在实际上并不需要这么多，本例中，当进行到第5次排序时就完成了。判断排序是否已完成的最简单方法是看各次冒泡中有无互换发生。如果有数据互换，说明排序还没完，否则表明已排序好。

其程序流程如图4-15所示。

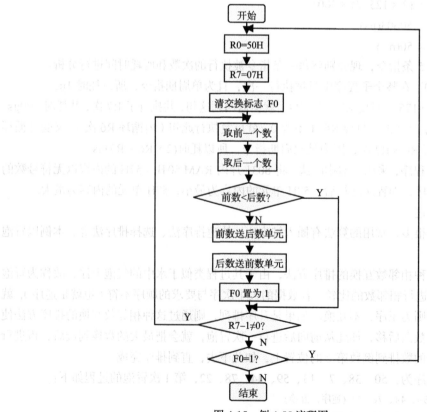

图4-15　例4-55流程图

具体程序如下：

```
SORT: MOV   R0, #50H        ; 置数据存储区首单元地址
      MOV   R7, #07H        ; 置每次冒泡比较次数
      CLR   F0             ; 交换标志清 0
LOOP: MOV   A, @R0          ; 取前数
      MOV   2BH, A          ; 存前数
      INC   R0             ; R0←(R0)+1
      MOV   AH, @R0         ; 取后数
      CLR   C             ; C1 清 0
      SUBB  A, @R0          ; 前数减后数
      JC    NEXT           ; C = 1 表明前数<后数，不互换
      MOV   @R0, 2BH        ; C = 0 表示前数≥后数，前数存入后数位置（存储单元）
      DEC   R0             ; R0←(R0)-1
      MOV   @R0, 2AH        ; 后数存入前数位置（存储单元）
      INC   R0             ; 恢复 R0 值，准备下一次比较
      SETB  F0             ; 置交换标志
NEXT: DJNZ  R7, LOOP        ; (R7)-1=0 时返回，进行下一次比较
      JB    F0, SORT        ; F0 = 1 返回，进行下一轮冒泡
HERE: SJMP  $             ; F0 = 0，无交换，排序结束
```

4.4.3　分支程序设计

计算机具有逻辑判断的能力，它能根据条件进行判断，并根据判断结果选择相应程序入口。根据不同的条件，要求进行相应处理，此时就应采用分支程序结构。条件转移指令、比较转移指令和位转移指令都可以实现分支程序。

1. 无条件转移指令

无条件转移指令有 4 条。由于指令执行的结果，程序的执行顺序是必须转移的，因而称该指令为无条件转移指令。

（1）短转移指令 AJMP

格式：　AJMP　addr11 ; PC←(PC)+2, PC(10~0)←addr11, PC(15~11)不变

此指令是双字节指令，是 11 位地址的无条件转移指令，它的机器码为：a10 a9 a8 0 0 0 0 1 a7···a0，a10~a0 为转移目标地址中的低 11 位，00001 是这条指令特有的操作码，其转移范围为(PC)+2 后的同一 2KB 内，也就是高 5 位地址相同。

由于 AJMP 是双字节指令，当程序真正转移时 PC 的内容加 2，因此转移的目标地址应与 AJMP 指令相邻的第 1 个字节地址在同一个双字节范围，本指令不影响标志位。

【例 4-46】 若某程序中，指令"AJMP　LOOP"所在的地址为 2455H，已知该指令的机器码为 C188H，那么目标地址 LOOP 是多少？

解：(PC)+2 = 2455H+2 = 2457H，则得到 PC 的高 5 位为 00100。

机器码 C188H = 11000001 10001000 B，可知 11 位地址为 11010001000 B。

因此目标地址 LOOP 为 0010011010001000B = 2688H。

（2）长转移指令 LJMP

格式：LJMP addr16 ; PC←addr16, 转移范围为 64KB

此为三字节指令，机器码的第 1 字节为 02H，第 2 字节为地址的高 8 位，第 3 字节为地址的低 8 位。该指令可使程序执行在 64KB 地址范围内无条件转移，但比 AJMP 指令多占 1 个字节（不

可多用该指令）。

（3）相对转移指令 SJMP

格式：SJMP rel ; PC←(PC)+2, PC←(PC)+rel

此为双字节指令，机器码的第 1 字节为 80H；第 2 字节为相对地址值，也称为相对偏移量，是一个 8 位带符号的数。该指令的转移范围为+127B～–128B。转移的地址=源地址+2+rel，rel 的范围是+127～–128B。

在手工汇编时，常常需要计算地址的相对偏移量，设相对转移指令的第 1 个字节为源地址，要转去执行指令的第 1 个字节地址为目的地址，则其相对偏移量为

　　　　向下转移：rel =（源地址、目的地址）–2

　　　　向上转移：rel = FE-（源地址、目的地址）–1

若 PC 地址由大到小转移，则使用向上转移公式；反之，使用向下转移公式。

【例 4-47】设 PC = 2100H，转向 2123H 去执行程序，则其偏移量 rel =（2123–2100）–2 = 21H，所以在 2100 处存放的指令 SJMP rel 的机器码为 8021H。假设 PC = 2110H，转向 2100H 去执行程序，则其偏移量 rel = FE-（2110–2100）= FE-10 = EEH，所以在 2110H 处开始存放的指令 SJMP rel 的机器码为 80EEH。

LJMP、AJMP、SJMP 三条无条件转移指令的区别如下。

① 指令的字节不同。LJMP 是三字节指令，AJMP、SJMP 是双字节指令。

② 转移范围不同。LJMP 的转移范围是 64KB，AJMP 与 PC 值在同一 2KB 范围内，SJMP 的转移范围是 PC(–128B～+127B)。使用 AJMP 和 SJMP 指令时应注意转移目标地址是否在转移的范围内，不能超出其转移的范围。

③ SJMP 只给出了相对转移地址，不具体指出地址值，这样当修改程序时，只要相对地址不发生变化，本指令不需要改动，而 LJMP、AJMP 当程序改动时就有可能需要修改该地址，SJMP 常用于子程序编制。

（4）间接转移指令

格式：JMP @A+DPTR ; PC←(A)+(DPTR)，单字节指令，机器码为 73H

该指令以 DPTR 寄存器内容为基址，以累加器中的内容为相对偏移量，在 64KB 地址范围内无条件转移。指令的执行结果不会改变 DPTR 及 A 中原来的内容。本指令的特点是转移地址可以在程序运行中加以改变，这也是它与前三条指令的主要区别。该指令通常应用在散转程序中，用于实现多分支出口的转移，此指令也称为散转指令。

【例 4-48】设计 128 路分支出口的转移程序。

设 128 个出口分别转向 128 段小程序，它们的初址依次为 addr00、addr01、addr02、addr03、…、addr7F，要转移到某分支的信息存放在工作寄存器 R2 中，则散转程序为

```
        MOV   DPTR, #TAB
        MOV   A, R2
        RL    A
        JMP   @A+DPTR
   TAB: AJMP  addr00
        AJMP  addr01
        AJMP  addr02
          ⋮
        AJMP  addr7F
```

本程序应用数据指针加累加器内容间址，128 段小程序的入口地址表可以存放在 64KB 寻址范围的任意区间。每条 AJMP 指令占有两个字节，整个入口地址表正好占用 1 页存储器；而每两条相邻 AJMP 指令的首址依次递增 2 个单元，所以程序中第 2 条指令将出口信息乘以 2，以备正确间址、查表和转移。由于出口信息在 0~127，小于 128，因此自 R2 传送到 A 的数据的最高位一定是零，乘以 2 不至于有溢出的后果。

【例 4-49】 编程实现单片机四则运算系统。

说明

在单片机系统中设置"+""-""×""÷" 4 个运算键，键号分别为 0、1、2、3，操作数可由 P1 和 P3 口输入、输出。P1 口用于输入被加数、被减数、被乘数、被除数和输出运算结果的低 8 位或商；P3 口用于输入加数、减数、乘数、除数和输出进位（错位）、运算结果的高 8 位或余数。键盘号放在 A 中。

程序如下：

```
            MOV    P1, #0FFH        ; P1 口置输入态
            MOV    P3, #0FFH        ; P3 口置输入态
            MOV    DPTR, #TBJ       ; 子程序首地址
            RL     A                ; 相当于 A×2→(A)
            JMP    @A+DPTR          ; 散转
TBJ:        AJMP   PR0              ; 转 PR0 (加法)
            AJMP   PR1              ; 转 PR1 (减法)
            AJMP   PR2              ; 转 PR2 (乘法)
            AJMP   PR3              ; 转 PR3 (除法)
PR0:        MOV    A, P1            ; 读加法
            ADD    A, P3            ; (P1)+(P3)
            MOV    P1,              ; 和送入 P1
            CLR    A                ; A 清 0
            ADDC   A, #00H          ; 进位送入 A
            MOV    P3, A            ; 进位送入 P3
            RET
PR1:        MOV    A, P1            ; 读被减数
            CLR    C                ; C 清 0
            SUBB   A, P3            ; (P1)-(P3)
            MOV    P1, A            ; 差送入 P1
            CLR    A                ; A 清 0
            RLC    A                ; 借位送入 A
            MOV    P3, A            ; 借位送入 P3
            RET
PR2:        MOV    A, P1            ; 读被乘数
            MOV    B, P3            ; 置乘数
            MUL    AB               ; (P1)×(P3)
            MOV    P1, A            ; 积的低 8 位送入 P1
            MOV    P3, B            ; 积的高 8 位送入 P3
            RET
PR3:        MOV    A, P1            ; 读被除数
            MOV    B, P3            ; 置除数
```

```
         DIV   AB                    ; (P1)÷(P3)
         MOV   P1, A                 ; 商送入 P1
         MOV   P3, B                 ; 余数送入 P3
         RET
```

2. 条件转移指令

本指令有 7 条。它们在满足条件的情况下才进行程序转移，条件若不满足，仍按原程序继续执行，故称为条件转移指令或者判跳指令。

（1）判 A 转移指令

A=0 转移指令

格式：JZ rel ; PC←(PC)+2，若(A) = 0，则 PC←(PC)+rel，转移，否则顺序执行

此为双字节指令，机器码的第 1 字节为 60H，第 2 字节为相对地址。

判 A 不等于 0 转移指令

格式：JNZ rel ; PC←(PC)+2，若(A)≠0，则 PC←(PC)+rel，转移，否则顺序执行

此为双字节指令，机器码的第 1 字节为 70H，第 2 字节为相对地址。判 A 转移指令不改变原累加器内容，也不影响标志位，其执行过程如图 4-16 所示。

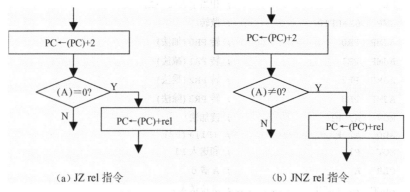

（a）JZ rel 指令　　　　　　　　　　（b）JNZ rel 指令

图 4-16　JZ 和 JNZ 指令执行示意图

【例 4-50】 编制程序，如果 A=0，则寄存器 A 的内容减 1，否则寄存器 A 的内容加上 1。

```
方法 1：      JZ    ADB              ; 若(A)=0，则跳转到 ADB
             INC   A                ; 若(A)≠0，则 A←(A)+1
             SJMP  $
      ADB:   DEC   A                ; 若(A)≠0，则 A←(A)−1
             SJMP  $
方法 2：      JNZ   ABC              ; 若(A)≠0，则跳转到 ABC
             DEC   A                ; 若(A)=0，则 A←(A)−1
             SJMP  $
      ABC:   INC   A                ; 若(A)≠0，A←(A)+1
             SJMP  $
```

（2）判 bit 转移指令

bit = 1 转移指令

格式：JB bit，rel ; PC←(PC)+3，若 bit = 1，则 PC←(PC)+rel，转移，否则顺序执行

此为三字节指令。机器码的第 1 字节为 20H，第 2 字节为位地址，第 3 字节为相对地址。

bit = 0 转移指令

格式：JNB bit , rel ; PC←(PC)+3，若 bit = 0，则 PC←(PC)+rel，转移，否则顺序执行

此为三字节指令。机器码的第 1 字节为 30H，第 2 字节为位地址，第 3 字节为相对地址。

【例 4-51】 设 P1 口上的数据为 11001010B，A 的内容为 56H（01010110B），求执行下列指令后的结果。

```
JB  P1.2, LOOP1        ; P1.2 = 0，不满足条件，顺序执行
JNB A.3, LOOP2         ; A.3 = 0，满足条件，转移到 LOOP2
```

执行结果：程序转移到 LOOP2 去执行。

bit = 1 转移和清 0 指令

格式：JBC bit, rel   ; PC←(PC)+3，若 bit = 1，则 bit←0,PC←(PC)+rel，转移，
　　　　　　　　　　　 ; 若 bit = 0，按顺序执行

此为三字节指令。机器码的第 1 字节为 10H，第 2 字节为位地址，第 3 字节为相对地址。

【例 4-52】 设 A 的值为 56H（01010110B），求执行下列指令后的结果。

```
JBC A.3, LOOP1         ; A.3 = 0，不满足条件，顺序执行
JBC A.2 , LOOP2        ; A.2 = 1，满足条件，转移到 LOOP2，且 A.2←0
```

执行结果：程序转向 LOOP2 去执行，且使 A = 01010010B = 52H。

（3）判 Cy 转移指令

Cy = 0 转移指令

格式：JNC bit , rel   ; PC←(PC)+2，若 Cy = 0，则 PC←(PC)+rel，转移，否则顺序执行

此为双字节指令。机器码的第 1 字节为 50H，第 2 字节为相对地址值。

Cy = 1 转移指令

格式：JC rel   ; PC←(PC)+2，若 Cy = 1，则 PC←(PC)+rel，转移，否则顺序执行

此为双字节指令。机器码的第 1 字节为 40H，第 2 字节为相对地址值。

【例 4-53】 统计自 P1 口输入的数字串中正数、负数和零的个数。设 R0、R1、R2 三个工作寄存器分别为累计正数、负数、零的个数的计数器。其流程图如图 4-17 所示。

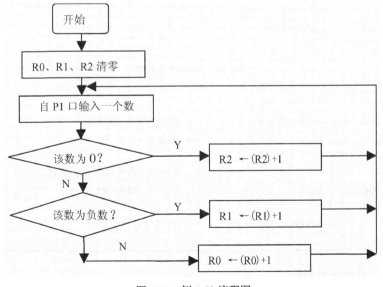

图 4-17　例 4-53 流程图

程序如下：

```
        CLR    A
        MOV    R0, A
        MOV    R1, A
        MOV    R2, A
ENTER:  MOV    A, P1            ; 自 P1 口取 1 个数
        JZ     ZERO             ; 该数为零，转向 ZERO
        JB     P1.7, NEG        ; 该数为负，转向 NEG
        INC    R0               ; 该数不为零，不为负，则必为正数，R0 内容加 1
        SJMP   ENTER
ZERO:   INC    R2
        SJMP   ENTER
NEG:    INC    R1
        SJMP   ENTER
```

【例 4-54】 已知 X、Y 均为 8 位二进制数，分别存放在 R0、R1 中，试编制能实现下列符号函数的程序：

$$Y = \begin{cases} +1 & (X > 0) \\ 0 & (X = 0) \\ -1 & (X < 0) \end{cases}$$

解：程序流程图如图 4-18 所示。

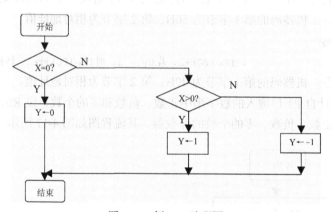

图 4-18　例 4-54 流程图

程序如下：

```
        CJNE   R0, #00H, MP1     ; 若(R0)≠0，则跳转
        MOV    R1, #00H          ; 若(R0) = 0，则 0→R1
        LJMP   MP3
MP1:    JC     MP2               ; C = 1，表明(R0)<0，跳转
        MOV    R1, #01H          ; C = 0，则 1→R1
        LJMP   MP3
MP2:    MOV    R1, #0FFH         ; (R0)<0，则-1→R1
MP3:    SJMP   $
```

注意

−1 的补码为 FFH。

也可以编写如下程序：

```
        MOV     A,R0                ; 读 X
        JZ      SS2                 ; 若(A) = 0, 跳转
        JNB     A.7,SS1
        MOV     A,#0FFH             ; (R0) < 0, -1→A
        SJMP    SS2
SS1     MOV     A,#1                ; (R0) > 0, 1→A
SS2:    MOV     R1,A                ; 存入 R1
SJMP    $
```

【例 4-55】 两个带符号数 X 和 Y 分别存放于 ONE 和 TWO 单元，试比较它们的大小，较大者存入 MAX 单元，若两数相等则保存任意一个。

本题需要利用两数相减后的正负和溢出标志进行判断：

当 $X-Y>0$ 时，若 OV = 0，则 $X>Y$；OV = 1，则 $X<Y$；

当 $X-Y<0$ 时，若 OV = 0，则 $X<Y$；OV = 1，则 $X>Y$。

流程图如图 4-19 所示。

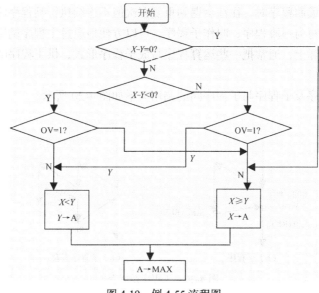

图 4-19　例 4-55 流程图

程序如下：

```
        CLR     C
        MOV     A, ONE              ; A←X
        SUBB    A, TWO              ; X-Y
        JZ      XMAX                ; X = Y, 则转至 XMAX
        JB      A.7, NFG            ; X-Y<0
        JB      OV, YMAX            ; X-Y>0, OV = 1, Y>X
        SJMP    XMAX                ; X-Y>0, OV = 0,则 X>Y
NFG:    JB      OV, XMAX            ; X-Y<0, OV = 1,则 X>Y
YMAX:   MOV     A, TWO              ; Y>X
        SJMP    RMAX
XMAX:   MOV     A, ONE              ; X>Y
```

```
RMAX: MOVMAX, A                              ; MAX←最大值
       END
```

【例 4-56 】 将 ASCII 码转换为十六进制数，将 ASCII 码存放在累加器 A 中，转换结果存放到 B 中。

分析：由 ASCII 码可知，30H～39H 为 0～9 的 ASCII 码，41H～46H 为 A～F 的 ASCII 码，将 ASCII 码减 30H(0～9)或 37H(A～F)就可获得对应的十六进制数。

程序如下：

```
START:  CLR   C
        SUBB  A, #30H              ; A-30H
        CJNE  A, #0AH, SS          ; 差值与 10 比较，在 C 中产生<10 或≥10 标志
SS:     JC    SS1                  ; <10，已变换为 ASCII 码
        SUBB  A, #07H              ; ≥10，再减 7
SS1:    MOV   B, A                 ; 保存转换结果
        SJMP  $
```

4.4.4 子程序及其调用

在利用汇编语言编制程序时，往往会遇到重复多次但不连续执行某程序段，对于这种情况，往往把重复的程序编写为一段程序，叫作子程序，可以方便地通过主程序调用它。这样可以减少编制程序的工作。实际上，通常把一些运算程序写成子程序形式，供主程序随时调用，为广大用户提供方便。

主程序调用子程序及子程序与子程序间的调用关系如图 4-20 所示。

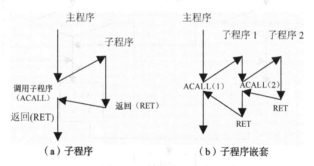

图 4-20　子程序及嵌套

由图示可知，调用和返回构成了子程序调用的完整过程。为了实现这一过程，必须有子程序调用和返回指令，调用指令 LCALL 和 ACALL 在主程序中使用，返回指令 RET 应该是子程序的最后一条指令。执行完返回指令后，程序返回主程序断点后继续执行。在应用子程序编制程序时，一定要有调用指令，也必须要有返回指令。对于多个子程序嵌套，更应注意这一点。

调用指令共有 4 条，其中有两条调用指令 LCALL 及 ACALL 和一条与之配对的子程序返回指令 RET。LCALL 与 ACLL 指令与 LJMP 和 AJMP 指令相类似，不同的是它们在转移前，要把执行后 PC 的内容自动压入堆栈，返回时按后进先出原则把地址弹出 PC 中。

1. 短调用指令

格式：ACALL addr11; (PC)+2→PC,(SP)+1→SP, (PC)0～7→SP

　　　　　　　　; (SP)+1→SP , (PC)8～15→SP, addr11 →(PC)0～11

此为双字节指令。该指令可在 2KB 地址范围内寻址，用来调用子程序。它与 AJMP 指令的转

移范围相同,取决于指令中的 11 位地址值,所不同的是执行该指令后需要返回,所以在送入地址前,先将原 PC 值压栈保护起来。此指令的机器码为:a10a9a810001a7…a0,其中,10001 是该指令所特有的操作码,a10 ~ a0 即为调用目标地址中的低 11 位 addr11,其调用范围为 PC+2 后的同一 2KB 内。执行指令时,先将 PC 值加上 2,此值为所需保存的返回地址,把 PC 的低 8 位和高 8 位依次压栈,11 位地址值 addr11 送入 PC 的低 11 位,其 PC 值的 15 ~ 11 位不变。这样 PC 就转到子程序的起始地址,执行子程序。

2. 长调用指令

格式:LCALL　addr16　　; (PC)+3→PC, (SP)+1→SP, (PC)0 ~ 7→SP

　　　　　　　　　　　　; (SP)+1→SP, (PC)8 ~ 15→SP, addr16→PC

此为三字节指令,机器码的第 1 字节为 12H,第 2 字节为地址的高 8 位,第 3 字节为地址的低 8 位。同指令 ACALL 相比,执行 LCALL 指令后的 PC 值完全由指令中的 16 位地址值提供。在执行该指令时先将 PC 值加上 3,将得到的下一条指令地址 PC 值的低 8 位和高 8 位依次压栈,再将 16 位地址值 addr16 送入 PC。这样便能执行所调用的子程序,其调用范围为 64KB,并且不影响标志位。

【例 4-57】 设(SP)= 54H,标号 LO2 = 105DH,LO1 = 3000H,求执行"LO2:LCALL　LO1"指令后的结果。

执行结果:(SP)= 56H,(55H)= 60H,(56H)= 10H,(PC)= 3000H。

3. 返回指令

返回指令有子程序返回和中断返回两种。

格式:RET　　; 子程序返回(PC)15 ~ 8←(SP), SP←(SP) - 1, (PC)7 ~ 0←(SP)

　　　　RETI　; 中断返回

返回指令为单字节指令,机器码为 32H,该指令与中断有关。计算机响应中断,程序转移到中断服务程序继续执行,可以理解为一种特殊的调用过程。中断服务程序的最后一条指令一定是返回指令,但必须用中断返回指令 RETI。

4. 空操作指令

格式:NOP　　; PC←(PC)+1

空操作并没有使程序转移,执行该指令只是 PC 加 1 外,计算机不做任何操作,而继续执行下一条指令,不影响任何寄存器和标志。NOP 为单周期指令,所以时间上只用一个机器周期,在延时或等待程序中常用于时间"微调"。

【例 4-58】 编写由 P2.7 输出 3 个机器周期的正脉冲子程序。

```
CLR P2.7            ; P2.7 清 0 输出
NOP
NOP                ; 空操作
NOP
SETB P2.7          ; 置位 P2.7,高电平输出
```

在编制比较复杂的子程序中,往往还可能再调用另一个子程序,这种子程序再次调用子程序的情况称为子程序的嵌套。

【例 4-59】 编写多字节无符号加法子程序。

入口:被加数的低字节地址存于 R0,加数的低字节地址存于 R1,字节数存于 R2。

出口:和的低字节地址存于 R0,字节数存于 R3。

程序如下：

```
                ORG     2000H
MPADD:          PUSH    PSW             ; 保护标志寄存器内容
                CLR     C               ; 进位清0
                MOV     R3,#00H         ; R3清0
    W1:         MOV     A,@R0           ; A←(R0)
                ADDC    A,@R1           ; 相加
                MOV     @R0,A
                INC     R0              ; 地址值增1
                INC     R1
                INC     R3              ; 字节数增1
                DJNZ    R2,W1           ; 所有字节未加完继续, 否则向下执行
                JNB     Cy,W2           ; 无进位转向W2, 有进位向下执行
                MOV     @R0,#01H        ; 和的最高字节地址内容为01H
                INC     R3              ; 字节数增1
    W2:         POP     PSW             ; 恢复标志寄存器内容
                RET                     ; 返回
```

说明

多字节运算一般是按从低字节到高字节的顺序依次进行的, 因此必须考虑低字节向高字节的进位情况, 必须使用ADDC指令。当最低位两个字节相加时, 也就是无进位, 在进入循环之前进位标志应清零。而最高两个字节相加后, 应退出循环, 但此时必须考虑是否有进位, 如果有, 应向和的最高位字节地址写入01H, 和数将比加数或被加数多出1个字节, 此字节放入R3中。

【例4-60】 编写多字节无符号减法子程序。

入口：被减数的低字节地址存于R0, 减数的低字节地址存于R1, 字节数存于R2。

出口：差的低字节地址存于R0, 字节数存于R3。

假设07H单元中存放符号位, "0"表示差为正, "1"表示差为负。程序如下：

```
SUBSTR:         PUSH    PSW             ; 标志寄存器内容进栈
                CLR     C               ; 标志位C清0
                CLRP    07H             ; 符号位清0
                MOV     R3,#00H         ; 差字节计数器清0
    AS1:        MOV     A,@R0           ; 相减
                SUBB    A,@R1
                MOV     @R0,A
                INC     R0              ; 地址增1
                INC     R1
                INC     R3              ; 差字节数增1
                IDJNZ   R2,AS1          ; 若未减完则继续, 否则向下执行
                JNB     Cy,AS2          ; 差为正, 去AS2
                SETB    07H             ; 差为负, 置"1"符号位
    AS2:        POP     PSW             ; 恢复标志寄存器内容
                RET
```

 习 题

1. 简述80C51单片机指令的基本格式。

2．说明下列符号的意义，并指出它们之间的区别。

（1）R0 与@R0　　　　　　　（2）A←R1 与 A←（R1）

（3）DPTR 与@DPTR　　　　　（4）30H 与#30H

3．什么是寻址方式？80C51 单片机指令系统有几种寻址方式？试述各种寻址方式所能访问的存储空间。

4．若 R0 = 11H，（11H）= 22H，（33H）= 44H，写出执行下列指令后的结果。

（1）MOV　　A，R0　　　　　（2）MOV　　A，@R0

（3）MOV　　A，33H　　　　　（4）MOV　　A，#33H

5．若 A = 78H，R0 = 34H，（34H）= DCH，（56H）= ABH，求分别执行下列指令后 A 和 Cy 中的数据。

（1）ADD　A，R0　　　　　　（2）ADDC　A，@R0

（3）ADD　A，56H　　　　　　（4）ADD　　A，#56H

6．被减数保存在 31H30H 中（高位在前），减数保存在 33H32H 中，试编写其减法程序，差值存入 31H30H 单元，借位存入 32H 单元。

7．若 A=B7H=10110111B，R0=5EH=0101110B，（5EH）=D9H=11011001B，（D6H）=ABH=10101011B，分别写出执行下列各条指令的结果。

（1）ANL　A，R0　　　　　（2）ANL　A，@R0　　　　（3）ANL　A，#D6H

（4）ANL　A，D6H　　　　　（5）ANL　D6H，A　　　　（6）ANL　D6H，#D6H

8．若 A = 01111001B，Cy = 0，分别写出执行下列各条指令后的结果。

（1）RL　A　　　　　　　　　（2）RCL　A

（3）RR　A　　　　　　　　　（4）RRC　A

9．编写程序，将位存储单元 33H 与 44H 中的内容互换。

10．LJMP、AJMP、SJMP 指令的区别是什么？使用 AJMP 和 SJMP 指令有什么注意事项？转移目标地址一般用什么表示？

11．试编写程序，将外部 RAM 2000H ~ 20FFH 数据块传送到 3000H ~ 30FFH 区域。

12．试编写程序，计算 $\sum 2i$，i 存于 30H 中，$i < 127$，并将计算结果存入内部 RAM 31H。

13．使用循环转移指令编写延时 20ms 的延时子程序（设单片机的晶振频率为 12MHz）。

14．试编写延时 1min 子程序（设 f_{osc} = 6MHz）。

15．从内部 RAM 30H 单元开始存放着一组无符号数，其个数存放在 21H 单元中。试编写程序，找出其中最小的数，并将其存入 20H 单元中。

16．计算片内 RAM 区 40H ~ 47H 8 个单元中数的算术平均值，结果存放在 4AH 中。

17．已知 A 中的两位十六进制数，试编写程序将其转换为 ASCII 码，存入 21H、20H 中。

18．试编写程序，根据 R2（≤85）中的数值实现散转功能。

(R2) = 0，转向 PRG0；

(R2) = 1，转向 PRG1；

……

(R2) = N，转向 PRGN。

第5章
单片机的 C 语言编程

5.1 单片机 C51 语言概述

对于单片机应用系统开发而言，由于汇编语言程序的可读性和可移植都较差，并且计算程序编写周期长，调试和排错比较困难，目前已有越来越多的人逐渐开始使用高级语言代替汇编语言开发，其中主要是以 C 语言为主。C 语言既具有一般高级语言的特点，又能直接对计算机的硬件进行操作，容易移植，市场上几种常见的单片机均有其 C 语言开发环境。

5.1.1 C51 的数据类型

对于单片机使用的 C 语言，一般用 C51 表示。C51 语言的标识符与 C 语言中的使用方法基本相同，在 C51 编译器中，只支持标识符的前 32 位为有效标识。

关键字则是编程语言保留的特殊标识符，它们具有固定名称和含义，在程序编写中不允许标识符与关键字相同。在 C51 语言中的关键字除了有 ANSI C 标准的 32 个关键字外，还根据 80C51 单片机的特点扩展了相关的关键字，表 5-1 给出了 C51 编译器的扩展关键字。

表 5-1   C51 编译器的扩展关键字

关 键 字	用 途	说 明
bit	位标量声明	声明一个位标量或位类型的函数
sbit	位标量声明	声明一个可位寻址变量
sfr	特殊功能寄存器声明	声明一个特殊功能寄存器
sfr16	特殊功能寄存器声明	声明一个 16 位的特殊功能寄存器
data	存储器类型说明	直接寻址的内部数据存储器
bdata	存储器类型说明	可位寻址的内部数据存储器
idata	存储器类型说明	间接寻址的内部数据存储器
pdata	存储器类型说明	分页寻址的外部数据存储器
xdata	存储器类型说明	外部数据存储器
code	存储器类型说明	程序存储器
interrupt	中断函数说明	定义一个中断函数
reentrant	再入函数说明	定义一个再入函数

关 键 字	用 途	说 明
using	寄存器组选择	选择单片机的工作寄存器组
_at_	绝对地址说明	为非位变量指定存储空间绝对地址
alien	PL/M-51 兼容函数	声明一个与 PL/M-51 兼容的函数
small	存储模式选择	参数及局部变量放入可直接寻址的内部数据存储器
compact	存储模式选择	参数及局部变量放入分页外部数据存储区
large	存储模式选择	参数及局部变量放入分页外部数据存储区
task	实时任务声明	声明一个实时任务函数
priority	优先级声明	RTX51 的任务优先级

表 5-2 中列出了 C51 编译器所支持的数据类型。在标准 C 语言中基本的数据类型为 char、int、short、long、float 和 double，而在 C51 编译器中 int 和 short 相同，float 和 double 相同，这里不再列举。

表 5-2   C51 编译器所支持的数据类型

数 据 类 型	说 明	长 度	值 域
unsigned char	无符号字符型	单字节	0 ~ 255
signed char	带符号字符型	单字节	−128 ~ +127
unsigned int	无符号整型	双字节	0 ~ 65535
signed int	带符号整型	双字节	−32768 ~ +32767
unsigned long	无符号长整型	四字节	0 ~ 4294967295
signed long	带符号长整型	四字节	−2147483648 ~ +2147483647
float	单精度型	四字节	±1.175494E−38 ~ ±3.402823E+38
*	指针	1 ~ 3 个字节	对象的地址
bit	位变量	位	0 或 1
sfr	8 位特殊功能寄存器	单字节	0 ~ 255
sfr16	16 位特殊功能寄存器	双字节	0 ~ 65535
sbit	可位寻址定义	位	0 或 1

下面详细介绍一下 C51 编译器中特殊的数据类型。

（1）bit（位标量）

bit 是 C51 编译器的一种扩充数据类型，利用它可定义一个位标量，但不能定义位指针，也不能定义位数组。它的值是一个二进制数，不是 0，就是 1。

（2）sfr（特殊功能寄存器）

sfr 是一种扩充数据类型。sfr 用来定义 8 位特殊功能寄存器，占用一个内存单元地址，值域为 0 ~ 255（80H ~ FFH）。sfr 并非标准 C 语言的关键字，而是 Keil 编译器为了能直接访问 80C51 单片机内部的所有特殊功能寄存器。其用法为：

```
sfr 特殊功能寄存器名 = 特殊功能寄存器地址常数;
```

例如：`sfr P1 = 0x90; /*定义 P1 的 I/O 接口，其地址为 90H*/`

P1=255;/*把 FFH 送入 P1 中（对 P1 端口的所有引脚置高电平）*/

（3）sfr16（16 位特殊功能寄存器）

sfr16 则是用来定义 16 位特殊功能寄存器，操作占两个字节的寄存器，如定时器 T0 和 T1。其用法为：

sfr16 特殊功能寄存器名= 特殊功能寄存器地址常数；

例如，8052 的 T2 定时器，可以定义为：

sfr16 T2 = 0xCC; /*定义8052定时器2,地址为T2L= CCH,T2H=CDH*/

用 sfr16 定义 16 位特殊功能寄存器时，等号后面是它的低位地址，高位地址一定要位于物理低位地址之上。值得注意的是 sfr16 不能用于定时器 T0 和 T1 的定义。

（4）sbit（可寻址位）

sbit 是一种扩充数据类型，sbit 可定义可位寻址对象，如访问特殊功能寄存器中的某位。sbit 的用法有 3 种。

① sbit 位变量名 = 位地址。

例如：sbit P1_1=0x91;

② sbit 位变量名 = 特殊功能寄存器名^位位置。

例如：sfr P1=0x90;

sbit P1_1=P1^ 1;/*P1_1 为 P1 中的 P1.1 引脚*/

③ sbit 位变量名 = 字节地址^位位置。

例如：sbit P1_1= 0x90 ^ 1;

编程时通常这些可以直接使用系统提供的预处理文件，其中已定义好各特殊功能寄存器的简单名字，直接引用可以省去一些麻烦。需要注意的是，在自行定义 sfr、sfr16 或 sbit 类型时，一定要在函数之外进行定义，在函数内不被编译器允许。

5.1.2　C51 对内部资源的定义

80C51 内部资源定义函数是 MCU 中寄存器的地址映射。80C51 单片机提供 128 字节的特殊功能寄存器 SFR 寻址区，地址为 80H ~ FFH。在 80C51 单片机中，除了程序计数器 PC 和 4 组通用寄存器组之外，其他所有的寄存器均为特殊功能寄存器 SFR，并位于片内特殊寄存器区。这个区域可位寻址、字节寻址或字寻址，用来控制定时/计数器、I/O 接口、串行口等部件。特殊功能寄存器在 C51 语言中的声明由几个关键字来完成。

80C51 单片机所有标准寄存器的使用都是已经由 C51 的头文件定义完成的，编程人员可以直接使用符号的定义。在使用 C 51 已定义的寄存器符号时，要用预编译命令#include 将有关头文件包括到源文件中。使用 80C51 内部资源定义时要用到 reg51.h 文件，因此源文件开头应有以下预编译命令：

#include <reg51.h> 或 #include "reg51.h"

两者功能相同，只是搜索头文件的路径有差异。reg51 是 80C51 中的寄存器。其他型号单片机所对应的头文件名称应为"regxx.h"，其中，"xx"为单片机型号简称。reg51.h 文件的内容定义了特殊功能寄存器 SFR 中的所有寄存器和位地址。

5.1.3　常量与变量

1. 常量

在程序运行过程中其值不能被改变的量称为常量。常量分为数值型常量和字符型常量。

【例 5-1】　符号常量的使用。如图 5-1 所示，在 P1 口接有 8 个 LED，执行下面的程序后的结果是什么？

```
#define LIGHT0 0xfe
#include "reg51.h"
void main()
{ P1=LIGHT0;
}
```

程序中用"#define LIGHT0 0xfe"来定义符号 LIGHT0 等于 0xfe，以后程序中所有出现 LIGHT0 的地方均会用 0xfe 来替代，因此，这个程序执行结果就是 P1=0xfe，只有接在 P1.0 引脚上的 LED 灯点亮。

使用标识符代表的常量称为符号常量，使用前必须先定义。使用符号常量的作用如下。

（1）含义清楚。如某单片机系统扩展了一些外部芯片，每一块芯片的地址即可用符号常量定义，例如：

```
#define PORTA 0x7fff
```

（2）在需要改变一个常量时能做到"一改全改"。若端口的地址由 0x7fff 改成了 0x3fff，那么只要将所定义的语句改为"#define PORTA 0x3fff"即可。符号常量在整个作用域范围内不能被再次赋值。

2. 变量

在程序执行过程中其值可以改变的量称为变量。要在程序中使用变量必须先用标识符作为变量名，并指出所用的数据类型和存储模式，这样编译系统才能为变量分配相应的存储空间。例如，某仪表有 4 位 LED 数码管，编程时将 3CH ~ 3FH 作为显示缓冲区，当要显示一个字串"1234"时，汇编语言可以这样写：

```
MOV 3CH, #1
MOV 3DH, #2
MOV 3EH, #3
MOV 3FH, #4
```

经过显示程序处理后，在数码管上显示 1234。这里的 3CH ~ 3FH 就是一个存储单元地址，用变量表示，而送到该单元中的"1"是这个单元中的数值，这就是数据与该数据所在地址单元的关系。

定义一个变量的格式如下：

[存储种类]　数据类型　　[存储类型]　变量名表

在定义格式中，除了数据类型和变量名表是必要的，其他都是可选项。

变量共分 4 种类型：自动（auto）、外部（extern）、静态（static）和寄存器（register），默认类型为自动（auto）。

声明了一个变量的数据类型后，还可选择声明该变量的存储类型，即指定该变量在 C51 硬件系统中所使用的存储区域，并在编译时准确定位。表 5-3 中给出了 C51 编译器所能识别的存储器类型。

表 5-3 存储器类型

存储器类型	说　明	地　址
data	直接访问内部数据存储器（128 字节），访问速度最快	00H ~ 7FH
bdata	可位寻址内部数据存储器（16 字节），允许位与字节混合访问	20H ~ 2FH
idata	间接访问内部数据存储器（256 字节），允许访问全部内部地址	00H ~ FFH
pdata	分页访问外部数据存储器（256 字节），用"MOVX @Ri"指令访问	00H ~ FFH
xdata	外部数据存储器（64KB），用"MOVX @DPTR"指令访问	0000H ~ FFFFH
code	程序存储器（64KB），用"MOVC @A+DPTR"指令访问	0000H ~ FFFFH

如果省略存储器类型，系统则会按存储模式 small、compact 或 large 所规定的默认存储器类型指定变量的存储区域。无论什么存储模式，都可以声明变量在任何的 8051 单片机存储区范围，然而把最常用的命令（如循环计数器和队列索引）放在内部数据区，可以显著地提高系统性能。

在 C51 存储器类型中提供了一个 bdata 的存储器类型，这个是指可位寻址的数据存储器，位于单片机的可位寻址区 20H ~ 2FH 中，可以将要求可位寻址的数据定义为 bdata，例如：

```
unsigned char bdata ib;    /*在可位寻址区定义 unsigned char 类型的变量 ib*/
int bdata ab[2];           /*在可位寻址区定义数组 ab[2]，这些也称为可寻址位对象*/
sbit ib7=ib^7;             /*用关键字 sbit 定义位变量来独立访问可寻址位对象的其中一位*/
sbit ab12=ab[2]^12;
```

操作符"＾"后面的位位置的最大值取决于指定的基址类型。

【例 5-2】 将变量 a 的第 3 位、第 5 位、第 7 位清零，其余位不变。

```
char bdata a;
sbit   D3 =a^3;
sbit   D5 =a^5;
sbit   D7 =a^7;
void main()
{
    D7=0;   D5=0;   D3=0;
}
```

5.1.4　C51 绝对地址访问

C51 提供了三种访问绝对地址的方法。

（1）绝对宏

在程序中，用"# include <absacc.h>"即可使用其中定义的宏来访问绝对地址，包括 CBYTE、XBYTE、PWORD、DBYTE、CWORD、XWORD、PBYTE、DWORD，具体使用可参见附录中"absacc.h"内容便知。例如：

```
val1=CBYTE[0x0040];/*指向程序存储器的 0040H 字节地址，即变量 val1 的地址用的是程序存储器的
0040h 地址，也称绝对地址*/
val2=XWORD [0x0004];/*指向片外 RAM 的 0004H 字节地址*/
```

（2）_at_关键字

直接在数据定义后加上_at_ const 即可，但是要注意两点：

① 绝对变量不能被初始化；

② bit 型函数及变量不能用_at_指定。

例如：

```
idata val3 _at_ 0x40;/*指定 val3 结构从 40H 开始*/
xdata char m1[10] _at_ 0x1000;/*指定 m1 数组从 1000H 开始*/
```

　　　　如果外部绝对变量是 I/O 端口等可自行变化的数据，需要使用 volatile 关键字进行描述。

（3）连接定位控制

　　此方法是利用连接控制指令 code、xdata、pdata、data、bdata 对"段"地址进行访问，如果要指定某具体变量地址，则很有局限性，不做详细讨论。

5.2　运算符和表达式

　　运算符分为单目运算符、双目运算符和三目运算符。单目就是指只有一个运算对象，双目要求有两个运算对象，三目则要求三个运算对象。表达式则是由运算及运算对象所组成的具有特定含义的式子。利用赋值运算符"="将变量与表达式连接起来的式子为赋值表达式，在赋值表达式后面加上";"便构成了赋值语句。赋值语句格式如下：

变量=表达式;

示例如下：

```
a=0xFF    ;//将常数十六进制数 FF 赋给变量 a
b=c=33    ;//同时赋值给变量 b、c
d=e       ;//将变量 e 的值赋给变量 d
f=a+b     ;//将变量 a+b 的值赋给变量 f
```

5.2.1　关系运算符与关系表达式

C51 中有 6 种关系运算符：

>	大于
<	小于
> =	大于等于
< =	小于等于
= =	等于
! =	不等于

关系运算符是有优先级别的，上述运算符中，前 4 个具有相同的优先级，高于后两个，后两个也具有相同的优先级。使用关系运算符将表达式连接起来的式子称为关系表达式。关系表达式的格式如下：

表达式1 关系运算符 表达式 2

　　例如：a>b、a+b>b+c、（a=3）>=（b=5）等都是合法的关系表达式。关系表达式的值只有两种可能，即"真"和"假"。如果结果是"真"，用数值"1"表示；如果是"假"，则用数值"0"表示。

5.2.2　逻辑运算符与逻辑表达式

　　逻辑运算符是用于求条件表达式的逻辑值，使用逻辑运算符将关系表达式或逻辑量连接起来

就是逻辑表达式。C51语言提供了三种逻辑运算符："&&"（逻辑与）、"||"（逻辑或）和"!"（逻辑非）。

逻辑与：条件式1 && 条件式2

逻辑或：条件式1 || 条件式2

逻辑非：!条件式

逻辑与是指两个运算条件都为真（True）时，运算结果才为真，否则结果为假（False）。

逻辑或是指只要两个运算条件中有一个为真时，运算结果就为真，只有当运算条件都不为真时，逻辑运算结果才为假。

逻辑非则是把逻辑运算结果值取反。

逻辑运算符也有优先级别，!→&&→||，逻辑非的优先值最高。例如，!True || False && True，按逻辑运算的优先级别来分析则得到结果为False。

5.2.3 算术运算符与算术表达式

算术运算符有以下几种，其中只有取正值和取负值运算符是单目运算符，其他则都是双目运算符。

+	加或取正值运算符
–	减或取负值运算符
*	乘运算符
/	除运算符
%	取余运算符

算术表达式的形式如下：

表达式1 算术运算符 表达式2

例如：

a+b*(10-a), (x+9)/(y-a)

"++"增量运算符，

"––"减量运算符

C语言中还有两个特有的算术运算符，即"++"（增量运算符）和"––"（减量运算符）。其作用就是对运算对象做加1和减1运算。要注意的是，运算对象在符号前或后，其含义都是不同的，虽然同是加1减1。例如，i++（或i––）是先使用i的值，再执行i+1（或i-1）；++i（或––i）是先执行i+1（或i-1），再使用i的值。增量、减量运算符只允许用于变量的运算中，不能用于常数或表达式。

5.2.4 位运算符和复合赋值运算符

1. 位运算符

C语言能对运算对象进行按位操作，从而使C语言具有对硬件直接进行操作的功能。位运算符的作用是按位对变量进行运算，但是并不改变参与运算的变量的值。如果要求按位改变变量的值，则应利用相应的赋值运算。同时位运算符不能用来对浮点型数据进行操作。

C51中共有6种位运算符。位运算一般的表达形式如下：

变量1 位运算符 变量2

位运算符也有优先级，从高到低依次是："~"（按位取反）→"<<"（左移）→">>"（右移）→"&"（按位与）→"^"（按位异或）→"|"（按位或）。

【例 5-3】 用 P1 口作为运算变量，P1.0 ~ P1.7 对应 P1 变量的最低位到最高位，通过连接在 P1 口上的 LED 可以直观地看到每个位经过运算后变量是否有改变或如何改变。

程序如下：

```
#include <reg51.h>
void main(void)
{
unsigned int i;
unsigned int j;
unsigned char temp;          //临时变量
P1=0xfe;                     //点亮 D0
for (i=0;i<1000;j++)
for (j=0;j<1000;j++);        //延时
temp=P1 | 0xFF;              //结果存入 temp，这时改变的是 temp，P1 不会被影响，因而仍然是 D0 亮
for (i=0;i<1000;i++)
for (j=0;j<1000;j++);        //延时
P1=0xFF;                     //熄灭 LED
for (i=0;i<1000;i++)
for (j=0;j<1000;j++);        //延时
P1=0xFE;                     //点亮 D0
for (i=0;i<1000;i++)
for (j=0;j<1000;j++);        //延时
P1=P1 & 0xFF;               //这时 D0 位会亮
//因为之前 P1=0xfe=11111110
//与 0xfe 位与 0xff=11111111
//结果存入 P1 P1=11111111    //位为 0 时点亮 LED
for (i=0;i<1000;i++)
for (j=0;j<1000;j++);        //延时
P1=0xFF;                     //熄灭 LED
while(1);
//大家可以根据上面的程序去做位或、左移、取反等运算。
}
```

2.　复合赋值运算符

复合赋值运算符就是在赋值运算符 "=" 的前面加上其他运算符。下面是 C 语言中的复合赋值运算符：

+= 加法赋值	>>= 右移位赋值
-= 减法赋值	&= 逻辑与赋值
*= 乘法赋值	|= 逻辑或赋值
/= 除法赋值	^= 逻辑异或赋值
%= 取模赋值	-=逻辑非赋值
<<= 左移位赋值	

复合运算的一般形式为

变量　复合赋值运算符　表达式

其含义就是变量与表达式先进行运算符所要求的运算，再把运算结果赋值给参与运算的变量。例如，a+=56 等价于 a=a+56，y/=x+9 等价于 y=y/(x+9)。很明显，采用复合赋值运算符会降低程序的可读性，但这样却可以使程序代码简单化，并能提高编译的效率。

5.2.5 条件运算符和指针运算符

C 语言中有一个三目运算符，即 "?:" 条件运算符，它要求有三个运算对象。它可以把三个表达式连接起来构成一个条件表达式。条件表达式的一般形式如下：

逻辑表达式? 表达式 1 ：表达式 2

1. 条件运算符

条件运算符是根据逻辑表达式的值选择使用表达式的值。当逻辑表达式的值为真时（非 0 值）时，整个表达式的值为表达式 1 的值；当逻辑表达式的值为假（值为 0）时，整个表达式的值为表达式 2 的值。

假如 a=1，b=2，这时要求取 a、b 两数中较小的值放入 min 变量中，用条件运算符构成条件表达式就变得简单明了了：min = (a<b)? a：b。

2. 指针运算符

指针是一种存放指向另一个数据的地址的变量类型。C 语言中提供了两个专门用于指针和地址的运算符：*（取内容）和&（取地址）。

取内容和地址的一般形式分别为

变量=* 指针变量

指针变量=& 目标变量

取内容运算是将指针变量所指向的目标变量的值赋给左边的变量；取地址运算是将目标变量的地址赋给左边的变量。要注意的是：指针变量中只能存放地址（也就是指针型数据），一般情况下不要将非指针类型的数据赋值给一个指针变量。

5.2.6 表达式语句

在 80C51 单片机的 C 语言中使用表达式和分号 ";" 可构成表达式语句。例如：

```
b=b * 10;
Count++;
X=A;Y=B;
Page=(a+b)/a-1;
```

在 C 语言中有一个特殊的表达式语句，称为空语句，由一个分号 ";" 组成。通常会有以下两种用法。在 while 或 for 构成的循环语句后面加一个分号，形成一个不执行其他操作的空循环体。例如：

```
for (;a<50000;a++);
```

第一个分号也是空语句，它使 a 赋值为 0（如果在程序运行前 a 已经赋值，则 a 的初值为 a 的当前值），最后一个分号则使整个语句行成一个空循环。若此时 a=0 则 for(;a<50000;a++)相当于 for(a=0;a<50000a++)。

5.3 分支程序设计

分支程序是根据条件语句（分支语句）的真或假来选择执行某条语句，在 C 语言中构成分支的控制语句有 if 语句和 swith 语句。

5.3.1　if 语句

if 语句是用来判定所给定的条件是否满足根据判定的结果（真或假）决定执行给出的两种操作之一。

C51 语言提供了三种形式的 if 语句。

（1）if（条件表达式）语句

若表达式的结果为真，则执行语句，否则跳过，例如：

```
if (a==b) a++;//当a 等于b 时, a就加1, 否则不执行a++语句
```

（2）if（条件表达式）语句 1 else 语句 2

若表达式的结果为真，则执行语句 1，否则执行语句 2，例如：

```
if (a==b)a++;else a--;//当a 等于b 时, a 加1, 否则a-1
```

（3）if（条件表达式 1）语句 1

 else if（表达式 2）语句 2

 else if（表达式 3）语句 3

 ……

 else if（表达式 m）语句 m

 else 语句 n

如果在 if 语句中又包含一个或多个语句，则称为 if 语句的嵌套。其一般形式如下：

```
if(条件表达式1)
    if(条件表达式2) 语句1
    else 语句2
else
    if(条件表达式3) 语句3
    else 语句4
```

例如：

```
if(x>1000){y=l;}
    else if(x>500) {y=2;}
        else if(x>300)      {y=3;}
            else if(x>100) {y=4;}
                else {y=5;}
```

在 if 语句嵌套中应当注意 if 与 else 的配对关系，else 总是与它上面的最近的 if 配对。

5.3.2　switch 语句

当程序中有多个分支时，可以使用 if 语句嵌套实现，但是当分支较多时，则嵌套的 if 语层数多，程序冗长，而且可读性降低。使用 switch 语句可直接处理多分支选择。其形式如下：

```
switch (表达式)
{
case 常量表达式1: 语句1; break;
case 常量表达式2: 语句2; break;
case 常量表达式3: 语句3; break;
……
case 常量表达式n: 语句n; break;
default: 语句
}
```

运行中，switch 后面的表达式的值将会作为条件，与 case 后面的各个常量表达式的值相比较，如果相等则执行 case 后面的语句，再执行 break 语句（间断语句），跳出 switch 语句。如果 case 后面没有和条件相等的值就执行 default 后的语句。如果要求没有符合的条件时不做任何处理，则可以不写 default 语句。例如：

```
switch (KValue)
{ case 0xfb: Start=1;
case 0xf7: Start=0;
case 0xef: UpDown=1;
case 0xdf: UpDown=0;
}
if(Start)
{……}
```

假如 KValue 的值是 0xfb，则在转到此处执行 "Start=1;" 后，并不是转去执行 switch 语句下面的 if 语句，而是将从这一行开始，依次执行下面的语句，即 "Start=0;"、"UpDown=1;" 和 "UpDown=0;"，显然，这样不能满足要求，因此，通常在每一段 case 子句的结尾加入 "break;" 语句，使程序退出 switch 结构，即终止 switch 语句的执行。

5.4　循环程序设计

循环是反复执行某一部分程序的操作。例如，一个 12MHz 的 80C51 单片机应用电路中要求实现 1ms 的延时，那么就要执行 1000 次空语句才可以达到延时的目的（当然可以使用定时器来做，这里就不讨论），一条空语句重复执行 1000 次，因此可以使用循环语句，这样不但使程序结构清晰、明了，而且使其编译的效率大大提高。在 C 语言中构成循环控制的语句有 while、do-while、for 和 goto 语句。

5.4.1　while 语句

while 语句的特点是当条件为真时执行后面的语句，其一般形式如下：

while (条件表达式) 语句

当表达式为非 0 值（真）时，执行 while 语句中的内嵌语句。其特点是：先判断表达式，后执行语句。执行完后再次回到 while 语句执行条件判断，为真时重复执行语句，为假时退出循环体。如果条件一开始就为假，那么 while 后面的循环体（语句或复合语句）将一次都不执行就退出循环。

　　本程序中使用的 printf( ) 函数和 Turbo C 中的 printf( ) 函数不同，其具体的功能是将其中的数据送入串行口里，所以在调用该函数前必须设置 SCON 和 T1 的相关寄存器。

【例 5-4】　显示从 1 到 100 的累加和示例。

```
#include <reg51.h>
#include <stdio.h>
void main(void)
{
unsigned int I=1;
unsigned int SUM=0;    //设初值
```

```
SCON=0x50;              //串口方式 1,允许接收
TMOD=0x20;              //定时器 1, 定时方式 2
TCON=0x40;              //定时器 1 开始计数
TH1=0xE8;
TL1=0xE8;
TI=1;
TR1=1;                  //启动定时器
while(I<=100)
{
SUM=I + SUM;            //累加
printf ("%d SUM=%d\n",I,SUM); //显示
I++;
}
while(1);               //这一句是为了不让程序指针继续向下行进而造成程序"跑飞"
}
```

最后运行结果是 SUM=5050。

5.4.2　do–while 语句

do-while 语句的特点是先执行循环体，然后判断循环条件是否成立。这样就决定了循环体无论在任何条件下都会至少被执行一次。其一般形式如下：

```
do
循环体语句
while (条件表达式);
```

对于同一个问题，既可以用 while 语句处理，也可以用 do-while 语句处理。但是这两个语句是有区别的。下面使用 do-while 语句改写上例。

```
……
do
{
SUM=I + SUM;                    //累加
printf ("%d SUM=%d\n",I,SUM);  //显示
I++;
}
while(I<=100);
while(1);
}
```

5.4.3　for 语句

C 语言中的 for 语句使用最为灵活，可以用于循环次数已经确定或者只给出循环结束条件的情况。其一般形式如下：

```
for (循环变量初值;循环条件;循环变量增值)
```

for 语句的执行过程如下：

① 先求解循环变量初值；

② 求解循环条件，若其值为真，则执行 for 语句中指定的内嵌语句（循环体），然后执行第③步，如果为假，则结束循环；

③ 求解循环变量增值；

④ 转回上面的第②步继续执行。

【例 5-5】 P3.2 引脚接一个按键，P1 口接 8 只单色灯，单色灯收到"0"时点亮，收到"1"时熄灭，当有按键按下时 8 只单色灯高、低 4 位交替闪亮一次。按键按下时接收到 0，否则为 1。

```
#include "reg51.h"
sbit key =P3^2;
void main()
{
    unsigned char T1=0x0F,T2=0xF0,keyT;
    unsigned int i;
    for(;;)
    {
        keyT=key;
        if( ~ keyT)
          {
            P1=T1                    ;//高4位点亮，低4位熄灭
            for(i=0; i<10000;i++)    ;//延时作用
            P1=T2                    ;//高4位熄灭，低4位点亮
            for(i=0; i<10000;i++)    ;//延时作用
          }
    }

}
```

5.4.4 break 与 continue 语句

1. break 语句

在一个循环程序中，可以通过循环语句中的表达式来控制循环程序是否结束，除此之外，还可以通过 break 语句强行退出循环结构。其语法为

```
break;
```

2. continue 语句

continue 语句的作用是结束本次循环，即跳过循环体中下面的语句，跳转到下一次循环周期。其语法为

```
continue;
```

break 和 continue 语句的区别是：continue 语句只结束本次循环，而不是终止整个循环的执行；而 break 语句则是结束整个循环过程，不会再去判断循环条件是否满足。

读者可以尝试在上述例子中分别加入 break 和 continue 语句，看看会有什么结果发生。

5.5 函   数

有了函数，C 语言就有了模块化的优点，一般在编写功能较多的程序时会把每项单独的功能分成数个子程序模块，每个子程序可以用函数来实现，函数还可以被反复调用，因此一些常用的函数可以作成函数库，以供在编写程序时直接调用，从而更好地实现模块化的设计，大大提高了编程工作的效率。

5.5.1　函数的定义

通常 C 语言的编译器会自带标准的函数库，这些都是一些常用的函数，使用者直接调用即可，而无需定义。同时 C 语言允许使用者根据需要编写特定功能的函数，要调用它必须要先对其进行定义。定义的模式如下：

函数类型 函数名称（形式参数表）
{
函数体
}

函数类型是说明所定义函数返回值的类型。返回值其实就是一个变量，所以要按变量类型来定义函数类型。如果函数不需要返回值，函数类型可以写作 "void"，表示该函数没有返回值。需要注意的是，函数体返回值的类型一定要和函数类型一致，否则会造成错误。

形式参数是指调用函数时要传入函数体内参与运算的变量，它可以有多个或缺失，当不需要形式参数时，括号内可以为空或写入 "void" 表示，但括号不能少。函数体中可以包含有局部变量的定义和程序语句，如果函数要返回运算值，则要使用 return 语句进行返回。

return 语句是返回语句，返回语句是用于结束函数的执行，返回到调用函数时的位置。其语法有两种：

```
return (表达式);
return;
```

如果 return 语句中带有表达式，返回时先计算表达式，再返回表达式的值；如果不带表达式，则返回的值不确定。

5.5.2　函数的调用

调用就是指一个函数体中引用另一个已定义的函数来实现所需要的功能，这时函数体称为主调用函数，函数体中所引用的函数称为被调用函数。一个函数体中可以调用数个其他的函数，这些被调用的函数同样也可以调用其他函数，也可以嵌套调用。在 C51 语言中，主函数 main 是不能被其他函数所调用的。调用函数的一般形式如下：

函数名 (实际参数表)

"函数名"就是指被调用的函数。实际参数表可以为零或多个参数，有多个参数时要用逗号隔开，每个参数的类型、位置应与函数定义时所使用的形式参数一一对应，它的作用就是把参数传到被调用函数中的形式参数，如果类型不对应，就会产生一些错误。调用的函数是无参函数时不写参数，但不能省略后面的括号。

1. 函数语句

例如：

```
printf ("Hello World!\n");
```

这是以 "HelloWorld!\n" 为参数调用 printf 这个库函数。在这里函数调用被看作一条语句。

2. 函数参数

"函数参数"这种方式是指被调用函数的返回值当作另一个被调用函数的实际参数，例如：

```
temp=StrToInt(CharB(16));
```

CharB 的返回值作为 StrToInt 函数的实际参数传递。

3. 函数表达式

如果函数的调用作为一个运算对象出现在表达式中，可以称为函数表达式。例如，"temp = Count( );"，Count( )返回一个 int 类型的返回值后直接赋值给 temp。对于标准库函数，只需要用 #include 命令引入已写好说明的头文件，在程序就可以直接调用。

如果调用的是自定义的函数，则要用如下形式编写函数类型说明：

类型标识符 函数名称（形式参数表）；

这样的说明方式适用于被调函数定义和主调函数是在同一文件中。也可以把这些写到头文件中，日后用#include 命令引入。

如果被调函数的定义和主调函数不在同一文件中，则要说明被调函数的定义在同一项目的不同文件之上，其实库函数的头文件也是如此说明库函数的。

函数的定义和说明是完全不同的，从编译的角度上看，函数的定义是把函数编译存放在 ROM 的某一段地址上，而函数说明是告诉编译器要在程序中使用哪些函数并确定函数的地址。如果在同一文件中被调函数的定义在主调函数之前，这时可以不用说明函数类型。也就是说，对于在 main 函数之前定义的函数，在程序中可以不写函数类型说明。可以在一个函数体中调用另一个函数（嵌套调用），但不允许在一个函数定义中定义另一个函数。还要注意的是，函数定义和函数说明中的函数类型、形参表、函数名称"等都要一致。

5.5.3 中断函数

中断服务函数只有在 CPU 响应中断时才会被执行，这在处理突发事件和实时控制是十分有效的。例如，电路中一个按键，要求按键按下后 LED 点亮，这个按键何时会被按下是不可预知的，为了捕获这个按键的事件，通常会有三种方法，一是用循环语句不断地对按键进行查询，二是用定时中断在间隔时间内扫描按键，三是用外部中断服务函数对按键进行捕获。为了节约 CPU 的时间，可以根据需要选用第2或第3种方式，第3种方式占用的 CPU 时间最少，只有在有按键事件发生时，中断服务函数才会被执行。C51 语言可以直接编写中断服务函数，不必考虑出入堆栈的问题，提高了工作的效率。

中断函数的关键字是 interrupt，是函数定义时的一个必选项，只要在某个函数定义后面加上这个选项，这个函数就变成了中断服务函数。定义中断服务函数时可以用如下的形式：

函数类型 函数名（形式参数）interrupt n [using n]

其中，interrupt 关键字告诉编译器该函数是中断服务函数，并由后面的 n 指明所使用的中断号。n 的取值范围为 $0 \sim 31$，但具体的中断号要取决于芯片的型号，像 AT89C51 实际上就使用 $0 \sim 4$ 号中断。每个中断号都对应一个中断向量，具体地址是 $8n+3$，中断源响应后，处理器会跳转到中断向量所处的地址执行程序，编译器会在这地址上产生一个无条件跳转语句，转到中断服务函数所在的地址执行程序。表 5-4 所示是 80C51 单片机的中断号和中断向量。

表 5-4   80C51 单片机的中断号和中断向量

中 断 号	中 断 源	中 断 向 量
0	外部中断 0	0003H
1	定时器/计数器 0	000BH
2	外部中断 1	0013H
3	定时器/计数器 1	001BH
4	串行口	0023H

注意

函数不能直接调用中断函数；不能通过形式参数传递参数；但中断函数允许调用其他函数，两者所使用的寄存器组应相同。限于篇幅，其他与函数相关的知识（如变量的传递、存储，局部变量、全部变量等）这里不能一一加以说明。

【例 5-6】 设单片机的 f_{osc}=12MHz，要求用定时器 T0 的方式 1 编程，在 P1.0 引脚输出周期为 2ms 的方波。中断服务程序如下：

```
#include <reg51.h>
sbit P1_0=P1^0;
void timer0(void)interrupt 1 using 1 {        //T0 中断服务程序入口
P1_0=!P1_0;
TH0=-(1000/256);                              //计数初值重装
TL0=-(1000%256);
}
void main(void)
{
TMOD=0x01;                                    //T0 工作在定时器方式 1
P1_0=0;
TH0=-(1000/256);                              //预置计数初值
TL0=-(1000%256);
EA=1;                                         //CPU 开中断
ET0=1;                                        //T0 开中断
TR0=1;                                        //启动 T0
do
{}
while(1);                                     //等待中断
}
```

5.6 数组及指针的使用

5.6.1 数组的使用

数组是同一类型变量的有序集合，先定义后使用。一维或多维数组的定义格式如下：

数据类型 数组名 [常量表达式]；

数据类型 数组名 [常量表达式 1]…[常量表达式 N]；

其中，"数据类型"是指数组中的各数据单元的类型，每个数组中的数据单元只能是同一数据类型。"数组名"是整个数组的标识，其命名方法和变量命名方法是一样的。在编译时，系统会根据数组的大小和类型为变量分配空间，数组名其实就是所分配空间的首地址的标识。"常量表达式"是表示数组的长度和维数，它必须用 "[ ]" 括起，括号里的数不能是变量，只能是常量。

```
unsigned int xcount [10];      //定义无符号整型数组，有 10 个数据单元
char inputstring [5];          //定义字符数组，有 5 个数据单元
float outnum [10],[10];        //定义浮点型数组，有 100 个数据单元
```

在 C 语言中数组的下标是从 0 开始的，而不是从 1 开始，例如，一个具有 10 个数据单元的数组 count，它的下标就是 count[0]到 count[9]，引用单个元素就是数组名加下标，如 count[1]就是

引用 count 数组中的第 2 个元素。还有一点要注意：在程序中只能逐个引用数组中的元素，不能一次引用整个数组，但是字符型的数组就可以一次引用整个数组。

数组也是可以赋初值的。上面介绍的定义方式只适用于定义在片内数据存储器使用的内存，有的时候需要把一些数据表存放在数组中，通常这些数据是不用在程序中改变数值的，这时就要在程序编写时就把这些数据赋给数组变量。因为 80C51 单片机的片内 RAM 很有限，通常会把 RAM 分给参与运算的变量或数组，而那些程序中的不变数据则应存放在片内的程序存储区，以节省宝贵的 RAM。赋初值的方式如下：

数据类型［存储器类型］数组名［常量表达式］={常量表达式}；

数据类型［存储器类型］数组名［常量表达式 1］…［常量表达式 N］={{常量表达式}…{常量表达式 N}}；

在定义并为数组赋初值时，初值个数必须小于或等于数组长度，如果不指定数组长度，则会在编译时由实际的初值个数自动设置。

```
unsigned char LEDNUM[2]={12,35};      //一维数组赋初值
int Key[2][3]={{1,2,4},{2,2,1}};      //二维数组赋初值
unsigned char IOStr[]={3,5,2,5,3};    //没有指定数组长度，编译器自动设置
unsigned char code skydata[]={0x02,0x34,0x22,0x32,0x21,0x12};  //数据保存在程序存储区
```

5.6.2 指针的使用

C 语言的指针专门用来确定其他类型数据的地址。如果用一个变量来存放另一个变量的地址，那么用来存放变量地址的变量称为"指针变量"。例如，用变量 STRIP 来存放 STR 变量的地址 51H，变量 STRIP 就是指针变量。变量的指针就是变量的地址，用取地址运算符"&"可以取得变量的地址。使用语句 STRIP = &STR 就可以把所取得的 STR 变量的地址 51H 存放在 STRIP 指针变量中。STRIP 的值就变为 51H。可见，指针变量的内容是另一个变量的地址，地址所属的变量称为指针变量所指向的变量。

要访问变量 STR，除了可以用"STR"这个变量名来访问之外，还可以用变量地址来访问。方法是先用&STR 取变量地址并赋给 STRIP 指针变量，然后就可以用*STRIP 来对 STR 进行访问。"*"是指针运算符，用它可以取得指针变量所指向的地址的值。使用指针变量之前也要求先定义变量，一般的形式如下：

数据类型［存储器类型］* 变量名；

"数据类型"是指所定义的指针变量所指向的变量的类型。

"存储器类型"是编译器编译时的一种扩展标识，它是可选的。如果没有指定存储器类型，则定义为一般指针，否则定义为基于存储器的指针。

例如：

```
unsigned char xdata *pi  //指针占用两个字节，存放在默认存储区，指向 xdata 存储区的 char 类型
unsigned char xdata * data pi;  //除了指针自身指定在 data 区，其他同上
int * pi;  //定义为一般指针，存放在默认存储区，占用三个字节
```

限于 80C51 单片机的寻址范围，指针变量最大的值为 0xFFFF，这样就决定了一般指针在内存中会占用三个字节，第 1 个字节存放该指针存储器的类型编码，后两个则存放该指针的高、低位地址。而基于存储器的指针因为不用识别存储器的类型所以会占用一个或两个字节，idata、data、pdata 存储器指针占用一个字节，code，xdata 则会占用两个字节。由上可知，明确地定义指针，可以节省存储器的开销，这在严格要求程序体积的项目中很有用处。指针的使用方法很多，限于

篇幅，以上只能对它做一些基础的介绍。

C51 语言支持一般指针和存储器指针。

1．一般指针

一般指针的声明和使用均与标准 C 相同，不过同时还可以说明指针的存储类型，例如：

```
long * state;            //一个指向 long 型整数的指针，state 本身按存储模式存放
char * xdata ptr;        //ptr 为一个指向 char 数据的指针，存放于外部 RAM 区
```

以上的 long、char 等指针指向的数据可存放于任何存储器中。

一般指针本身用三个字节存放，分别用于存放存储器类型、高位偏移量和低位偏移量。

2．存储器指针

基于存储器的指针在说明时即指定了存储类型，例如：

```
char data * str;  //str 指向 data 区中的 char 型数据
int xdata * pow;  //pow 指向外部 RAM 的 int 型整数
```

使用这种指针存放数据时，只需一个字节或两个字节即可，因为只需存放偏移量。

3．指针转换

指针可以在上两种类型之间转化：当基于存储器的指针作为一个实参传递给需要一般指针的函数时，指针自动转化；如果不说明外部函数原型，基于存储器的指针将自动转化为一般指针，会导致错误，因而应使用 "#include" 命令说明所有函数原型，可以强行改变指针类型。指针定义说明见表 5-5。

表 5-5　　　　　　　　　　　　　指针定义说明

指针说明	长　度	指　向
float *p;	3 字节	所有 8051 存储器空间中的 float（一般指针）
char data *dp;	1 字节	data 存储器中的 char
int idata *ip;	1 字节	idata 中的 int
long pdata *pp;	1 字节	pdata 中的 long
char xdata *xp;	2 字节	xdata 中的 char
int code *cp;	2 字节	Code 中的 int

4．指针的基本用法示例说明

【例 5-7】 PI 口接 8 只单色灯（L1 ~ L8），单色灯 0 亮、1 灭，编写程序使 8 只单色灯按如下顺序点亮，首先点亮 L1、L3、L5、L7，之后点亮 L2、L4、L6、L8，然后这两个动作循环交替点亮。

```
#include <reg51.H> //预处理文件里面定义了特殊寄存器的名称如 P1 口定义为 P1
void main(void)
{
//定义花样数据，数据存放在片内程序存储区中
unsigned char code design[]={0xAA,0x55};     //0xAA 为 L1L3L5L7 单色灯亮数据
                                             //0x55 为 L2L4L6L8 单色灯亮数据

unsigned int a;                              //定义循环用的变量
unsignet char b;
unsignet char code *dsi;                     //定义基于 code 区的指令
do{
```

```
dsi=&design[0];                          //取得数组第 1 个单元的地址
for(b=0;b<2;b++)
{
for(a=0; a<30000; a++);                  //延时一段时间
P1=*dsi;                                 //从指针指向的地址取数据到 P1 口
dsi++;                                   //指针加 1
}
}while(1);
}
```

习　题

1. C 语言的关键字是否适用于 C51 程序设计？在 C51 的扩展关键字中，_at_、idata、sfr16、interrupt、bdata、code、bit、pdata、using、reentrant、xdata、sbit、data、sfr 各有什么作用？

2. 有如下的符号串：

① 256　　　　② 0256　　　③ 0X1234　　④ 0x23.5　　⑤ "123.0"

⑥ 'A'　　　　⑦ "0"　　　⑧ '\0'　　　⑨ 078　　　⑩ 1.234e3

（1）写出不合法的 C 语言常量；

（2）写出与③相同的合法常量；

（3）写出与⑬相同的合法常量。

3. 说明下面语句的作用。

（1）int x, j;

（2）int * px, *py;

（3）px=&x;

py=&y;

（4）*px=0;

py=px;

（5）unsigned char xdata * x;

unsigned char data * y;

unsigned char pdata * z;

（6）int *px;

px=(int xdata *)0x4000;

（7）int x;

x=*((char xdata *)0x4000);

（8）sbit P1_1 = P1^1;

（9）bit ba;

（10）sfr ACC = 0xE0;

4. 按照优先级从高到低的顺序写出各个位运算符。

5. 定义变量 a、b、c，a 为内部 RAM 的可位寻址区的字符变量，b 为外部数据存储器的浮点型变量，c 为指向 int 型 xdata 区的指针。

6. 用 C 语言编写将外部 RAM 的 10H～15H 单元的内容传送到内部 RAM 的 10H～15H 单元。

第6章
80C51 单片机片内功能模块的使用

80C51 单片机片内标准外围功能模块主要包括并行 I/O 接口、串行通信口、定时器/计数器和中断系统等。这些功能部件是构成 80C51 单片机的硬件核心之一。

6.1 并行 I/O 接口的输入与输出

端口是一个综合概念，简称为口，是一个集数据输入缓冲、数据输出驱动及锁存等多项功能为一体的 I/O 电路。CPU 与外部设备交换信息，是按 I/O 端口地址进行的。I/O 端口的编址方式有两种：一是 I/O 端口单独编址，二是 I/O 端口和存储器统一编址。

80C51 单片机的 I/O 端口和存储器是统一编址的，这种编址方式是把 I/O 端口当作存储单元对待，也就是让 I/O 端口地址占用部分存储器单元地址。例如，存储器地址范围为 0000H ~ FEFFH，而 FF00H ~ FFFFH 让给了外部设备端口，存储器不再使用。为了使 CPU 对 I/O 端口寻址时不去寻找相同地址的存储单元，因此使用时必须在硬件连线上加以保证。这种方式的优点如下。

① CPU 对 I/O 端口的操作可使用全部的存储器指令，故指令多，使用方便，例如，可对 I/O 端口中的数据（存于 I/O 端口的寄存器中）进行算术、逻辑和移位等操作。

② CPU 不需要为 I/O 端口设置专门的 I/O 指令。

③ 存储器和 I/O 端口的地址分布图是同一个，I/O 端口地址安排灵活，数量不受限制。

统一编址方式的缺点是 I/O 端口占用了部分存储器地址，使存储器容量减少。

由 80C51 单片机的存储器结构图可知，80C51 系列单片机在逻辑上（从用户角度）有三个存储器空间，即内部和外部程序存储器统一编址的 64KB 地址空间、256 字节的内部数据存储器的地址空间（其中，128 字节的专用存储器的地址空间仅有 21 个字节有实际意义）和外部数据存储器和 I/O 端口统一编制的 64KB 地址空间。在访问这三个不同的逻辑空间时，应采用不同形式的指令。

例如，访问程序存储器的数据传送指令格式为

```
MOVC    A,@A+DPTR ;  (A)←((A)+(DPTR))
MOVC    A,@A+PC   ;  (PC)←(PC)+1, (A)←((A)+(PC))
```

访问内部数据存储器和专用存储器的数据传送指令格式为

```
MOV    [dest],[src]
```

其中，[src]为源字节，[dest]为目的字节。此指令的功能是把源字节送到目的字节单元，源字节单

元中的源字节不变。

访问外部数据存储器和 I/O 端口的数据传送指令格式为

```
MOVX    A,@Ri       ;(A)←((Ri))
MOVX    @Ri,A       ;((Ri))←(A)
MOVX    A,@ DPTR    ;(A)←((DPTR))
MOVX    @ DPTR,A    ;((DPTR))←(A)
```

其中，前面两条指令格式用于访问外部数据存储器和 I/O 端口的低地址区，地址范围为 0000H ~ 00FFH；后面两条指令可以访问外部数据存储器和 I/O 端口的 64KB 区，地址范围为 0000H ~ FFFFH。80C51 单片机对外部数据存储器的操作比较简单，只有累加器和外部数据存储器之间的数据传送。

80C51 单片机一般有 4 个 8 位的双向并行 I/O 接口，分别记作 P0、P1、P2 和 P3，它们既可以作为输入口，又可以作为输出口。因此，P0 ~ P3 口在结构和特性上有相同之处，但又各具特色。它们的电路设计非常巧妙。熟悉它们的逻辑电路，不但有利于正确、合理地使用这 4 个并行 I/O 接口，而且会对设计单片机外围逻辑电路有所启发。下面分别介绍 P0 ~ P3 口的内部结构和使用方法。

6.1.1　在 MOV 指令下可直接输入/输出的 P1 口

P1 口的 8 位引出线 P1.7 ~ P1.0（也叫口线）能独立地用作输入线或输出线。P1 口的每一位均由锁存器、输出驱动器和三态缓冲器组成，如图 6-1 所示。

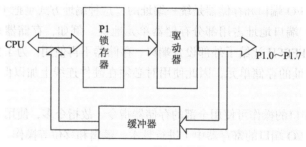

图 6-1　P1 口的组成结构图

P1 口输入/输出的工作原理

P1 口的字节地址为 90H，位地址为 90H ~ 97H。图 6-2 所示为 P1 口中每一位的结构示意图。

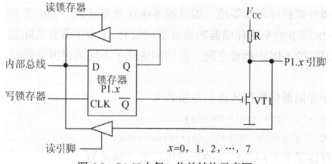

图 6-2　P1 口中每一位的结构示意图

（1）数据的输出

从图 6-2 中能看出，在输出驱动部分接有内部上拉电阻。实质上，上拉电阻是由两个场效应管并在一起的，一个场效应管为负载管，阻值固定；另一个场效应管可工作在导通和截止两种状态，使其由总电阻值变化近似为 0 或阻值很大两种情况。当阻值近似为 0 时，可将引脚快速上拉至高电平；当阻值很大时，P1 口为高阻输入状态。

输出数据时，只要把输出的数据送入 P1 锁存器，那么该数据就可使用 P1 引脚向外界输出。因此，当将 1 写入锁存器，场效应管 VT1 截止，输出线由内部上拉电阻拉成高电平（输出 1）；将 0 写入锁存器时，VT1 导通，输出 0。

P1 口的输出指令有两条：

```
MOV  P1,A
MOV  P1,#data
```

（2）数据的输入

CPU 直接从引脚读入片外数据的方式称为"读引脚"，即外部数据作用在引脚上。P1 口的输入指令如下：

```
MOV  A,P1
```

由于上拉电阻的阻值较大，因此读引脚信号时，输出端也基本处于高阻状态，所以必须使 VT1 截止。要使 VT1 截止，必须使锁存器内送"1"，因为送入"1"，则 $\overline{Q}=L$ 才截止 VT1，所以读入引脚时一定要用如下两条指令完成：

```
MOV  P1,#0FFH
MOV  A,P1
```

【例 6-1】　如图 6-3 所示，8 个发光二极管 LED0 ~ LED7 经过限流电阻 R0 ~ R7 分别接至 P1 口的 8 个引脚，阴极共同接地。编程实现发光二极管按走马灯点亮，即按照 LED0 → LED1 → … → LED7 的顺序，每次点亮一个发光二极管，一段时间后熄灭该发光二极管，然后点亮下一个发光二极管，重复循环。

编写程序如下：

```
         ORG    0000H
         AJMP   MAIN
MAIN:    MOV    A,#01H      ; 初始化寄存器 A 值
         MOV    P1,A        ; 点亮第 1 支发光二极管
         RL     A           ; A 的循环左移 1 位
         ACALL  DELAY       ; 调用延时函数
         AJMP   MAIN
DELAY:   MOV    R0,#00H
DELAY1:  MOV    R1,#0B3H
         DJNZ   R1,$
         DJNZ   R0,DELAY1
         RET
         END
```

【例 6-2】　P1 口与开关及 LED 发光二极管的接口电路如图 6-4 所示，其中，P1.7 ~ P1.4 用作并行输出口，分别与 LED3 ~ LED0 连接。当输出为 1，即高电平时，LED 不发光；输出为 0，即低电平时，LED 发光。P1.3 ~ P1.0 用作并行输入口，分别接开关 S3 ~ S0，通过开关的不同位置向 P1.3 ~ P1.0 输入"0"或"1"开关信号。要求读入 P1.3 ~ P1.0 引脚上的开关 S3 ~ S0 的预置状态，再经过 P1.7 ~ P1.4 输出，驱动 LED3 ~ LED0 发光二极管，使发光二极管显示开关状态。

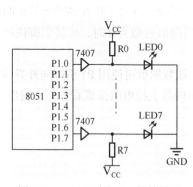

图 6-3　P1 口驱动发光二极管框图

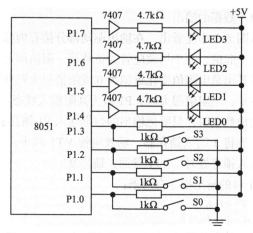

图 6-4　P1 口与开关及 LED 发光二极管的连接框图

编写程序如下：

```
        ORG     0000H
MAIN: MOV     A,#0FFH
        MOV     P1,A        ；置 P1 的低 4 位为输入，高 4 位为输出
        MOV     A,P1        ；输入 P1 的低 4 位的开关状态
        SWAP    A           ；将低 4 位输入的数据转到高 4 位
        MOV     P1,A        ；将开关状态输出，驱动相应的 LED 显示
HERE: SJMP    HERE
        END
```

6.1.2　在 MOVX 指令下由系统总线进行输入/输出的 P0 和 P2 口

1．P0 口的工作原理

P0 口的字节地址为 80H，位地址为 80H～87H。其位结构如图 6-5 所示，电路主要有一个锁存器和两个三态数据输入缓冲器，此外，还有数据输出驱动和控制电路。

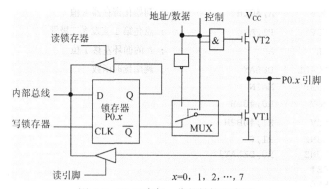

图 6-5　P0 口中每一位的结构示意图

考虑到 P0 口不仅可以作为通用的 I/O 接口使用，而且也可以作为单片机系统的地址/数据总线使用，为此，在 P0 口的内部电路中有一个多路转接电子开关 MUX。在控制信号的作用下，MUX 可以分别接通锁存器输出或地址/数据线。

（1）P0 口作为通用输出

P0 口作为输出口使用时，内部的控制信号为低电平，封锁与门，将输出驱动电路的上面的场效应管 VT2 关断，同时使多路转接开关 MUX 接通锁存器 $\overline{Q}$ 端的输出通路。输出锁存器在 CLK 脉冲的配合下，将内部总线传来的信息反映到输出端并锁存。由于输出电路是漏极开路电路，必须外接上拉电阻才能有高电平输出。

（2）P0 口作为通用输入

P0 口作为输入口使用时，即为读引脚情况。所谓读引脚就是直接读取 P0.x 引脚的状态，这时在"读引脚"信号的控制下把缓冲器打开，将端口引脚上的数据经过缓冲器通过内部总线读进来，即图 6-5 中下面的一个缓冲器用于读端口引脚的数据，当执行一条输入指令时，读引脚脉冲把三态缓冲器打开，于是引脚上的数据将经过缓冲器输入到内部总线上。

应当指出，P0 口在作为一般输入口使用时，在读取引脚之前还应向锁存器写入"1"，使上、下两个场效应管均处于截止状态，使外接的状态不受内部信号的影响，然后再来读取。

（3）P0 口作为地址/数据总线使用

P0 口一般情况下都是作为单片机系统的数据/地址总线使用。地址时，控制信号为高电平，使多路转换电子开关 MUX 处于反向接通状态，同时打开了上面的与门，输出驱动电路由上、下两个场效应晶体管形成推挽式电路结构，负载能力大大提高；当输入数据时，数据信号则直接从引脚通过输入缓冲器进入内部总线。P0 口作为地址/数据总线使用时，无需外接上拉电阻。

2．P2 口的工作原理

P2 口的字节地址为 A0H，位地址为 A0H ~ A7H。其位结构如图 6-6 所示。P2 口也是一个准双向 I/O 接口。在 P2 口电路中也有一个多路转接开关 MUX，这与 P0 口类似，当 P2 口作为高 8 位地址总线使用时，MUX 应倒向地址线端；当 P2 口作为一般 I/O 接口使用时，MUX 应倒向锁存器的 Q 端。

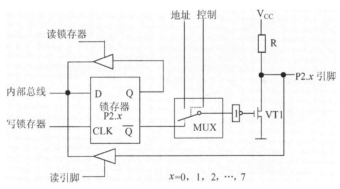

图 6-6　P2 口中每一位的结构示意图

（1）P2 口作为通用 I/O 接口

在 P2 口作为一般的 I/O 接口使用时，与 P1 口类似，用于输出时不需要外接上拉电阻，当用于输入时，仍需要向锁存器先写入"1"，然后再读取。

（2）P2 口用作高 8 位地址总线

在系统扩展片外存储器和 I/O 接口后，当 CPU 对片外存储器或 I/O 接口进行读写操作时，执行以 DPTR 作为指针的指令 MOVX（$\overline{EA}$ =0 时执行 MOVC 指令）。MUX 开关在 CPU 的控制下转向内部地址线的一端，由 P2 口输出高 8 位地址。

若 80C51 不需要外接程序存储器，而在只需扩展 256B 片外 RAM（数据存储器）或 I/O 接口的系统中，则使用以下指令：

```
MOVX    A,@ Ri        ; 输入
MOVX    @ Ri,A        ; 输出
```

寻址范围是256B，只需低8位地址线就可实现。也就是说，P2口线不必与片外扩展的RAM或I/O接口相连。因此，P2口不受该类指令的影响，仍可用作通用I/O接口。

若扩展的RAM或I/O接口容量超过了256B，则使用以下指令：

```
MOVX    A,@DPTR       ; 输入
MOVX    @DPTR,A       ; 输出
```

寻址范围是64KB，此时高8位地址总线由P2口的内部地址线输出。但必须使用以下指令事先设置端口地址：

```
MOV    DPTR,#data     ; 设置高8位
MOV    Ri,#data       ; 设置低8位
```

> P0口和P2口也可使用MOV指令进行输入输出数据，叫作第一功能，但使用P0口时，引脚外必须接一个上拉电阻。

6.1.3 具有特殊功能的P3口

P3口的字节地址为B0H，位地址为B0H～B7H。其位结构如图6-7所示。P3口为双功能口，当P3口作为第1功能使用时，其工作原理与P1口和P2口类似。

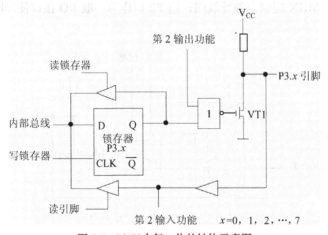

图6-7 P3口中每一位的结构示意图

当P3口作为第2功能使用时，锁存器Q端输出为1，打开与非门，使第2功能信号从与非门场效应晶体管VT1送至端口引脚，实现第2功能信号输出；输入时，端口引脚信号通过缓冲器和第2功能信号端到达相应的控制电路。应当指出的是，P3口并非所有8个引脚同时具有第2功能输入和第2功能输出功能，而是要么具有第2功能输出功能，要么具有第2功能输入功能。

下面着重讨论P3口的第2功能，P3口的第2功能的各引脚定义如下：

- P3.0：串行输入口（RXD），即串行口接收数据引脚；
- P3.1：串行输出口（TXD），即串行口发送数据引脚；
- P3.2：外部中断0输入（$\overline{INT0}$）；

- P3.3：外部中断 1 输入（$\overline{\text{INT1}}$）；
- P3.4：定时器/计数器 T0 的外部计数输入口（T0）；
- P3.5：定时器/计数器 T1 的外部计数输入口（T1）；
- P3.6：外部数据存储器写选通（$\overline{\text{WR}}$）；
- P3.7：外部数据存储器读选通（$\overline{\text{RD}}$）。

综上所述，P0 口的输出级与 P1～P3 口的输出级在结构上不同。因此，它们的带负载能力也不相同。P0 口的每一位输出可驱动 8 个 LS 型 TTL 负载；P1～P3 口的每一位输出都可驱动 4 个 LS 型 TTL 负载。

6.1.4　阶段实践

1．I/O 口输出驱动 LED 发光二极管

（1）LED 闪灯

在 P1 口上接 8 个发光二极管，使其在不停地一亮一灭，一亮一灭的时间间隔为 0.3 秒。电路如图 6-8 所示。从 LED 与 I/O 引脚的接法可以分析，控制方式采用的是灌电流的方式，即输出低电平时，LED 发光，此时 P1 口输出的数据应该是 0x00，对应着 8 位二进制 0。

 Proteus 电路图 6-8 中 80C51 等芯片的 VCC、GND 引脚是隐藏状态，默认连接好；如果实施焊接电路时，一定要将其焊接好。Proteus 电路图元件见表 6-1。

表 6-1　　　　　　　　　　　　　LED 控制电路图元件表

序　　号	元 件 名 称	仿真库名称	备　　注
U1	80C51	Microprocessor ICs	微处理器库→80C51
VD1~VD8	LED-RED	Optoelectronics	光电元件库→红色 LED
R1~R8	RES	Resistors	电阻库→电阻（需设置为 200Ω）
C1、C2	AVX0402NPO22P	Capacitors	电容库→22pF 瓷片电容
C3	CAP-POL	Capacitors	电容库→10μF 电解电容
CRY1	CRYSTAL	Miscellaneous	杂项库→晶振（需设置频率）

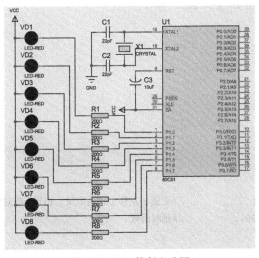

图 6-8　LED 控制电路图

程序清单:

```c
#include <reg51.h>              //单片机51头文件,存放着单片机的寄存器
void delay10ms(int n)           //约10ms延时程序
{
    int i,j;
    while(n--)
      {
        for(i=0;i<10;i++)
        {
            for(j = 0; j < 125; j++);
        }
      }
}
void main()
{
        while(1)
          {
                P1=0x0;                 //置P1各引脚为低电平, LED亮
                delay10ms(30);          //延时300ms
                P1=0xff;                //置P1各引脚为高电平, LED灭
                delay10ms(30);          //延时300ms
          }
}
```

（2）LED 走马灯

走马灯与闪灯的电路一致, 控制方式相似。不同之处在于各引脚的低电平点亮信号交替输出。

程序清单如下:

```c
#include <reg51.h>
void delay10ms(int n)//约10ms延时程序
{
    int i,j;
    while(n--)
      {
        for(i=0;i<10;i++)
        {
            for(j = 0; j < 125; j++);
        }
      }
}
void main()
{
 int a;
 int i;
 while(1)
 {
    a=0x01;
    for(i=0;i<=7;i++)
    {
        P1=~(a<<i);             //变量 a 左移 i 位后取反,相当于将对应位置 0, 其他位置 1
        delay10ms(30);         //延时函数
    }
 }
}
```

2. I/O 口输出驱动数码管

I/O 口驱动 7 段 LED 数码管（简称数码管）构成显示电路是单片机 I/O 的典型应用。在此从数码管显示原理开始，讲解利用单片机控制数码管的 C51 编程实例。

数码管是在一定形状的绝缘材料上，利用单只 LED 组合排列成 "8" 字型，分别引出它们的电极，点亮相应的点画来显示出 0 ~ 9 的数字等。数码管根据其内部 LED 的接法不同分为共阴和共阳两类，如图 6-9 所示数码管类型。对于不同类型的数码管，除了它们的硬件电路有差异外，编程方法也是不同的。

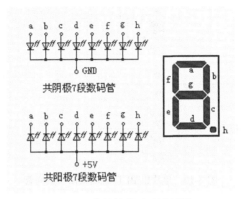

图 6-9　数码管类型及原理图

将多只 LED 的阴极连在一起即为共阴式，而将多只 LED 的阳极连在一起即为共阳式。以共阴式为例，如把阴极接地，在相应段的阳极接上正电源，该段即会发光。当然，LED 的电流通常较小，一般均需在回路中接上限流电阻。假如我们将 "b" 和 "c" 段接上正电源，其他端接地或悬空，那么 "b" 和 "c" 段发光，此时，数码管显示将显示数字 "1"。而将 "a" "b" "d" "e" 和 "g" 段都接上正电源，其他引脚悬空，此时数码管将显示 "2"。如果将各个段接到单片机的 I/O 引脚上的，使用 8 位并行 I/O 输出段码，就可以通过单片机控制数码管显示不同的字符。

图 6-10 所示为单片机 P1 口驱动共阳极数码管的实验电路图。使用 80C51 单片机，电容 C1、C2 和 CRY1 组成时钟振荡电路。C3 为单片机的复位电路，80C51 的并行口 P1.0 ~ P1.7 直接与 LED 数码管的 "a ~ h" 引脚相连，中间接上限流电阻 R1 ~ R8。值得一提的是，80C51 并行口的输出驱动电流并非很大，为使 LED 有足够的亮度，LED 数码管应选用高亮度的器件。Proteus 电路图元件见表 6-2。

表 6-2　　　　　　　　　　　　单片机 P1 口驱动共阳极数码管电路图元件表

序　号	元 件 名 称	仿真库名称	备　　　注
U1	80C51	Microprocessor ICs	微处理器库→80C51
U2	7SEG-MPX1-CA	Optoelectronics	光电元件库→共阳 7 段数码管
R1~R8	RES	Resistors	电阻库→200Ω 电阻
C1、C2	AVX0402NPO22P	Capacitors	电容库→22pF 瓷片电容
C3	CAP-POL	Capacitors	电容库→10μF 电解电容
CRY1	CRYSTAL	Miscellaneous	杂项库→晶振（需在属性中设置频率）

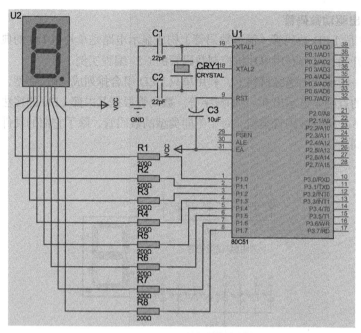

图 6-10 单片机 P1 口驱动共阳极数码管

程序清单：

```
#include<reg51.h>
//共阳极数码管的段码
unsigned char dispcode[]={0xc0,0xf9,0xa4,0xb0,0x99,0x92,0x82,0xf8,0x80,0x90};
void delay10ms(int n);
void main(void)
{
    char i;
    while(1)
    {
    for (i = 0; i <10; i++)
        {
        P1 = dispcode[i];      //数码管更新显示
        delay10ms(50);         //延时 500ms
        }
    }
}
//10ms 延时函数，应用于 11.0592MHz 时钟。
void delay10ms(int n)
{
    int i=0,j;
    while(n--)
    {
        for(i=0;i<10;i++)
        {
            for(j = 0; j < 125; j++);
        }
    }
}
```

3. I/O 口输入实例

上例中我们实现了数码管的自动循环显示,在此我们通过一个按键实现对数码管的控制显示,即按键按下一次,数码管显示数字增 1。按键电路如图 6-11 所示(该电路是对图 6-10 的增加部分)。图中按键接入单片机的 P3.3 I/O 引脚。Proteus 电路图元件见表 6-3。

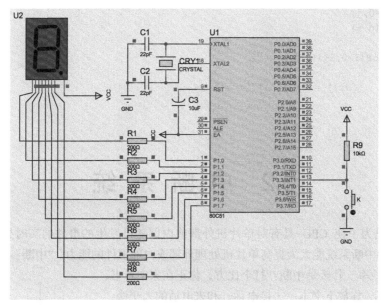

图 6-11　按键电路图

表 6-3 按键电路图元件表

序　号	元 件 名 称	仿真库名称	备　　注
R9	RES	Resistors	电阻库→10kΩ 电阻
K	BUTTON	Switches & Relays	开关和继电器库→按键

注:此表为增量表(部分元件),其他元件参见表 6-2。

按键控制数码管显示程序清单如下:

```
#include<reg51.h>
unsigned char dispcode[]={0xc0,0xf9,0xa4,0xb0,0x99,0x92,0x82,0xf8,0x80,0x90};
sbit P33 = P3^3;
void delay10ms(int n);
void main(void)
{
    char i=0;
    while(1)
{
    P33 = 1;                    //截止 I/O 引脚的 FET, 准备输入
    while(P33);                 //P33 按键未按下, 循环等待
    delay10ms(2);               //延时消抖
    if (!P33)                   //确认按键按下, 滤除键盘抖动干扰
    {
        P1 = dispcode[i];       //数码管更新显示
        i=(i+1)%10;
        while(!P33);
```

```
        }
    }
}
//10ms 延时函数，应用于 12MHz 时钟。
void delay10ms(int n)
{
    int i=0,j;
    while(n--)
    {
        for(i=0;i<10;i++)
        {
            for(j = 0; j < 125; j++);
        }
    }
}
```

6.2 中 断 系 统

中断系统是为了使 CPU 具有对单片机外部或内部随机发生的事件的实时处理而设置的。80C51 单片机的中断系统能大大提高单片机处理外部或内部事件的能力。"中断"的引入，旨在提高 CPU 的运行效率。什么是中断？打个比方，你正在家中看书，突然电话铃响了，你放下书本，去接电话，和来电话的人交谈，然后放下电话，回来继续看你的书。相似地，计算机在执行某一程序的过程中，有时由于计算机系统内外的某种原因，必须中止当前事件（原来程序）的执行，转去执行相应的处理事件，待处理结束之后，再回来继续执行被中止的事件（原程序）。其中，处理后来事件的过程称为 CPU 的中断响应过程，如图 6-12 所示。对事件的整个处理过程称为中断服务（或中断处理），实现这种功能的部件称为中断系统。

采用了中断技术的计算机可以解决 CPU 与外部设备之间速度匹配的问题，使计算机可以及时处理系统中许多随机的参数和信息，同时，它也提高了计算机处理故障与应变的能力。

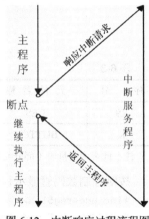

图 6-12 中断响应过程流程图

6.2.1 中断系统的结构

80C51 单片机的中断系统有 5 个中断源，其中，三个在片内，两个在片外，它们在程序存储器中有固定的中断入口地址，当 CPU 响应中断时，硬件自动形成这些地址，由此进入中断服务程序。5 个中断源有两级中断优先级，可实现两级中断服务程序嵌套。对于 80C51 单片机的中断系统可以用一句话概括：五源中断、两级管理。用户可以用软件来屏蔽所有的中断请求，也可以用软件使 CPU 接收中断请求；每一个中断源可以用软件独立地控制为开中断或关中断状态；每一个中断源的中断级别均可用软件设置。80C51 的中断系统结构如图 6-13 所示。

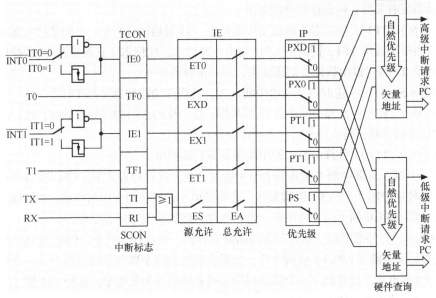

图 6-13　中断系统结构

6.2.2　中断源和中断请求标志

1. 中断源

中断源是指中断请求信号的产生源头。通常中断请求信号是来自计算机的外围设备。然而随着微电子技术的飞速发展，有一些原本属于外围设备的部件现在把它跟计算机的 CPU 封装在一起，并以单一芯片的形式组成一个较小规模的计算机系统。因此，单片机的中断源有的在片内，也有的在片外。

每一个中断源的中断请求信号不是随意发出的。对于每一个中断源，当它希望得到中断系统的帮助时才发出。为了使计算机的 CPU 随时都能查询各中断源的求助情况，中断系统将把各中断源的求助信号保存在一个寄存器里。

80C51 单片机的 5 个中断源命令如下。

① $\overline{\text{INT0}}$：外部中断 0 中断请求，由 P3.2 引脚输入。

② $\overline{\text{INT1}}$：外部中断 1 中断请求，由 P3.3 引脚输入。

③ T0：定时器 0 溢出中断请求。

④ T1：定时器 1 溢出中断请求。

⑤ 串行中断请求：中断请求标志为发送中断 T1 或接收中断 RI。

2. 中断请求标志

一般每个中断源都设置一个中断请求标志，以表示自己的中断请求。80C51 单片机的中断标志位集中安排在定时器控制寄存器 TCON 和串行口控制寄存器 SCON 中。

TCON 是定时器 0 和定时器 1 的控制寄存器，同时也锁存定时器 0 和定时器 1 的溢出中断标志及外部中断的中断标志等。其格式如下。

TCON(88H)

TF1	TR1	TF0	TR0	IE1	IT1	IE0	IT0
8FH		8DH		8BH	8AH	89H	88H

与中断系统有关的各标志位的功能如下。

① TCON.7（TF1）：定时器1的溢出中断标志。T1被启动计数后，从初值进行加1计数，当计满溢出后由硬件置位TF1，同时向CPU发出中断请求，此标志一直保持到CPU响应中断后才由硬件自动清0。也可以由软件查询该标志，并且由软件清0。

② TCON.5（TF0）：定时器0溢出中断标志。其操作功能和意义与TF1相同。

③ TCON.3（IE1）：外部中断1的中断请求标志。当P3.3引脚信号有效时，IE1=1，外部中断1向CPU申请中断，当执行完后，由片内硬件自动清0。

④ TCON.2（IT1）：外部中断1的中断触发方式控制位。

当IT1=0时，外部中断1被控制为电平触发方式。在这种方式下，CPU在每个机器周期的S5P2期间对外部中断1（P3.3）引脚采样，若为低电平，则认为有中断申请，IE1标志置位；若为高电平，则认为无中断申请，或中断申请已撤除，随即使IE1标志复位。

当IT1=1时，外部中断1被控制为边沿触发方式。在这种方式下，CPU在每个机器周期的S5P2期间对外部中断1（P3.3）引脚采样，如果在相继的两个周期采样过程中，一个机器周期采样到该引脚为高电平，接着的下一个机器周期采样到该引脚为低电平，则使IE1置1，直到CPU响应该中断时，才由硬件使IE1清0。

⑤ TCON.1（IE0）：外部中断0的中断请求标志。其操作功能和意义与IE1相同。

⑥ TCON.0（IT0）：外部中断0的中断触发方式控制位。其操作功能和意义与IT1类似。

当80C51复位后，TCON被清0，则CPU关中断，所有中断请求被禁止。

SCON为串行口控制寄存器，其低两位TI和RI用于锁存串行口的发送中断标志和接收中断标志。其格式如下：

SCON(98H)

						TI	RI
						99H	98H

① SCON.1（TI）：串行口发送中断标志。CPU将一个数据写入发送缓冲器SBUF时，就启动发送，每发送完一个串行帧数据后，硬件将使TI置位。CPU响应中断时并不清除TI，必须在中断服务程序中由软件清除。

② SCON.0（RI）：串行接收中断标志。在串行口允许接收时，每接收完一个串行帧数据，硬件将使RI置位。同样，CPU在响应中断时不会清除RI，必须在中断服务程序中由软件清除。

6.2.3　系统对中断的管理

CPU对中断源的开放和屏蔽，以及每个中断源是否被允许中断，都受中断允许寄存器IE的控制。每个中断源优先级的设定则由中断优先级寄存器IP控制。寄存器状态可通过程序由软件设定。

1. 中断的开放和屏蔽

在中断请求状态寄存器中，某一个标志位为1，只能说明该标志位所对应的中断源已经向CPU请求中断，但这并不意味着CPU一定响应它的请求。它的请求要得到CPU的响应，还得看用户的"态度"。用户在中断允许控制寄存器上，给每一个中断源人为地设置两道"门"：一道"小门"和一道"大门"。其中，"小门"是属于每个中断源自己的，而"大门"却是所有中断源公用的。某一个中断源的中断请求只有通过这两道"门"才能得到CPU的响应，否则CPU就无法响应。这好比像一个同学要从教室走出教学楼时，先通过教室的小门后通过教学楼的大门一样，如果这两道门中有一道被锁着，那么他就走不出教学楼，而只有两道门全开的情况下他才能走得出教学楼。80C51 没有专门的开中断和关中断指令，中断的开放和关闭是通过中断允许寄存器 IE 控制的。

中断允许寄存器 IE 对中断的开放和关闭实行两级控制。所谓两级控制，是指有一个中断允许总控制位 EA，配合各中断源的中断允许控制位共同实现对中断请求的控制。IE 寄存器各位定义如下：

IE（A8H）

EA			ES	ET1	EX1	ET0	EX0
AFH			ACH	ABH	AAH	A9H	A8H

① IE.7（EA）：总中断允许控制位。EA＝1，开放所有中断，各中断源的允许和禁止可通过相应的中断允许位单独加以控制；EA＝0，禁止所有中断。

② IE.4（ES）：串行口中断（包括串行发、串行收）允许位。ES＝1，允许串行口中断；ES＝0，禁止串行口中断。

③ IE.3（ET1）：定时器/计数器 1 中断允许位。ET1＝1，允许定时器 T1 中断；ET1＝0，禁止定时器 T1 中断。

④ IE.2（EX1）：外部中断 1 中断允许位。EX1＝1，允许外部中断 1 中断；EX1＝0，禁止外部中断 1 中断。

⑤ IE.1（ET0）：定时器/计数器 T0 中断允许位。ET0＝1，允许定时器 0 中断；ET0＝0，禁止定时器 0 中断。

⑥ IE.0（EX0）：外部中断 0 中断允许位。EX0＝1，允许外部中断 0 中断；EX0＝0，禁止外部中断 0 中断。

80C51 单片机系统复位后，IE 中各中断允许位均被清 0，即禁止所有中断。

【例 6-3】　假设允许外部中断 0 和外部中断 1 中断，禁止其他中断源的中断申请。试根据假设条件设置 IE 的相应值。

解：

① 用位操作指令来编写，程序如下：

```
CLR     ES      ; 禁止串行口中断
CLR     ET0     ; 禁止定时器/计数器 T0 中断
CLR     ET1     ; 禁止定时器/计数器 T1 中断
SETB    EX0     ; 允许外部中断 0 中断
SETB    EX1     ; 允许外部中断 1 中断
SETB    EA      ; CPU 开中断
```

② 用字节操作指令来编写，指令如下：

```
MOV IE,#85H
```

2．中断优先级的设置

一个中断源的中断一旦被中断允许控制寄存器开放，它的中断请求就可能要得到 CPU 的响应，但未必立即得到响应。因为经常会有这样一种情况：在某一时刻有多个中断源同时请求中断，而且这些中断源的中断均已被中断允许控制寄存器开放。这种情况下，它们都有资格得到 CPU 的响应，然而，CPU 在任一时刻只能响应一个中断源的中断请求。因此，除了其中一个中断请求有可能被响应之外，其他的暂时都不能被响应。那么其中有可能被响应的一个中断请求是如何确定的呢？其实是根据各中断源的中断响应优先级来确定的。用户可以对每一个中断源设定它的中断响应优先级。中断响应优先级分为高级和低级两类。当某一时刻有几个中断源同时请求中断，且它们的中断均已被中断允许控制寄存器开放时，首先得到响应的自然是被设定成高级的中断源，而被设定成低级的中断源暂时不能得到响应。每个中断源的中断响应优先级是用户在中断响应优先级控制寄存器中人为设定的。

在 CPU 执行某个中断请求的过程中，若又有一个优先级比正在处理的中断请求优先级高的请求时，在允许的情况下，CPU 应能中止正在处理的中断（正在执行的中断处理子程序），转去处理优先级高的中断请求，处理后再返回级别较低的中断处理子程序断点，这种情况称为中断嵌套。

80C51 单片机的中断服务程序只允许两级嵌套，即当 CPU 在执行程序用户主程序的时候，响应了某一个低优先级中断源的中断请求（一级嵌套），正在执行该中断源的低优先级中断服务程序的过程中，可以响应另一个高优先级中断源的中断请求（二级嵌套），去执行它的高优先级中断服务程序。中断嵌套的中断过程如图 6-14 所示。

由图 6-14 可见，一个正在执行的低优先级中断程序能被高优先级的中断源所中断，但不能被另一个低优先级的中断源所中断。若 CPU 正在执行高优先级的中断，则不能被任何中断源所中断，一直执行到结束，直到遇到中断返回指令 RETI，返回主程序后再执行一条指令后才能响应新的中断请求。以上所述可以归纳为下面两条基本规则。

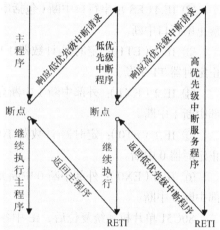

图 6-14 两级中断嵌套

① 低优先级中断可被高优先级中断所中断，反之则不能。

② 任何一种中断（不管是高优先级还是低优先级），一旦得到响应，不会再被它的同级中断源所中断。如果某一中断源被设置为高优先级中断，在执行该中断源的中断服务程序时，则不能被任何其他中断源所中断。

80C51 单片机片内的专用寄存器 IP 为中断优先级寄存器，锁存各中断源优先级控制位。IP 中的每一位均可由软件来置 1 或清 0，置 1 表示高优先级，清 0 表示低优先级。其格式如下：

IP（B8H）

		PS	PT1	PX1	PT0	PX0
		BCH	BBH	BAH	B9H	B8H

① IP.4（PS）：串行口中断优先级控制位。PS = 1，设定串行口为高优先级中断；PS = 0，设定串行口为低优先级中断。

② IP.3（PT1）：定时器 T1 中断优先级控制位。PT1 = 1，设定定时器 T1 中断为高优先级中断；PT1 = 0，设定定时器 T1 中断为低优先级中断。

③ IP.2（PX1）：外部中断 1 中断优先级控制位。PX1 = 1，设定外部中断 1 为高优先级中断；PX1 = 0，设定外部中断 1 为低优先级中断。

④ IP.1（PT0）：定时器 T0 中断优先级控制位。PT0 = 1，设定定时器 T0 中断为高优先级中断；PT0 = 0，设定定时器 T0 中断为低优先级中断。

⑤ IP.0（PX0）：外部中断 0 中断优先级控制位。PX0 = 1，设定外部中断 0 为高优先级中断；PX0 = 0，设定外部中断 0 为低优先级中断。

当系统复位后，IP 的低 5 位全部清 0，所有中断源均设定为低优先级中断。

如果几个同一优先级的中断源同时向 CPU 申请中断，CPU 通过内部硬件查询逻辑，按自然优先级顺序确定首先响应哪个中断请求。自然优先级由硬件形成，排列见表 6-4。

表 6-4　　　　　　　　　　　　　　中断优先级排列表

中　断　源	同级自然优先级
外部中断 0 定时器 T0 中断 外部中断 1 定时器 T1 中断 串行口中断	最高级 ↓ 最低级

【例 6-4】 设置 IP 寄存器的初始值，使得 80C51 的两个片内定时器/计数器为高优先级，其他中断为低优先级。

解：

① 如果使用位操作指令来编写，则程序段如下：

```
CLR   PX0        ; 将两个外部中断、串行口设为低优先级
CLR   PX1
CLR   PS
SETB  PT0        ; 将两个片内定时器/计数器设为高优先级
SETB  PT1
```

② 如果使用字节操作指令编写，则可简化如下：

```
MOV IP,#0AH
```

6.2.4　中断的响应过程

中断处理过程可分为中断请求、中断响应、中断服务和中断返回。

1. 中断请求与响应中断条件

在单片机执行某一程序过程中，若发现有中断请求（相应中断请求标志位为 1），CPU 将根据具体情况决定是否响应中断，这主要由中断允许寄存器来控制。如果中断总允许位 EA＝1，并且申请中断的中断源允许，则 CPU 一般会响应中断，如果有下列任何一种情况存在，那么中断响应会受到阻断：

① CPU 正在响应同级或高优先级的中断；

② 当前指令未执行完；

③ 正在执行 RETI 中断返回指令或访问专用寄存器 IE 和 IP 的指令。

2. 中断响应

若中断请求符合响应条件，则 CPU 将响应中断请求。中断响应过程包括保护断点和将程序转向中断服务程序的入口地址。首先，中断系统通过硬件自动生成长调用指令（LACLL），该指令将自动把断点地址压入堆栈保护（不保护累加器 A、状态寄存器 PSW 和其他寄存器的内容），然后将对应的中断入口地址装入程序计数器 PC（由硬件自动执行），使程序转向该中断入口地址，执行中断服务程序。80C51 系列单片机各中断源的入口地址由硬件事先设定，分配见表 6-5。

使用时，通常在这些中断入口地址处存放一条绝对跳转指令，使程序跳转到用户安排的中断服务程序的起始地址。

表 6-5　　　　　　　　　　　　　　中断源的入口地址分配表

中　断　源	入　口　地　址	中断号
外部中断 0	0003H	0
定时器 0 中断	000BH	1
外部中断 1	0013H	2
定时器 1 中断	001BH	3
串行口中断	0023H	4

3. 中断服务

中断服务程序从中断入口地址开始执行，直到返回指令 RETI 为止，一般包括两部分内容：一是保护现场，二是完成中断源请求的服务。

通常，主程序和中断服务程序都会用到累加器 A、状态寄存器 PSW 及其他一些寄存器，当 CPU 进入中断服务程序用到上述寄存器时，会破坏原来存储在寄存器中的内容，一旦中断返回，将会导致主程序的混乱，因此，在进入中断服务程序后，一定要先保护现场，然后执行中断处理程序，在中断返回之前再恢复现场。

4. 中断返回

中断返回通常是指中断服务完成以后，计算机返回原来断开的位置（即断点），继续执行原来的程序。中断返回由中断返回指令 RETI 来实现。这条指令的功能是把断点地址从堆栈中弹出，送回到程序计数器 PC，此外，还通知中断系统已完成中断处理，并同时清除优先级状态触发器。特别要注意不能使用 RET 指令代替 RETI 指令。

6.2.5　中断程序的编程方法

中断系统应用的主要问题是应用程序的编制，编写应用程序大致包括两大部分：中断初始化和中断服务程序，具体要求如下。

1. 中断初始化

中断初始化通常在产生中断请求前完成，放在主程序中，与主程序其他初始化内容一起完成设置。

（1）设置堆栈指针 SP

由于中断涉及保护断点 PC 地址和保护现场数据，而且要用堆栈实现保护，因此要设置适宜的堆栈深度。当要求有一定的深度时，通常可设置 SP=60H 或 50H，深度分别为 32 字节和 48 字节。

（2）定义中断优先级

根据中断源的轻重次序，可以划分高优先级和低优先级。使用"MOV　IP，#xxH"或"SETB xx"指令即可设置。

（3）定义外部中断触发方式

在一般情况下，最好定义为边沿触发方式。如果外中断信号无法适用边沿触发方式，必须采用电平触发方式时，应该在硬件电路上和中断服务程序中采取撤除中断请求信号的措施。

（4）开放中断

要同时置位 EA 和需要开放中断的中断允许控制位。可以用"MOV　IE，#xxH"指令设置，或者也可以用"SETB　EA"和"SETB　xx"位操作指令设置。

2.　中断服务程序

中断服务程序内容如下。

① 在中断服务入口地址设置一条跳转指令，转移到中断服务程序的实际入口地址。80C51 型单片机相邻两个中断入口地址间只有 8 字节的空间，8 字节只能容纳一个有 3~8 条指令的短程序，而在一般情况下，中断服务程序都超过 8 个字节长度，所以必须跳转到其他比较合适的地址空间。最好用 LJMP 指令，这样可以很方便地将中断服务程序不受限制地安排在 64KB 任何地方。

② 根据需要来保护现场。保护现场不是中断服务程序的必需部分，它是保护 ACC、PSW 和 DPTR 等特殊功能寄存器的内容。在这里需要读者注意的是：保护现场数据越少越好，数据保护越多，堆栈负担越重，堆栈深度越深。

③ 中断源请求中断服务要求的运行。这是中断服务程序的主体。

④ 如果是外部中断电平触发方式，应有中断信号撤除操作。如果是串行中断，应有对 RI、TI 清 0 的指令。

⑤ 中断源恢复现场。与保护现场相对应，注意先进后出、后进先出的操作顺序。

⑥ 在中断返回时，最后一条指令必须是 RETI。

中断管理和控制程序一般都包含在主程序中，根据需要通过几条指令来完成。中断服务程序是一种具有特定功能的独立程序段，可根据中断源的具体要求进行服务。下面通过实例来说明其具体应用。

【例 6-5】 若规定外部中断 0 为电平触发方式、高优先级，试写出有关的初始化程序。

对此一般可采用位操作指令来实现，程序如下：

```
    SETB    EA              ; 开中断
    SETB    EX0             ; 允许外部中断 0 中断
    SETB    PX0             ; 外部中断 0 定为高优先级
    CLR     IT0             ; 电平触发
```

【例 6-6】 若规定外部中断 1 为边沿触发方式、低优先级，在中断服务程序中将寄存器 B 的内容左循环移一位，B 的初值设为 01H。试编写主程序与中断服务程序。

程序如下：

```
        ORG     0000H           ; 主程序
        LJMP    MAIN            ; 主程序转至 MAIN 处
        ORG     0013H           ; 中断服务程序
        LJMP    INT             ; 中断服务程序转至 INT 处
MAIN:   SETB    EA              ; 开中断
        SETB    EX1             ; 允许外部中断 1 中断
        CLR     PX1             ; 设为低优先级
        SETB    IT1             ; 边沿触发
        MOV     B,#01H          ; 设置 B 的初值
HALT:   SJMP    HALT            ; 暂停等待中断
INT:    MOV     A,B             ; A←(B)
        RL      A               ; 左循环移 1 位
        MOV     B,A             ; 回送
        RETI                    ; 中断返回
        END
```

【例 6-7】 80C51 与开关及 LED 发光二极管的接口电路如图 6-15 所示。其中，P1.7～P1.4 用作并行输出口，分别与 LED3～LED0 连接；P1.3～P1.0 用作并行输入口，分别接开关 S3～S0，$\overline{INT0}$ 脚接一个负脉冲产生电路。要求当外部设备 S3～S0 设置的开关量准备好后，按下单脉冲发生开关 S5，向 80C51 的 $\overline{INT0}$ 脚输入一个负脉冲，外部设备就向 80C51 的 CPU 发出一次中断请求。外部设备每请求中断一次，就完成一个读写过程，读入 P1.3～P1.0 引脚上的开关 S3～S0 的预置状态，再经过 P1.7～P1.4 输出，驱动 LED3～LED0 发光二极管，使发光二极管显示开关状态。

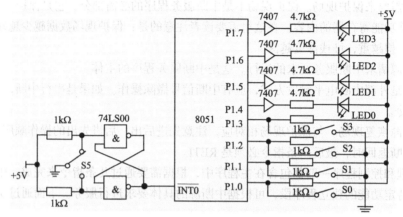

图 6-15　80C51 与开关及 LED 发光二极管的连接框图

程序如下：

```
          ORG    0000H
          AJMP   MAIN            ; 上电自动转向主程序
          ORG    0003H           ; 外部中断 0 入口地址
          AJMP   INT_0           ; 转向中断服务子程序
          ORG    0100H           ; 主程序首地址
MAIN:     SETB   EA              ; CPU 开中断
          SETB   EX0             ; 开 INT0 中断
          SETB   IT0             ; 令 INT0 边沿触发
          AJMP   $               ; 等待中断
          ORG    0200H
INT_0:    MOV    A,#0FFH
          MOV    P1,A            ; 设置输入状态
          MOV    A,P1            ; 取出开关状态
          SWAP   A               ; 将低 4 位输入的数据转到高 4 位
          MOV    P1,A            ; 输出，驱动灯泡发光
          RETI                   ; 中断返回
          END
```

6.2.6　阶段实践

如 6.1 节实践中图 6-11，按键接到的 P3.3 引脚上，恰好该引脚也是外部中断 1 的输入引脚。采用中断方式实现按键输入数码管显示。

编程实例如下:

```
#include<reg51.h>
unsigned char dispcode[]={0xc0,0xf9,0xa4,0xb0,0x99,0x92,0x82,0xf8,0x80,0x90};
sbit P33 = P3^3;
void delay10ms(int n);
char i=0;                          //用于索引段码值
void  main(void)
{
    EA = 1;                        //开总中断
    IT1 = 1;                       //中断方式为跳变
    EX1 = 1;                       //打开外部中断1
    while(1)                       //等待中断
    {
/*在此可以实现其他任务*/
    }
}
void delay10ms(int n)             //10ms 延时函数, 应用于 11.0592MHz 时钟。
{
    int i=0,j;
    while(n--)
    {
     for(i=0;i<10;i++)
     {
        for(j = 0; j < 125; j++);
     }
   }
}
void keyISR() interrupt 2          //按键中断服务程序
{
    EA = 0;                        //关中断
    delay10ms(2);                  //延时消抖
    if (!P33)                      //确认按键按下, 滤除键盘抖动干扰
    {
        P1 = dispcode[i];          //数码管更新显示
        i = (i+1)%10;              //准备显示下一个字符, 保证范围不会超过 0~9
    }
    EA = 1;
}
```

6.3　片内定时器/计数器

80C51 单片机常用的定时方法有软件定时、硬件定时、可编程定时器。

软件定时是指让 CPU 执行一段程序,这个程序本身并无具体的执行目的,但由于执行每条指令都要求有一定的时间,则执行该程序段就需要一个固定的时间,因而就可通过正确选择指令和

安排循环次数来实现软件定时，但软件的执行占用了 CPU，因此降低了 CPU 的利用率。

不可编程的硬件定时是由电路的硬件完成的，通常采用时基电路，外接定时部件（电阻和电容）。这样的定时电路简单，而且通过改变电阻和电容值，可以在一定范围内改变定时值，但是这种定时电路在硬件连接好以后，定时值与定时范围不能由软件进行控制和修改，即不可编程，这样无需占用 CPU 的时间。

可编程定时器是用软件来确定和修改定时器的定时值及定时范围，因此功能强，使用灵活。

80C51 单片机内部有两个 16 位的可编程定时器/计数器，称为定时器 0（T0）和定时器 1（T1），可以通过编程选择其作为定时器使用或作为计数器使用。此外，工作方式、定时时间、计数值、启动、中断请求等都可以由程序设定。通过对定时器/计数器编程可用来实现定时控制、延时、信号发生、检测信号等。另外，该定时器/计数器还可以作为串行通信中的波特率发生器。

6.3.1 定时器/计数器的内部结构及工作原理

80C51 单片机的定时器 0、定时器 1 是 16 位加法计数器，因此依靠计数的值达到定时的目的。定时器 0 由 TH0 和 TL0 两个 8 位计数器组成，定时器 1 由 TH1 和 TL1 组成，它们均为 8 位寄存器，映射在特殊功能寄存器中。TL0、TL1、TH0、TH1 的访问地址依次为 8AH ~ 8DH，它们用于存放定时或计数的初始值。此外，定时器内部还有一个 8 位的方式寄存器 TMOD 和一个 8 位的控制寄存器 TCON，用于选择定时器的模式（$C/\overline{T}$）、启动的方式（GATE）、工作方式及发出启动控制信号 TR0 或 TR1 等。图 6-16 所示为 T0 的内部结构，T1 的结构与之相同。

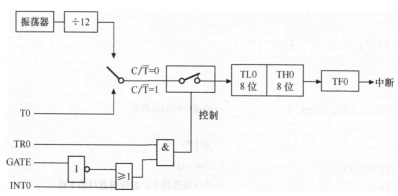

图 6-16　定时器/计数器 T0 的内部结构信号和工作原理图

定时操作和计数操作本质上没有什么不同，它们都是对 16 位加法计数器进行计数，发出一个计数脉冲给计数器加 1。它们的区别仅仅在于计数脉冲的来源不同。因此，一个定时器/计数器可以兼作定时或计数两种操作。

当选择定时器工作于定时方式时（$C/\overline{T}=0$），位 TR0（或 TR1）启动后，定时器对系统的机器周期计数，即设定一个计数初值后，每过一个机器周期，计数器 TH0、TL0 加 1，直至计满规定个数回零，置位定时器中断标志 TF0（或 TF1）产生溢出中断。因此，计数脉冲的最高频率为 $f = f_{osc}/12$，由此可见，计数初值应装入负值（补码）才能加 1 回零。

当选择计数方式时（$C/\overline{T}=1$），外部脉冲通过引脚 T0（P3.4）或 T1（P3.5）引入，计数器对此外部脉冲的下降沿进行加 1 计数，直至计满规定值回零，置位定时器中断标志 TF0（或 TF1）产生溢出中断。由于检测一个由"1"到"0"的跳变需要两个机器周期，前一个机器周期测出"1"，后一个周期测出"0"，故计数脉冲的最高频率不得超过 $f_{osc}/24$，对外部脉冲的占空比无特殊要求。

前面谈到，两个定时器/计数器实际上是两个加法计数器。而两个加法计数器的工作状态是受定时器/计数器控制寄存器 TCON 控制的。TCON 寄存器也是特殊功能寄存器，它有两个启动位，其中一位是用来启动和停止定时器/计数器 0 的，还有一位是启动和停止定时器/计数器 1 的。只有定时器/计数器在启动状态下，计数脉冲才能送到加法计数器，于是加法计数器开始计数；如果处于停止状态，那么计数脉冲送不到加法计数器，因此它只好停止计数。

定时器/计数器共有 4 种工作方式。在前三种方式下，定时器/计数器 0 和定时器/计数器 1 的工作过程完全相同，只有在第 4 种方式下这两个定时器/计数器的功能才有所不同。它们的 4 种工作方式是用户通过定时器/计数器的方式控制寄存器 TMOD 人为设定的。TMOD 寄存器也是特殊功能寄存器。用户通过它不仅能设定定时器/计数器的 4 种工作方式，还可以设定每一个定时器/计数器的具体用途：作为定时器或者计数器。

定时器/计数器一旦被程序启动之后，它的加法计数器的计数过程不再依赖 CPU，只有当加法计数器发生数据溢出时，它向 CPU 请求中断，要求 CPU 暂时为它服务，即执行定时器/计数器的中断服务程序。因此，定时器/计数器和 CPU 几乎处于并行工作状态。这就是定时器/计数器高效工作的根本原因。

1. 定时器/计数器方式控制寄存器 TMOD

在启动定时器/计数器工作之前，CPU 必须将一些命令（称为控制字）写入定时器/计数器工作方式控制寄存器 TMOD 中。该寄存器的格式如下：

TMOD（89H）

D7	D6	D5	D4	D3	D2	D1	D0
GATE	C/$\overline{\text{T}}$	M1	M0	GATE	C/$\overline{\text{T}}$	M1	M0
定时器 1 方式控制位				定时器 0 方式控制位			

TMOD 的低 4 位为定时器 0 的工作方式控制位，高 4 位为定时器 1 的工作方式控制位，它们的含义完全相同。

① M1 和 M0：工作方式选择位。4 种工作方式定义见表 6-6。

表 6-6 工作方式表

M1M0	工 作 方 式	功 能
00	工作方式 0	13 位计数器
01	工作方式 1	16 位计数器
10	工作方式 2	8 位计数器，初值自动装入
11	工作方式 3	T0 分成两个 8 位计数器，T1 停止工作

② C/$\overline{\text{T}}$：功能选择位。C/$\overline{\text{T}}$ = 0 时，设置为定时器工作方式，对片内机器周期脉冲计数，用作定时器；C/$\overline{\text{T}}$ = 1 时，设置为计数器工作方式，对外部事件脉冲计数，负跳变脉冲有效。

③ GATE:门控位。当 GATE = 0 时，软件控制位 TR0 或 TR1 置 1，即可启动定时器；当 GATE = 1 时，软件控制位 TR0 或 TR1 必须置 1，同时还必须使 $\overline{\text{INT0}}$（P3.2）或 $\overline{\text{INT1}}$（P3.3）为高电平时才能启动定时器，即允许外中断、启动定时器。以 T0 为例，GATE = 0 时，TR0 = 1，T0 运行；TR0 = 0，T0 停止。GATE = 1 时，TR0=1，且 $\overline{\text{INT0}}$ 为高电平时，T0 运行。两个条件中有一个不满足，T0 就无法运行。

TMOD 不能位寻址，只能用字节指令设置高 4 位来定义定时器 1，设置低 4 位来定义定时器 0 工作方式。在复位时，TMOD 的所有位均置 0。

2. 定时器/计数器的控制寄存器 TCON

TCON 的作用是控制定时器的启动、停止，并反映定时器的溢出和中断情况。定时器控制字 TCON 的格式及意义如下：

TCON（88H）

8FH	8EH	8DH	8CH	8BH	8AH	89H	88H
TF1	TR1	TF0	TR0	IE1	IT1	IE0	IT0

① TCON.7（TF1）：定时器 1 溢出标志位。当定时器 1 计满数产生溢出时，由硬件自动置 TF1 = 1。在中断允许时，向 CPU 发出定时器 1 的中断请求，进入中断服务程序后，由硬件自动清 0。在中断屏蔽时，TF1 可作为查询测试之用，此时只能用软件清 0。

② TCON.6（TR1）：定时器 1 运行控制位。由软件置 1 或清 0 来启动或关闭定时器 1。当 GATE = 1，且为高电平时，TR1 置 1，启动定时器 1；当 GATE = 0 时，TR1 = 0，定时器 1 停止。

③ TCON.5（TF0）：定时器 0 溢出标志位。其功能及操作情况同 TF1。

④ TCON.4（TR0）：定时器 0 运行控制位。其功能及操作情况同 TR1。

TCON 中的低 4 位用于控制外部中断，与定时器/计数器无关，已在上一节中介绍过。当系统复位时，TCON 的所有位均清 0。

TCON 的字节地址为 88H，可以位寻址，清溢出标志位或启动定时器都可以用位操作指令。

6.3.2 定时器/计数器的工作方式

由上述可知，通过对 TMOD 寄存器中的 M0、M1 位进行设置，定时器/计数器有 4 种工作方式，下面逐一进行介绍。

1. 工作方式 0

图 6-17 所示是定时器 0 在工作方式 0 时的逻辑电路结构，定时器 1 的结构和操作与定时器 0 完全相同。

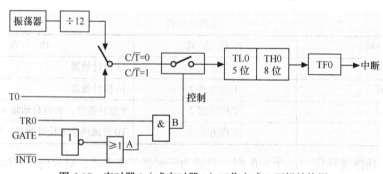

图 6-17　定时器 0（或定时器 1）工作方式 0 逻辑结构图

当 M1M0 = 00 时，定时器/计数器工作在工作方式 0，构成一个 13 位定时器/计数器。由 TL0 的低 5 位和 TH0 的高 8 位组成，TL0 的低位计数满时向 TH0 进位，当 13 位计满溢出时，TF0 被置 1。

在图 6-17 中，$C/\overline{T}$ 位控制的电子开关决定了定时器/计数器的工作模式。

① $C/\overline{T} = 0$，电子开关打在上面的位置，T0 为定时器工作模式，以振荡器的 12 分频后的信

号作为计数信号。

② C/$\overline{T}$ = 1，电子开关打在下面的位置，T0 为计数器工作模式，计数脉冲为 P3.4、P3.5 引脚上的外部输入脉冲，当引脚上发生负跳变时，计数器加 1。

GATE 位的状态决定定时器/计数器运行控制取决于 TRX 一个条件还是 TRX 和引脚这两个条件。

① GATE = 0 时，A 点电位恒为 1，B 点的电位取决于 TRX 状态。TRX = 1 时，B 点为高电平，控制端控制电子开关闭合，计数脉冲加到 T0（或 T1）引脚，允许 T0（或 T1）计数。TRX = 0 时，B 点为低电平，电子开关断开，禁止 T0（或 T1）计数。

② GATE = 1 时，B 点电位由 $\overline{INTX}$ 的输入电平和 TRX 的状态确定，当 TRX = 1，且 $\overline{INTX}$ = 1 时（X = 0 或 1），B 点才为 1，控制端控制电子开关闭合，允许定时器/计数器计数，故这种情况下计数控制是由 TRX 和 $\overline{INTX}$ 两个条件控制的。

2. 工作方式 1

当 M1M0 = 01 时，定时器工作于方式 1 时，其逻辑结构图如图 6-18 所示。

定时器/计数器设定为工作方式 1 时，由 TL0 与 TH0 构成一个 16 位定时器/计数器。当 16 位计满溢出时，TF0 置 1。工作方式 1 的电路结构与操作几乎完全与方式 0 相同，唯一的差别是二者计数位数不同，工作方式 0 的最大计数值为 $M = 2^{13} = 8192$，工作方式 1 的最大计数值为 $M = 2^{16} = 65536$。

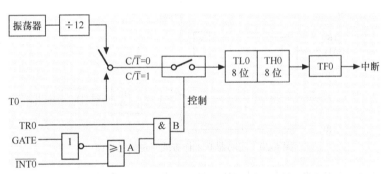

图 6-18　定时器 0（或定时器 1）工作方式 1 逻辑结构图

3. 工作方式 2

当 M1M0 = 10 时，定时器/计数器工作于方式 2，其逻辑结构图如图 6-19 所示。

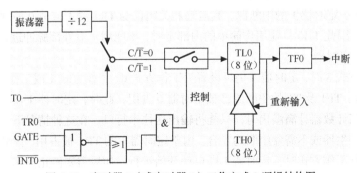

图 6-19　定时器 0（或定时器 1）工作方式 2 逻辑结构图

由图 6-19 可知，工作方式 2 中，16 位加法计数器的 TH0 和 TL0 具有不同的功能，其中，TL0 是 8 位计数器，TH0 是重置初值的 8 位缓冲器。工作方式 0 和工作方式 1 用于循环计数，在每次计满溢出后，计数器为 0，要进行新一轮计数还要重置计数初值。这不仅导致编程麻烦，而且影响定时时间精度。工作方式 2 具有初值自动装入功能，避免了上述缺陷，适合用作较精确的定时脉冲信号发生器，其缺点是计数范围小。因此，工作方式 2 适用于需要重复定时而且定时范围不大的场合。

工作方式 2 中，16 位加法计数器被分割为两部分：TL0 和 TH0。其中，TL0 用作 8 位计数器，TH0 用来保持初值。在程序初始化时，TL0 和 TH0 由软件赋予相同的初值。一旦 TL0 计数溢出，TF0 将被置位，同时，TH0 中的初值装入 TL0，进而进入新一轮计数，如此循环不止。

4. 工作方式 3

当 M1M0=11 时，定时器/计数器工作于方式 3（注意，工作方式 3 仅适用于 T0，T1 无工作方式 3），其逻辑结构图如图 6-20 所示。

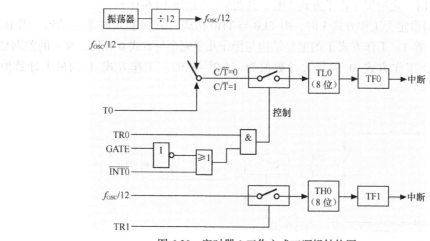

图 6-20　定时器 0 工作方式三逻辑结构图

由图 6-20 可知，处于工作方式 3 时，定时器 0 被分解为两个独立的 8 位计数器：TL0 和 TH0。其中，TL0 占用原定时器 0 的控制位、引脚和中断源，即 GATE、TR0、TF0 和 T0（P3.4）引脚、$\overline{\text{INT0}}$（P3.2）引脚。除了计数位数不同于工作方式 0、工作方式 1 外，工作方式 3 的功能、操作与工作方式 0、工作方式 1 完全相同，可定时，也可计数。TH0 占用原定时器 1 的控制位 TF1 和 TR1，同时还占用了定时器 1 的中断源，其启动和关闭仅受 TR1 置 1 或清 0 控制。TH0 只能对机器周期进行计数，因此 TH0 只能用作简单的内部定时，不能用来对外部脉冲进行计数，是定时器 0 附加的一个 8 位定时器。

当处于工作方式 3 时，定时器 1 仍可设置为工作方式 0、工作方式 1 或工作方式 2（如图 6-21 所示）。由于 TR1、TF1 及 T1 的中断源已被定时器 0 占用，此时，定时器 1 仅由控制位切换其定时或计数功能，当计数器计满溢出时，只能将输出送往串行口。在这种情况下，定时器 1 一般用作串行口波特率发生器或不需要中断的场合。由于定时器 1 的 TR1 被占用，因此其启动和关闭较为特殊，当设置好工作方式时，定时器 1 即自动开始运行。如果需要停止操作，送入一个设置定时器 1 为工作方式 3 的方式字即可。

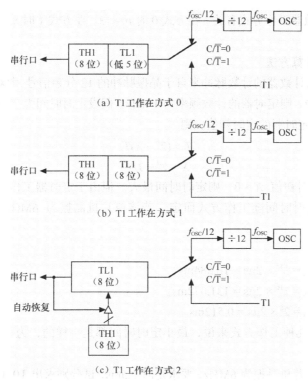

图 6-21　T0 工作在方式 3 情况下的三种 T1 工作方式

6.3.3　定时器/计数器的应用设计

1. 定时器/计数器的初始化编程

由于 80C51 单片机的定时器/计数器是可编程的,所以在使用之前需要进行初始化设置,以确定基本工作方式及计数初值。在编程以前应正确地确定定时器/计数器的工作方式并设定计数初值。一般情况下,包括以下几个步骤。

① 根据定时时间要求或计数要求计算计数器初值。

② 填写工作方式控制字并送至 TMOD 寄存器,例如,赋值语句"MOV　TMOD　#10H"表明定时器 1 工作在方式 1,且工作在定时器方式。

③ 将计数初值的高 8 位和低 8 位送到 THX 和 TLX 寄存器中($X = 0$,1)。

④ 启动定时(或计数),即将 TRX 置位。

GATE = 0 时,直接由软件置位启动;GATE = 1 时,除了软件置位外,还必须在外部中断引脚处加上相应的电平值才能启动。启动指令为"SETB　TR1"。

如果工作于中断方式,需要置位 EA(中断总开关)及 ETX(允许定时器/计数器中断),并编写中断服务程序。

2. 计数器初值计算方法

由于定时器/计数器以加 1 的方式计数,因此与通常用的减 1 计数器算法不同。当定时器/计数器工作在计数方式时,必须给计数器设定初值,并将初值存入 THX 和 TLX 中。计数器在此计数初值的基础上以加法计数,并能在计数器从全 1 变为全 0 时,自动产生溢出中断。所以假设将计数器计满为 0 所需的计数值为 N,应装入的计数初值为 X,n 为计数器的位数,则

$$X = 2^n - N$$

上式中，n 与计数器工作方式有关。在方式 0 时 $n = 13$，在方式 1 时 $n = 16$，在方式 2 和方式 3 时 $n = 8$。

3. 定时器初值计算方法

在定时器模式下，计数器的计数脉冲来自于晶振脉冲的 12 分频信号，即对机器周期进行计数。若选择 12MHz 的晶振，则定时器的计数频率为 1MHz。假设定时时间为 T，机器周期为 T_p，即晶振的 1/12。假设 X 为定时器的定时初值，则

$$T = (2^n - X)T_p$$
$$X = 2^n - T/T_p$$

若设定时器的定时初值 $X = 0$，则定时时间最大。但由于定时器工作在不同工作方式时，n 值不同，所以最大定时时间随工作方式而定。若该单片机晶振为 6MHz，则计数脉冲周期为 $\dfrac{1}{6\text{MHz}} \times 12 = 2\mu s$。

在方式 0 时，$T_{max} = 2^{13} \times 2\mu s = 16.384\text{ms}$。

在方式 1 时，$T_{max} = 2^{16} \times 2\mu s = 131.072\text{ms}$。

在方式 3 时，$T_{max} = 2^{8} \times 2\mu s = 0.512\text{ms}$。

但对于定时器的几种工作方式来说，最小定时时间都是一样的，为一个计数脉冲周期，即 $T_{min} = 2\mu s$。

【例 6-8】 已知单片机晶振为 6MHz，要求定时 0.5ms，试分别求出 T0 工作于方式 0、方式 1、方式 2、方式 3 时的初值。

（1）工作方式 0

$$\text{T0 初值} = 2^{13} - 500\mu s/2\mu s = 8192 - 250 = 7942 = 1F06H$$

1F06H 转化成二进制：1F06H = 0001 1111 0000 0110 B = 1111 1000 00110 B

其中，低 5 位 00110 前添加 3 位 000 送入 TL0，高 8 位送入 TH0。因此

$$\text{TL0} = 0000\ 0110B = 06H$$
$$\text{TH0} = 1111\ 1000B = F8H$$

（2）工作方式 1

$$\text{T0 初值} = 2^{16} - 500\mu s/2\mu s = 65536 - 250 = 65286 = FF06H$$
$$\text{TH0} = FFH，\text{TL0} = 06H$$

（3）工作方式 2

$$\text{T0 初值} = 2^{8} - 500\mu s/2\mu s = 256 - 50 = 6 = 06H$$
$$\text{TH0} = 06H，\text{TL0} = 06H$$

（4）工作方式 3

T0 工作于方式 3 时，被拆成两个 8 位定时器，定时初值可分别计算，计算方法与工作方式 2 相同。两个定时初值一个装入 TL0，另一个装入 TH0。因此 TH0 = 06H，TL0 = 06H。

4. 应用举例

【例 6-9】 要求在 P1.0 引脚输出周期为 400s 的脉冲方波，已知 $f_{osc} = 12\text{MHz}$，试分别用 T1 的工作方式 0、方式 1、方式 2 编制程序。

（1）工作方式 0

计算定时初值：

$$2^{13} - 200\mu s/1\mu s = 8192 - 200 = 7992 = 1F38H$$

$$1F38H=\underline{0001}\ \underline{1111}\ \underline{0011}\ \underline{1000}\ B=000\ \underline{11111001}\ \quad \underline{11000}B$$

TH1=F9H，TL1=18H。

设置 TMOD：

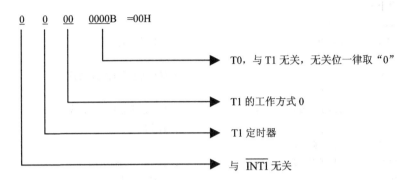

编写程序如下：

```
          ORG    0000H
          LJMP   MAIN              ; 转向主程序
          ORG    001BH
          LIMP   IT1               ; 转向 T1 中断服务程序
          ORG    0100H
MAIN:     MOV    TMOD,#0000 0000B  ; T1 定时器工作在方式 0
          MOV    TH1,#0F9H         ; 置定时初值
          MOV    TL1,18H
          MOV    IP,#00001000B     ; 置 T1 为高优先级
          MOV    IE, #0FFHH        ; 全部开中断
          SETB   TR1               ; T1 运行
          SJMP   $                 ; 等待 T1 中断
          ORG    0200H
IT1:
          CPL    P1.0              ; 输出波形，取反
          MOV    TH1,#0F9H         ; 重置 T1 初值
          MOV    TL1,#18H
          RETI                     ; 中断返回
          END
```

（2）工作方式 1

设置 TMOD：

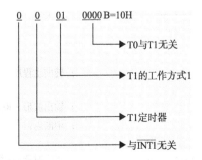

定时初值的计算：

$$2^{16} - 200\mu s/1\mu s = 65536 - 200 = 65336 = FF38H$$

$$TH1=FFH，TL1=38H。$$

编制程序如下：

```
            ORG     0000H
            LIMP    MAIN                    ; 转向主程序
            ORG     001BH
            LJMP    IIT1                    ; 转向 T1 中断服务程序
            ORG     0100H
MAIN：      MOV     TMOD,#0001 0000B        ; T1 定时器工作在方式 1
            MOV     TH1,#0FFH               ; 置定时初值
            MOV     TL1,#38H
            MOV     IP,#00001000B           ; 置 T1 为高优先级
            MOV     IE,#0FFH                ; 全部开中断
            SETB    TR1                     ; T1 运行
            SJMP    $                       ; 等待 T1 中断
            ORG     0200H
IIT1：      CPL     P1.0                    ; 输出波形，取反
            MOV     TH1,#0FFH               ; 重置 T1 的初值
            MOV     TL1,#18H
            RETI                            ; 中断返回
            END
```

（3）工作方式 2

定时初值的计算：

$$2^8 - 200\mu s/1\mu s = 256 - 200 = 56 = 38H$$

$$TH1 = 38H，TL1 = 38H。$$

设置 TMOD：

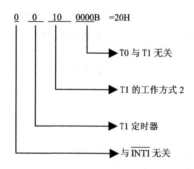

编写程序如下：

```
            ORG     0000H
            LJMP    MAIN                    ; 转向主程序
            ORG     001BH
            CPL     P1.0                    ; 输出波形，取反
            RETI                            ; 中断返回
            ORG     0100H
MAIN：MOV        TMOD, #00100000B          ; 置定时器/计数定时器为方式 2
      MOV        TL1,#38H                  ; 置定时初值
```

MOV	TH1,#38H	; 置定时初值备份
MOV	IP,#00001000B	; 置 T1 为高优先级
MOV	IE,#0FFH	; 全部开中断
SETB	TR1	; T1 运行
SJMP	$	; 等待 T1 中断
END		

6.3.4　阶段实践

1. 实现一个 10s 的倒计时器

分析：如图 6-11 所示，使用定时/计数器来完成 1s 的定时，但是通过各定时器工作方式的最大定时时间的计算，我们发现一次定时不能满足 1s 这个单位时间要求，在此我们可以将这个单位时间再进行细分。

本程序实现的倒计时的功能，通过按键 K 来启动这个倒计时过程。程序清单如下：

```
#include<reg51.h>
//共阳极数码管的段码
unsigned char dispcode[]={0xc0,0xf9,0xa4,0xb0,0x99,0x92,0x82,0xf8,0x80,0x90};
sbit P33 = P3^3;
void delay10ms(int n);
char i=0;                  //用于索引段码值
char n=0;                  //用于记录定时中断次数，中断一次 10ms，中断 100 次达 1s
void  main(void)
{
    EA = 1;                //开总中断
    IT1=1;                 //中断方式为跳变
    EX1 = 1;               //打开外部中断 1
    ET0 = 1;               //开定时器 0 中断允许
    TMOD = 0x01;           //设置定时方式
    TH0 = 0xD8;
    TL0 = 0xF0;            //设定定时初值
    while(1)               //等待中断
    {
    /*在此可以实现其他任务*/
    }
}
//10ms 延时函数
void delay10ms(int n)
{
    int i=0,j;
    while(n--)
      {
    for(i=0;i<10;i++)
    {
        for(j = 0; j < 125; j++);
    }
      }
}
void keyISR() interrupt 2      //按键中断服务程序
{
```

```
    EA = 0;                      //关中断
    delay10ms(2);                //延时消抖
    if (!P33)                    //确认按键按下，滤除键盘抖动干扰
    {
    P1 = 0xff;                   //数码管熄灭
    i = 9;
    n = 0;
    TR0 = 0;
    TH0 = 0xD8;
    TL0 = 0xF0;                  //设定定时初值
    TR0 = 1; //启动定时器运行
    }
EA = 1;
}
void T0ISR() interrupt 1         //定时器0中断服务程序
{
EA = 0;                          //关中断
TH0 = 0xD8;
TL0 = 0xF0;                      //重新设定定时初值
n++;
if(n==100)
{
    n = 0;
    P1 = dispcode[i];            //数码管更新显示
    if(i == 0)
    {
            TR0 = 0;
        }else
        {
        i--;
        }
    }
EA = 1;
}
```

2. PWM 直流电机调速

PWM 信号是一种具有固定周期（T）不定占空比（t）的数字信号，如图 6-22 所示。如果 PWM 信号的占空比随时间变化，那么通过滤波之后的输出信号将是幅度变化的模拟信号。因此通过控制 PWM 信号的占空比，就可以产生不同的模拟信号。

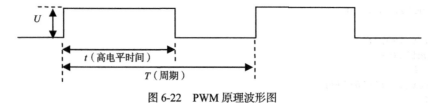

图 6-22　PWM 原理波形图

我们可以通过公式估算出 PWM 输出周期内的平均电压，这个电压加载到直流电机上就会产生不同的转速。

$$U_{平均} = t/T*U_p$$

其中，$U_{平均}$是调速的平均电压；t/T是占空比；U_p是输出脉冲的峰值电压。这一 I/O 输出信号

是数字量，不能够直接驱动直流电机，还要在单片机的 I/O 口和直流电机之间加上功率电路。在此我们选择专用的 H 桥驱动芯片 L293D，仿真电路如图 6-23 所示。

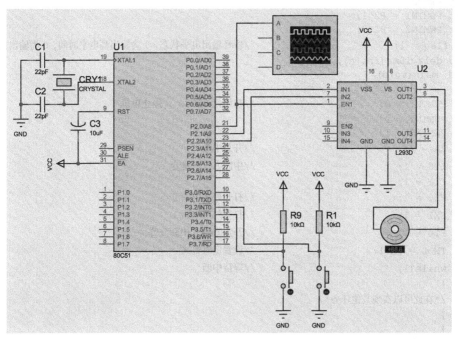

图 6-23　直流电机调速仿真电路图

由于 80C51 单片机不具备 PWM 输出模块，因而 PWM 信号需要使用定时器控制 I/O 引脚来进行模拟。在此程序通过定时器获得 T 和 t 的时间，再控制引脚 P2.0 输出 PWM 信号控制 L293D 的使能端 EA1。Proteus 仿真电路图元件见表 6-7。

表 6-7　　　　　　　　　　　　直流电机调速仿真电路图元件表

序　　号	元 件 名 称	仿真库名称	备　　注
U1	80C51	Microprocessor ICs	微处理器库→80C51
C1、C2	AVX0402NPO22P	Capacitors	电容库→22pF 瓷片电容
C3	CAP-POL	Capacitors	电容库→10μF 电解电容
CRY1	CRYSTAL	Miscellaneous	杂项库→晶振（需设置频率）
MOTOR	MOTOR-DC	Electromechanical	直流电机
L293D	L293D	Analog ICs	H 桥驱动芯片

表 6-7 中 L293D 的功能和用法可查阅相关资料。仿真的过程中可以在 PWM 的输出引脚 P2.0 连接一个虚拟示波器，在控制电机转动速度的同时观察 PWM 的输出波形，仿真效果如图 6-24 所示。

程序清单：

```
#include<reg51.h>
#define Tpwm 0xfc18//PWM周期对应的计数值1ms，基于12MHz晶振
unsigned int duty[]={0,/*0*/
0xff9c/*100us*/,0xff38/*200us*/,0xfed4/*300us*/,\
0xfe70/*400us*/,0xfe0c/*500us*/,0xfda8/*600us*/,\
0xfd44/*700us*/,0xfce0/*800us*/,0xfc7c/*900us*/,\
0xfc18/*1000us*/};                //PWM高电平时间
```

```
        unsigned char i=0;
        sbit P32 = P3^2;
        sbit P33 = P3^3;
        sbit PWMOUT = P2^0;
        sbit PWMIN1 = P2^1;
        sbit PWMIN2 = P2^2;
        bit flag = 1;                       //PWM 输出电平状态，1 为输出高电平时间，0 为输出低电平时间
        void delay10ms(int n);
        void  main(void)
        {
            PWMOUT = 0;                     //初始化 L293D，停止电机
            PWMIN1 = 0;
            PWMIN2 = 1;
            EA = 1;                         //开总中断
            ITO = 1;                        //中断方式为跳变
            IT1 = 1;
            EX0 = 1;                        //打开外部中断 0
            EX1 = 1;                        //打开外部中断 1
            ET0 = 1;                        //开定时器 0 中断允许
            TMOD = 0x01;                    //设置定时方式
            while(1)                        //等待中断
            {
            /*在此可以实现其他任务*/
            }
            }
    //10ms 延时函数
    void delay10ms(int n)
    {
        int i=0,j;
    while(n--)
     {
        for(i=0;i<10;i++)
        {
        for(j = 0; j < 125; j++);
        }
     }
    }
    void keySpeeddownISR() interrupt 0 //按键中断服务程序
    {
    EA = 0;                             //关中断
    delay10ms(2);                       //延时消抖
    if (!P32)                           //确认按键按下，滤除键盘抖动干扰
    {//减少 PWM 高电平时间
        if(i>0)
            i--;
        if((TR0=1) && (i == 0))
        {
            TR0 = 0;
            PWMOUT = 0;
        }
    }
    EA = 1;
    }
    void keySpeedupISR() interrupt 2  //按键中断服务程序
    {
    EA = 0;                             //关中断
```

```
    delay10ms(2);                        //延时消抖
    if (!P33)                            //确认按键按下,滤除键盘抖动干扰
    {                                    //增加 PWM 高电平时间
        if(i<=10)
            i++;
        if((TR0 == 0) && (i > 0))
        {                                //启动 PWM,电机顺时针旋转
            PWMIN1 = 0;
            PWMIN2 = 1;
            PWMOUT = 1;
            TH0 = duty[i]>>8;
            TL0 = duty[i]&0xff;
            TR0 = 1;
            flag = 1;
        }
    }
    EA = 1;
}
void T0ISR() interrupt 1                  //定时器 0 中断服务程序
{
    EA = 0;                               //关中断
    if(flag)
    {                                     //高电平时间结束,输出低电平补齐 PWM 周期
        PWMOUT = 0;
        TH0 = (65535-(duty[i]-Tpwm))>>8;
        TL0 = (65535-(duty[i]-Tpwm))&0xff;
        flag = 0;
    }else
        {//周期结束
        PWMOUT = 1;
        TH0 = duty[i]>>8;
        TL0 = duty[i]&0xff;
        flag = 1;
    }
    EA = 1;
}
```

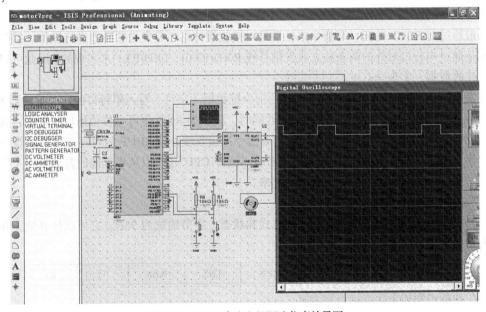

图 6-24　PWM 直流电机调速仿真效果图

6.4 串 行 接 口

80C51 内部有一个可编程全双工串行接口，具有 UART（通用异步接收和发送器）的全部功能，该串行口有 4 种工作方式，以供不同场合使用。波特率可由软件设置，通过对串口编程，可以实现双机通信及多机通信。

6.4.1 串行口的内部结构

80C51 单片机串行口的内部有三个特殊功能寄存器为 SBUF、SCON、PCON，如图 6-25 所示。

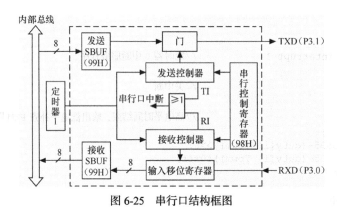

图 6-25　串行口结构框图

1. 串行口数据缓冲器 SBUF

80C51 单片机有两个物理上独立的接收、发送缓冲器 SBUF（属于特殊功能寄存器）：一个用作发送，一个用作接收。发送缓冲器只能写入，不能读出，写入的数据存储在 SBUF 发送缓冲器中，用于串行发送；接收缓冲器只能读出，不能写入。两者共用一个字节地址（99H）。串行口结构如图 6-25 所示。

一般通过对 SBUF 的读、写指令来区别是对接收缓冲器还是发送缓冲器进行操作。接收或发送数据是通过串行口对外的两条独立收发信号线 RXD(P3.0)、TXD(P3.1) 来实现的。因此可以同时发送、接收数据，实现全双工。

在发送时，CPU 由一条写发送缓冲器的指令把数据（字符）写入串行口的发送缓冲器 SBUF 中，然后从 TXD 端一位位地向外发送。与此同时，接收端 RXD 也可一位位地接收数据，直到收到一个完整的字符数据后通知 CPU，再用一条指令把接收缓冲器 SBUF 的内容读入累加器。可见，在整个串行收发过程中，CPU 的操作时间很短，使得 CPU 还可以从事其他的各种操作（指工作在中断方式下），从而大大提高了 CPU 的效率。

2. 串行口控制寄存器 SCON

SCON 寄存器用来控制串行口的工作方式和状态，字节地址为 98H。它可以位寻址。在复位时所有位被清零。SCON 的格式如下所示。

SM0	SM1	SM2	REN	TB8	RB8	TI	RI

各位功能说明如下。

- SM0、SM1：串行口工作方式选择位，其定义见表 6-8。

表 6-8　　　　　　　　　　　　　　　　串行口工作方式

SM0	SM1	工 作 方 式	功 能 说 明
0	0	0	同步移位寄存器输入/输出，波特率为 $f_{osc}/12$
0	1	1	8 位 UART，波特率可变（TI 溢出率/n，$n=16$ 或 32）
1	0	2	9 位 UART，波特率为 f_{osc}/n（$n=32$ 或 64）
1	1	3	9 位 UART，波特率可变（TI 溢出率/n，$n=16$ 或 32）

- SM2：多机通信控制位，用于方式 2 和方式 3 中。在方式 2 和方式 3 处于接收方式时，若 SM2 = 1，表示置多机通信功能。如果接收到的第 9 位数据 RB8 为 1，则将数据装入 SBUF，并置 RI = 1，向 CPU 申请中断；如果接收到的第 9 位数据 RB8 为 0，则不接收数据，RI = 0，不向 CPU 申请中断。若 SM2 = 0，不论接收到的第 9 位 RB8 是 0 还是 1，TI、RI 都以正常方式激活，接收到的数据装入 SBUF。在方式 1 中，若 SM2 = 1，则只有收到有效的停止位后，RI = 1。在方式 0 中，SM2 = 0。
- REN：允许串行接收控制位。REN = 1 时，允许接收；REN = 0 时，禁止接收。
- TB8：发送数据的第 9 位。在方式 2 和方式 3 中，TB8 是第 9 位发送数据，可作为奇偶校验位。在多机通信中，可作为区别地址帧或数据帧的标识位，一般约定发送地址帧时 TB8 为 1，发送数据帧时 TB8 为 0。TB8 由软件置位或复位。
- RB8：接收数据的第 9 位。在方式 2 和方式 3 中，接收第 9 位数据。在方式 1 中，若 SM2 = 0，则 RB8 用于存放接收到的停止位方式；在方式 0 中，不使用 RB8。
- TI：发送中断标志位。用于指示一帧数据发送完否。在方式 0 中，发送电路发送完第 8 位数据时，由硬件置位；在其他方式中，在发送停止位时由硬件置位。因此，TI 是发送完一帧数据的标志，当 TI = 1 时，向 CPU 申请串行中断，响应中断后，必须由软件清除 TI。也就是说，TI 在发送前必须由软件复位，发送完一帧后由硬件置位。因此，CPU 查询 TI 状态便可知一帧信息是否已发送完毕。
- RI：接收中断标志位。用于指示一帧信息是否接收完毕。在方式 1 中，接收到第 8 位数据时由硬件置位；在其他方式中在接收停止位的中间点由硬件置位。接收完一帧数据后 RI = 1，向 CPU 申请中断，供 CPU 查询，以决定 CPU 是否需要从 SBUF（接收）中提取接收到的字符或数据。RI 由软件复位。

在进行串行通信时，当一帧信息发送完时，必须用软件来设置 SCON 的内容。当由指令改变 SCON 的内容时，改变的内容是在下一条指令的第一个周期的 S1P1 状态期间才锁存到 SCON 寄存器中，并开始有效。如果此时已开始进行串行发送，那么 TB8 送出去的仍是原有的值，而不是新值。

在进行串行通信时，当一帧信息发送完毕时，发送中断标志置位，向 CPU 请求中断；当一帧信息接收完毕时，接收中断标志置位，也向 CPU 请求中断。若 CPU 响应中断，则要进入中断服务程序。CPU 事先并不能区分是 RI 请求中断还是 TI 请求中断，只有在进入中断服务程序后通过查询来区分，然后进入相应的中断处理。

SCON 的所有位复位时均被清零。

3. 电源及波特率选择寄存器 PCON

PCON 主要是为 CHMOS 型单片机的电源控制而设置的专用寄存器，没有位寻址功能。字节地址为87H。在HMOS的80C51单片机中，PCON只有最高位被定义，其他位都是虚设的。PCON的各位定义如下：

PCON(87H)

SMOD	SS	SS	SSSS	GF11	GF00	PPDD	IDLL

PCON的最高位SMOD为串行口波特率的倍增位。在方式1、2和3时，串行通信的波特率与SMOD有关。当SMOD＝1时，通信波特率加倍；当SMOD＝0时，波特率不变。其他各位为掉电方式控制位。

6.4.2 串行口的工作方式

串行口有4种工作方式，通过SCON中的SM1、SM0位来决定，见表6-8。

1. 工作方式0

在工作方式0下，串行口为同步移位寄存器方式，波特率固定为$f_{osc}/12$。串行数据从RXD(P3.0)端输入或输出，同步移位脉冲由TXD(P3.1)送出。移位数据的发送和接收以8位为一帧，无需起始位和停止位。常用于扩展I/O接口。

（1）数据发送

数据从RXD引脚串行输出，TXD引脚输出同步脉冲。当一个数据写入串行口发送缓冲器时，SBUF串行口将8位数据以$f_{osc}/12$的固定波特率从RXD引脚输出（从低位到高位）。发送完后置中断标志TI为1，请求中断，在再次发送数据之前，必须用软件将TI清零。

（2）数据接收

在满足REN＝1和RI＝0的条件下，串行口处于方式0输入。此时，RXD为数据输入端，TXD为同步信号输出端，接收器也以$f_{osc}/12$的波特率对RXD引脚输入的数据信息采样。当接收器接收完8位数据后，置中断标志RI为1，请求中断，在再次接收之前，必须用软件将RI清零。

在方式0下工作时，SCON寄存器中的TB8位不使用，SM2位（多机通信控制位）必须为"0"。

2. 工作方式1

在工作方式1下，串行口为波特率可变的8位通用异步通信接口。当SCON中的SM0、SM1两位为01时，串行口以方式1工作，此时串行口为8位异步通信接口。一帧格式为10位：1位起始位、8位数据位（低位在前）和1位停止位。TXD为发送端，RXD为接收端，波特率可变。

（1）数据发送

发送时，数据从TXD端输出。当执行"MOV SBUF, A"指令时，数据被写入发送缓冲器SBUF，并启动发送器发送。当发送完一帧数据后，置中断标志TI为1。方式1所传送的波特率取决于定时器T1的溢出率和特殊功能寄存器PCON中SMOD的值，这些将在下一小节中详细说明。

（2）数据接收

当串行口置为方式1，且REN＝1时，串行口处于方式1的接收状态。它以所选波特率的16倍的速率对RXD引脚状态采样。当采样到由1到0跳变时，确认是起始位"0"，启动接收器开始接收一帧数据。

当RI＝0且接收到停止位为1（或SM2＝0）时，将停止位送入RB8，8位数据送入接收缓冲器SBUF，同时置中断标志RI＝1。所以，在方式1下接收数据时，应先用软件清除RI或SM2标志。若上述两个条件不满足，信息将丢失。这时将重新检测RXD上的1到0的负跳变，以接收下一帧数据。中断标志RI必须由用户在中断服务程序中清零。

3. 工作方式 2

在工作方式 2、方式 3 下，串行口为 9 位异步通信接口，发送、接收一帧信息为 11 位，即 1 位起始位、8 位数据位、1 位可控位和 1 位停止位。其传送波特率与 SMOD 有关。其数据帧格式如下所示：

0	D0	D1	D2	D3	D4	D5	D6	D7	0/1	1
起始位				8 位数据					奇偶校验	停止位

（1）数据发送

发送数据由 TXD 端输出，附加的第 9 位数据为 SCON 中的 TB8（由软件设置）。使用指令将要发送的数据写入 SBUF，即可启动发送器。送完一帧信息时，TI 由硬件置 1。

发送一帧信息为 11 位，其中，可控位 0/1 为 SCON 中的 TB8，它由软件置位或清零，可作为多机通信中地址、数据信息的标志位，也可作为数据的奇偶校验位。

下面的发送中断服务程序中，以 TB8 作为奇偶校验位，处理方法为在数据写入 SBUF 之前，先将数据的奇偶位写入 TB8。CPU 执行一条写 SBUF 的命令后，便立即启动发送器发送，发送完一帧信息后，TI 被置 1，再次向 CPU 申请中断。因此在进入中断服务子程序后，必须将 TI 清零。

```
PIPL:   PUSH    PSW         ; 保护现场
        PUSH    A
        CLR     TI          ; 清零发送中断标志
        MOV     A, @R0      ; 取数据
        MOV     C, P        ; 奇偶位送 C
        MOV     TB8, C      ; 奇偶位送 TB8
        MOV     SBUF, A     ; 发送数据
        INC     R0          ; 数据指针加 1
        POP     A           ; 恢复现场
        POP     PSW
        RETI
```

（2）数据接收

当 REN = 1 时，允许接收数据。方式 2 的接收与方式 1 基本相似。数据由 RXD 端输入，接收 11 位信息。CPU 开始不断采样 RXD，当 RXD 端发生由 1 到 0 的负跳变，并判断起始位有效后，便开始接收一帧信息，当同时满足 RI = 0 且 SM2 = 0 或接收到的可控位为 1 时，将 8 位数据送入 SBUF 中（接收数据缓冲器），当接收器接收到的可控位送入 RB8 中，并令 RI = 1。若以上两个条件不满足，则无法接收数据。若可控位为奇偶校验位，在接收中断服务程序中应做检验处理，参考程序如下：

```
        PUSH    PSW         ; 保护现场
        PUSH    A
        CLR     RI          ; 清零，接收中断标志
        MOV     A, SBUF     ; 接收数据
        MOV     C, P        ; 取奇偶校验位
        JNC     L1          ; 偶校验时转 L1
        JNB     RB8,ERR     ; 奇校验且 RB8 为 0 时转出错处理
PIPL:   SJMP    L2
L1:     JB      RB8,ERR     ; 偶校验且 RB8 为 1 时转出错处理
```

```
L2:      MOV     @R0,A           ; 奇偶校验正确时存入数据
         INC     R0              ; 修改指针
         POP     A
         POP     PSW             ; 恢复现场
         RETI                    ; 中断返回
ERR:                             ; 出错处理
         RETI                    ; 中断返回
```

4. 工作方式 3

当 SM0、SM1 两位为 11 时，串行口工作在方式 3，方式 3 为波特率可变的 9 位异步通信方式，除了波特率外，方式 3 和方式 2 相同，方式 3 的波特率由下式确定：

$$波特率 = 2^{SMOD} \times 定时器\ T1\ 的溢出率$$

6.4.3 串行口的波特率

80C51 单片机串行通信的波特率随串行口工作方式选择的不同而异，它除了与系统的振荡频率 f_{OSC} 和电源控制寄存器 PCON 的 SMOD 位有关外，还与定时器 T1 的设置有关。收发双方必须采用相同的波特率。方式 0 和方式 2 的波特率是固定的；方式 1 和方式 3 的波特率是可变的，由定时器 T1 的溢出率决定。

1. 方式 0 和方式 2

在方式 0 中，波特率为时钟频率的 1/12，即 $f_{OSC}/12$，固定不变。

在方式 2 中，波特率取决于 PCON 中的 SMOD 值，选定公式为波特率 = $2^{SMOD} \times f_{OSC}/64$，固定为两种：当 SMOD = 1 时，波特率为 $f_{OSC}/32$；当 SMOD = 0 时，波特率为 $f_{OSC}/64$。

2. 方式 1 和方式 3

在方式 1 和方式 3 下，波特率由定时器 T1 的溢出率和 SMOD 共同决定，因而波特率也是可变的，相应公式为

$$波特率 = 定时器\ T1\ 的溢出率 \times 2^{SMOD}/32$$

溢出率为溢出周期的倒数，所以波特率为

$$波特率 = \frac{2^{SMOD}}{32} \times \frac{f_{OSC}}{12(2k - X)}$$

定时器 T1 的溢出率取决于定时器 T1 的预置值，因而波特率也是可变的。通常定时器选用工作方式 2，即自动重装载的 8 位定时器，此时 TL1 作为计数用，自动重载值并存于 TH1 内。设定时器的预置值（初始值）为 X，那么每过 $256 - X$ 个机器周期，定时器溢出一次，此时应禁止 T1 中断。T1 的溢出周期为

$$\frac{f_{OSC}}{12} \times \frac{1}{2n - X}$$

式中，n 为定时器 T1 的位数，它和定时器 T1 的设定方式有关，即

若定时器 T1 采用方式 0，则 $n = 13$；

若定时器 T1 采用方式 1，则 $n = 16$；

若定时器 T1 采用方式 2 或方式 3，则 $n = 8$。

其实定时器 T1 通常采用方式 2，因为定时器 T1 在方式 2 下工作才产生溢出，在方式 2 下 THI 和 TL1 分别设定为两个 8 位重装计数器（当 TL1 从全"1"变为全"0"时，TH1 重装 TL1）。这

种方式不仅可使操作方便，也可避免因为重装初值（时间常数初值）而带来的定时误差。

方式 1 或方式 3 下所选择的波特率常常需要通过计算来确定初值。

6.4.4　SMOD 位对波特率的影响

在波特率的设置中，SMOD 位影响波特率的准确度的问题值得注意。

【例 6-10】设定波特率为 2400bit/s，f_{OSC}=6MHz 时，SMOD 可以任选为 0 和 1，计算当 SMOD 取不同的值时对应的波特率及误差。

解：当选择 SMOD = 0 时

$$计数常数 N = 256 - \frac{2^{SMOD} \times f_{OSC}}{波特率 \times 32 \times 12}$$

$$= 256 - \frac{2^0 \times 6 \times 10^6}{2400 \times 32 \times 12} \approx 249 = F9H$$

将此值置入 TH1，可求得实际的波特率及误差为

$$波特率 = \frac{2^{SMOD}}{32} \times \frac{f_{OSC}}{12 \times (2^8 S - N)} = \frac{2^0}{32} \times \frac{6 \times 10^6}{12 \times (2^8 - F9H)} \approx 2232.1$$

$$波特率误差 = \frac{2400 - 2232.1}{2400} = 7\%$$

当 SMOD = 1 时

$$计数常数 N = 256 - \frac{2^1 \times 6 \times 10^6}{2400 \times 32 \times 12} \approx 243 = F3H$$

将此值置入 TH1，可得实际的波特率及误差为

$$波特率 = \frac{2^1}{32} \times \frac{6 \times 10^6}{12 \times (2^8 - F3H)} \approx 2403.85$$

$$波特率误差 = \frac{2403.85 - 2400}{2400} = 0.16\%$$

上面的分析说明了 SMOD 值虽然是可以任意选择的值，但在某些情况下会直接影响波特率的误差范围，通常波特率相对误差不大于 2.5%，为了保证通信的可靠性，当不同机种相互之间进行通信时，尤其要注意这一点。

【例 6-11】已知通信波特率为 2400bit/s，f_{OSC} = 11.0592MHz，T1 工作在方式 2，其 SMOD = 0，计算 T1 的初值 X。

解：波特率 = $2^{SMOD}/32 \times n$，求得 $n = 76800$。

根据 $n = f_{OSC}/[12 \times (2K - X)]$，求得 $X = 244 = F4H$，相应的程序为

```
MOV     TMOD,#20H
MOV     TL1, #0F4H
MOV     TH1, #0F4H
SETB    TR1
```

6.4.5　80C51 单片机串口通信应用

80C51 单片机串行通信技术根据其应用可分为双机通信和多机通信，即不但可以进行单片机

之间双机（点对点）、多机的串行通信，又可以进行单片机与计算机间的串行通信。

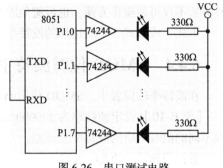

图6-26　串口测试电路

1. 单片机串行通信口测试

【例6-12】 如图6-26所示，将单片机的发送端与接收端接在一起，可以测试单片机的串口通信功能。设单片机的主频为6MHz，波特率为2400bit/s。程序执行后，8个发光二极管闪烁表示通信正常。定时器采用工作模式2，初值为FAH，程序如下：

```
        ORG    0000H
        MOV    TMOD,#20H        ; 定时器1设为方式2
        MOV    TL1,#0FAH
        MOV    TH1,#0FAH        ; 置定时器初值
        SETB   TR1              ; 启动T1
        MOV    SCON,#50H        ; 串口设置为方式1，REN=1
STA:    CLR    TI               ; 清发送标志
        MOV    P1,#00H          ; 发送亮灯信号
        ACALL  DELAY            ; 调用延时子程序
        MOV    A,#0FFH
        MOV    SBUF,A           ; 发送灭灯信号
JXFS:   JNB    TI,JXFS          ; 发送等待标志
JXJS:   JNB    RI,JXJS          ; 接收等待标志
        CLR    RI               ; 清接收标志
        MOV    A,SBUF           ; 接收数据
        MOV    P1,A             ; 接收数据（灭灯信号），送P1口
        ACALL  DELAY            ; 调用延时子程序
        SJMP   STA              ; 重复
DELAY:  MOV    R0,#0FFH         ; 延时子程序
DAL:    MOV    R1,#0FFH
DAL1:   DJNZ   R1,DAL1
        DJNZ   R0,DAL
        RET
        END
```

2. 80C51单片机双机通信技术

如果两个单片机应用系统相距很近，可将它们的串行口直接相连，即可实现双机通信，如图6-27所示。

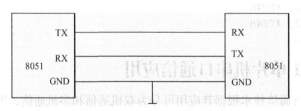

图6-27　双机异步通信接口电路

152

为了增加通信距离，减少通道及电源干扰，可以在通信线路上采取光电隔离的方法，利用 RS-422 标准进行双机通信。一种实用的接口电路如图 6-28 所示。

发送方的数据由串行口 TXD 端输出，通过 74LS05 反向驱动，经过光电耦合器至平衡差分长线驱动芯片 75174 的输入端，75174 将输入的 TTL 信号变换成符合 RS-422 标准的差动信号输出，经过传输线（双绞线）将信号传送到接收端。接收方通过平衡差分长线接收芯片 75175 将差分信号转换成 TTL 电平信号，通过反向驱动后，经过光电耦合器到达接收方串行口的接收端。其中，每个通道的接收端都接有三个电阻 R1、R2、R3，R1 为传输线的匹配电阻，取值范围为 100Ω ~ 1kΩ，其他两个电阻是为了解决第 1 个数据的误码而设置的匹配电阻（光电耦合器必须使用两组独立的电源，方能起到隔离、抗干扰的作用）。

【例 6-13】 利用方式 1 实现单片机双机通信，主频为 6MHz，波特率为 2400bit/s，当两个单片机距离较近时，甲、乙两机的发送端与接收端分别直接相联，两机共地。执行程序后，甲机将亮灯信号发送给乙机，若通信正常，乙机接收到信号后点亮 8 个发光二极管。电路原理图如图 6-28 所示，下面介绍甲机发送程序和乙机采用查询与中断两种工作方式接收的程序。

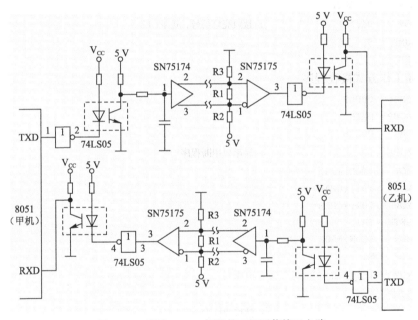

图 6-28　采用 RS-422 标准的双机通信接口电路

甲机发送程序如下：

```
        ORG     0000H
STA:    MOV     TMOD,#20H        ; 设置波特率
        MOV     TL1,#0FAH
        MOV     TH1,#0FAH
        SETB    TR1
        MOV     SCON,#40H        ; 置工作方式 1
        CLR     TI
        MOV     A,#00H
        MOV     SBUF,A           ; 发送亮灯信号
WAIT:   JBC     TI,CONT          ; 发送成功，清标志
```

```
        AJMP    WAIT            ; 等待发送完毕
CONT:   SJMP    STA             ; 重复发送
        END
```

乙机查询工作方式接收程序如下：

```
        ORG     0000H
        MOV     TMOD,#20H       ; 设置通信波特率
        MOV     TL1,#0FAH
        MOV     TH1,#0FAH
        SETB    TR1
        MOV     SCON,#40H
        CLR     RI
        SETB    REN             ; 允许接收
WAIT:   JBC     RI,READ         ; 接收成功，清标志
        AJMP    WAIT            ; 接收未完，等待
READ:   MOV     A ,SBUF
        MOV     P1,A            ; 接收亮灯信号，送 P1 口
        SJMP    $
        END
```

乙机中断工作方式接收程序：

```
        ORG     0000H
        AJMP    MAIN
        ORG     0023H
        AJMP    ZD              ; 转串口中断程序
MAIN:   MOV     TMOD,#20H
        MOV     TL1,#0FAH
        MOV     TH1,#0FAH
        SETB    TR1
        MOV     SCON,#50H
        CLR     RI
        MOV     IE,#90H         ; 开中断
        SJMP    $
ZD:     CLR     RI              ; 清接收标志
        MOV     A ,SBUF         ; 读接收信号
        MOV     P1,A
        RETI                    ; 中断返回
        END
```

6.4.6 阶段实践

对于串口通信的实例，需要使用双机环境（即一台计算机、一个单片机实验板），对于 Proteus 仿真实例来说，可以使用虚拟串口软件（Virtual Serial Ports Driver XP）来实现在一台 PC 上完成实验。首先，通过该软件虚拟出两个串口（COM3、COM4），并建立这两个串口的虚拟连接，如图 6-29 和图 6-30 所示，然后，在 Proteus 仿真实例中绘制单片机端电路图，COM3 由 Proteus 的 COMPIM 元件使用，作为单片机的串口元件；COM4 由计算机的串口调试软件或超级终端使用，

超级终端的配置如图 6-31、图 6-32、图 6-33 所示。

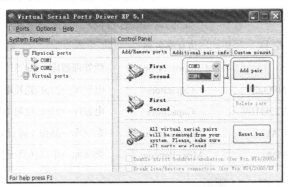

图 6-29　VSPD 虚拟串口选择

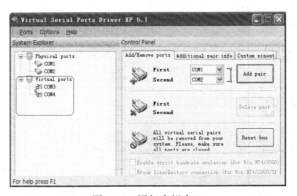

图 6-30　添加虚拟串口

图 6-31　超级终端选择串口

图 6-32　超级终端端口属性设置

图 6-33　超级终端工作界面

Proteus 电路图元件见表 6-9。

表 6-9   串口仿真电路图元件表

序　号	元 件 名 称	仿真库名称	备　注
U1	80C51	Microprocessor ICs	微处理器库→80C51
C1、C2	AVX0402NPO22P	Capacitors	电容库→22pF 瓷片电容
C3	GENELECT22U16V	Capacitors	电容库→22μF 电解电容
CRY1	CRYSTAL	Miscellaneous	杂项库→晶振（需设置频率）
P1	COMPIM	Miscellaneous	杂项库→串口仿真元件

Proteus 仿真电路图如图 6-34 所示。

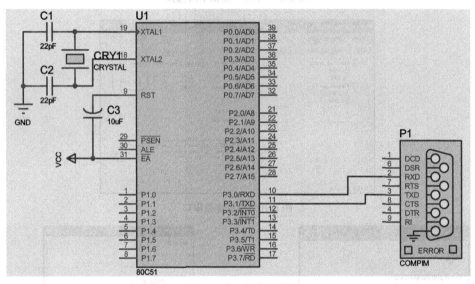

图 6-34　串口仿真电路图

对于实施电路焊接时，仿真电路图 6-34 中的 P1 要使用 MAX232 芯片进行电平转换才能够进行 RS232 的通信。

1. 串口数据发送

此实践实现单片机通过串口循环发送数据。使用了串口工作方式 1，波特率 9600bit/s，8 位数据，1 位停止位，无校验位（晶振频率为 11.0592MHz）。终端显示效果如图 6-35 所示。

图 6-35　51 串口发送字符

程序清单:

```c
#include <reg51.h>
//初始化串行通信口，设置串口工作方式1，波特率9600bit/s
void uartInit(void)    //设置8位数据，1位停止位，无校验位（晶振频率为11.0592MHz）
{
    //设定串行口工作方式，按位与、或用于保护寄存器其他位
    SCON = (SCON & 0x2f) | 0x50;
    PCON |= 0x80; //波特率倍增
    TMOD |= 0x20; //定时器1工作于8位自动重载模式，用于产生波特率
    TH1 = 0xfa; // 波特率9600
    TL1 = 0xfa;
    TR1 = 1;//启动T1波特率生成器
    ES = 0; //不使用串口中断
}
void sendchar(char a) //字符发送
{
    SBUF = a;
    while(!TI);
    TI = 0;
}
void main(void)
{
    uartInit();
    sendchar(0x0c);//发送清屏字符
    while(1)
    {
        sendchar('W');
        sendchar('e');
        sendchar('l');
        sendchar('c');
        sendchar('o');
        sendchar('m');
        sendchar('e');
        sendchar(' ');
        sendchar('t');
        sendchar('o');
        sendchar(' ');
        sendchar('C');
        sendchar('5');
        sendchar('1');
        sendchar(' ');
        sendchar('W');
        sendchar('o');
        sendchar('r');
        sendchar('l');
        sendchar('d');
        sendchar('!');
        sendchar(0x0a);
        sendchar(0x0d);//回车、换行等特殊字符参见ASCII码表
    }
}
```

2. 串口数据接收

下面实现了中断的方式从串行总线接收数据的功能。使用了串口工作方式 1，波特率 9600bit/s，8 位数据，1 位停止位，无校验位（晶振频率为 11.0592MHz）。本例中通过超级终端使用 PC 键盘输入数字，51 单片机串口接回的数字字符经过转换由数码管进行显示。仿真电路图如图 6-36 所示。

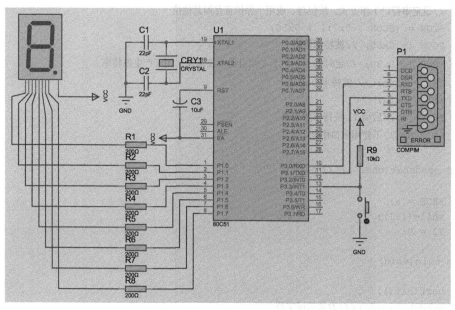

图 6-36　单片机串口仿真电路图

程序清单：

```c
#include <reg51.h>
unsigned char dispcode[]={0xc0,0xf9,0xa4,0xb0,0x99,0x92,0x82,0xf8,0x80,0x90};
char i=0;
char x;
void serial() interrupt 4                //创建串口中断
{
    EA=0;                                //关总中断
    if(RI)
    {                                    //接收到一个字符
        RI=0;
        x=SBUF;
        SBUF = 0x0c;                     //超级终端清屏
        while(!TI);
        TI = 0;
        SBUF = x;                        //字符回显
        while(!TI);
        TI = 0;
        if((x <= '9') && (x >= '0'))
        {                                //接收到的是数字，LED 显示
            P1 = dispcode[(x-'0')];
        }else
        {                                //接收到的不是数字，LED 清屏
            P1 = 0xff;
        }
    }
```

```
        EA=1;                          //开总中断
}
void uartInit(void)
{
    //设定串行口工作方式，按位与、或用于保护寄存器其他位
    SCON = (SCON & 0x2f) | 0x50;
    PCON |= 0x80;                      //波特率倍增
    TMOD |= 0x20;                      //定时器1工作于8位自动重载模式，用于产生波特率
    TH1 = 0xfa;                        // 波特率9600
    TL1 = 0xfa;
    TR1 = 1;                           //启动T1波特率生成器
    ES = 0;                            //不使用串口中断
}
void main()
{
    uartInit();
    SBUF = 0x0c;                       //超级终端清屏
    while(!TI);
    TI = 0;
    EA = 1;
    ES = 1;                            //启用串口中断
    while(1);                          //循环等待中断
}
```

3. 简易上位机串口终端控制的实现

许多的单片机控制系统都需要有上位机配合实现。最典型的是 PC 通过串口终端（超级终端）来操作单片机的控制工作，在此实现一个简单的单片机串口终端程序。硬件电路是由单片机串行接口连接 MAX232 实现电平转换，再对接到 PC COM 口的 RXD、TXD 和 GND 上。实验时，需要使用 Windows 操作系统的超级终端软件。超级终端设置为波特率 9600bit/s，8 位数据，1 位停止位，无校验位。单片机上电运行程序后，可以通过 PC 的超级终端与单片机程序交互。实验环境的设置同上文所述。

仿真电路图如图 6-37 所示，运行时的效果如图 6-38 所示。

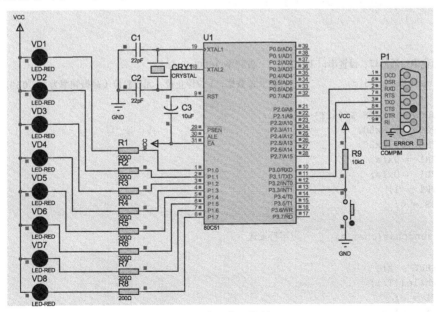

图 6-37　上位机串口控制 LED

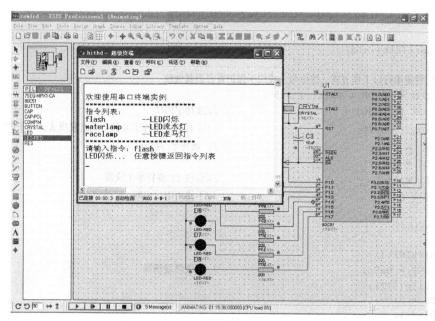

图 6-38　上位机串口控制 LED 运行效果

程序清单：

```c
#include <reg51.h>
#include <string.h>
void delay10ms(int n)//约10ms延时程序
{
    int i=0,j;
    while(n--)
    {
        for(i=0;i<10;i++)
        {
            for(j = 0; j < 125; j++);
        }
    }
}
//初始化串行通信口，设置串口工作方式1，波特率9600bit/s
void uartInit(void)          //设置8位数据，1位停止位，无校验位（晶振频率为11.0592MHz）
{
    SCON = (SCON & 0x2f) | 0x50;
    PCON |= 0x80;
    TMOD |= 0x20;
    TH1 = 0xfa;
    TL1 = 0xfa;
    TR1 = 1;
    ES = 0;
}
void sendchar(char a)        //字符发送
{
    SBUF = a;
    while(!TI);
    TI = 0;
    if(a=='\n')
```

```
    {
        SBUF = 0x0d;
        while(!TI);
            TI = 0;
    }
}
void sends(char *str)                   //字符串发送
{
    while(*str)
    {
        sendchar(*str++);
    }
}
char revch()                            //字符接收，无回显
{
    char a;
    while(!RI);
    a = SBUF;
    RI = 0;
    return a;
}
void revs(char *str)
{
    char *p = str;
    char a;
    while((a=revch()) != '\r')
    {
        switch(a)
        {
            case '\b':
            if(p > str)
            {
                p--;
                sendchar('\b');
                sendchar(' ');
                sendchar('\b');
            }
            break;
        default:
                sendchar(a);
                *p = a;
                p++;
        }
    }
    *p = '\0';
    sendchar('\n')    ;
}
void flash(void)
{
    sends("LED 闪烁... 任意按键返回指令列表\n");
    while(1)
    {
        P1=0x0;                         //置 P1 各引脚为低电平，LED 亮
            delay10ms(30);              //延时 300ms
```

```
        P1=0xff;                    //置 P1 各引脚为高电平，LED 灭
        delay10ms(30);              //延时 300ms
        if(RI)
        {                                    //任意键结束
            RI = 0;
            P1 = 0xff;
            return;
        }
    }
}
void wlamp(void)
{
    unsigned char a,i;
    sends("LED 流水灯...  任意按键返回指令列表\n");
    while(1)
    {
        a=0xff;
        for(i=0;i<=8;i++)
        {
            P1=a<<i;                 //变量 a 左移 i 位后取反，相当于将对应位置 0 其他位置 1
            delay10ms(30);           //延时函数
            if(RI)
            {
                RI = 0;
                P1 = 0xff;
                return;
            }
        }
    }
}
void racelamp(void)
{
    unsigned char a,i;
    sends("LED 走马灯...  任意按键返回指令列表\n");
    while(1)
    {
        a=0x01;
        {
            P1=~(a<<i);              //变量 a 左移 i 位后取反，相当于将对应位置 0 其他位置 1
            delay10ms(30);           //延时函数
            if(RI)
            {
                RI = 0;
                P1 = 0xff;
                return;
            }
        }
    }
}
void main(void)
{
    char s[100];
    uartInit();
```

```
while(1)
{
    sendchar('\014');
    sendchar('\n');
    sends("欢迎使用串口终端实例\n");
    sends("**************************\n");
    sends("指令列表: \n");
    sends("flash         --LED 闪烁\n");
    sends("waterlamp      --LED 流水灯\n");;
    sends("racelamp       --LED 走马灯\n");;
    sends("**************************\n");
    sends("请输入指令: ");
    revs(s);
    if(!strcmp(s,"flash"))
    {//LED 闪烁
        flash();
    }else if(!strcmp(s,"waterlamp"))
    {//LED 流水灯
        wlamp();
    }else if(!strcmp(s,"racelamp"))
    {//LED 走马灯
        racelamp();
    }else
    {
        sends("指令错误... 任意按键返回指令列表\n");
        while(!RI);
        RI = 0;
    }
}
}
```

习　题

一、问答题

1. 80C51 型单片机有哪几个并行接口？各 I/O 接口有什么特点？

2. 简述 P0 口的位结构，其主要功能是什么？

3. 什么是中断？80C51 单片机有哪些中断源？它们对应的中断服务入口地址是什么？

4. 80C51 中断系统有几个优先级？它们是如何控制的？

5. CPU 响应中断的条件是什么？响应中断后，CPU 要进行哪些操作？

6. 为什么 80C51 单片机在执行 RETI 或访问 IE、IP 指令时，不能立即响应中断？

7. 已知（TMOD）＝A5H，则定时器 T0 和 T1 各为何种工作方式？是定时器还是计数器？

8. 单片机的 f_{osc}＝12MHz，要求用 T0 定时 150μs，分别计算采用定时方式 0、定时方式 1 和定时方式 2 时的定时初值。

9. 简述 TCON 中有关定时器/计数器的控制位的名称、含义和功能。

10. 启动定时器/计数器与 GATE 有何关系？

11. 说明 80C51 单片机串行口的结构。

12. 简述 80C51 单片机串行通信的 4 种工作方式的特点。

二、编程题

1. 若晶振为 6MHz，使用定时器 1 以定时方式在 P1.0 输出周期为 400μs，占空比为 10∶1 的矩形脉冲，以定时工作方式 2 编程如何实现?

2. 使用定时器中断方法设计一个秒闪电路，让 LED 显示器每秒钟有 400ms 点亮。假定晶振为 6MHz，画出接口图并编写程序。

3. 在 80C51 单片机的 INT0 引脚外接脉冲信号，要求每送来一个脉冲，把 30H 单元值加 1，若 30H 单元计满，则进位到 31H 单元，试利用中断结构编制一个脉冲计数程序。

4. 若 80C51 单片机的 f_{osc} = 6MHz，利用定时器 T0 定时中断的方法，使 P1.0 输出如下所示的矩形脉冲。

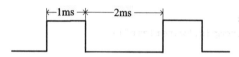

5. 在 80C51 单片机的 P1 端口上，经过驱动器接有 8 只发光二极管，若晶振为 6MHz，试编写程序，使这 8 只发光管每隔 2s 由 P1.0 ~ P1.7 输出高电平并循环发光。

第7章
80C51 单片机接口技术应用

单片机广泛地应用于工业测控和智能化仪器仪表中，在设计各种单片机应用系统过程中，还需要扩展很多外部接口器件才能充分发挥单片机的智能控制功能。例如，扩展键盘、显示器等接口设备，可实现人机对话功能；扩展 A/D 转换接口，可实现对外部各种模拟信号的检测与转换；扩展 D/A 转换接口，可将数字信号转换为模拟信号，从而完成对控制对象的驱动。

7.1 LED 显示接口电路

单片机应用系统中常用的显示器有发光二极管显示器（LED）、液晶显示器（LCD）和荧光管显示器。这三种显示器都有两种显示结构：段显示（7 段、"米"字型等）和点阵显示（5×7、5×8、8×8 点阵等）。发光二极管显示又分为固定显示和可以拼装的大型字段显示，此外还有共阳极和共阴极之分。

7.1.1 LED 显示器和显示器接口

LED（Light Emitting Diode）显示器是由发光二极管显示字段组成的显示器，有"7"段和"米"字段之分，具有显示清晰、成本低廉、配置灵活、与单片机接口简单易行的特点，在单片机应用系统中得到了广泛应用。

1. LED 显示器的结构

LED 显示器内部由若干个发光二极管组成，当发光二极管导通时，相应的一个点或一个笔画发光，控制不同组合的二极管导通就能显示出各种字符。在单片机应用系统中，通常使用 7 段发光二极管组成，也称为 7 段 LED 显示器，由于主要用于显示各种数字符号，故又称为 LED 数码管。每个显示器还有一个圆点型发光二极管（用符号 dp 表示），用于显示小数点。图 7-1 所示为 LED 显示器的符号与引脚图。根据其内部结构，LED 显示器可分为共阴极与共阳极两种 LED 显示器，如图 7-2 所示。

（1）共阴极 LED 显示器

图 7-2（a）所示为共阴极 LED 显示器的内部结构。图中各二极管的阴极连在一起，公共端 com 接低电平时，若某段阳极加上高电平（即逻辑"1"）时，该段发光二极管就导通发光；而输入低电平（即逻辑"0"）时则不发光。

（2）共阳极 LED 显示器

图 7-2（b）所示为共阳极 LED 显示器的内部结构。图中各二极管的阳极连在一起，公共端

接高电平时，若某段阴极加上低电平即逻辑"0"时，该段发光二极管就导通发光；而输入高电平（即逻辑"1"）时则不发光。

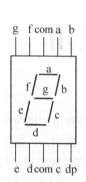

图 7-1 LED 显示器的符号与引脚图

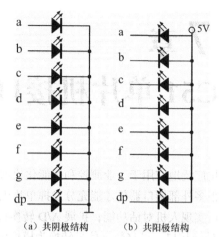

（a）共阴极结构　　（b）共阳极结构

图 7-2 LED 显示器内部结构图

7 段 LED 显示器与单片机的接口很简单，只要将一个 8 位并行输出口与显示器的发光二极管的引脚相连即可。8 位并行输出口输出不同的数据，即可获得不同的数字或字符。通常将控制发光二极管的 8 位字节数据称为 7 段显示代码，由于点亮方式不同，因此共阴与共阳两种 LED 数码管的段码是不同的。段码见表 7-1。

LED 数码管通常有红色、绿色、黄色三种，以红色应用最多。由于二极管的发光材料不同，数码管有高亮与普亮之分，应用时根据数码管的规格与显示方式等决定是否加装驱动电路。

2. LED 显示器的段码

7 段 LED 显示器可采用硬件译码与软件译码两种方式。这里主要介绍软件方式实现译码显示。加在显示器上对应各种显示字符的二进制数据称为段码。在数码管中，7 段发光二极管加上一个小数点位共计 8 段，因此段码为 8 位二进制数，即一个字节。

表 7-1　　　　　　　　　　　　　　　　　　　　　LED 数码管段码表

字　　型	共阳极段码	共阴极段码	字　　型	共阳极段码	共阴极段码
0	C0H	3FH	9	90H	6FH
1	F9H	06H	A	88H	77H
2	A4H	5BH	B	83H	7CH
3	B0H	4FH	C	C6H	39H
4	99H	66H	D	A1H	5EH
5	92H	6DH	E	86H	79H
6	82H	7DH	F	8EH	71H
7	F8H	07H	灭	FFH	00H
8	80H	7FH			

7.1.2　LED 显示器接口技术

在单片机应用系统中，由 N 片 LED 显示块可拼接成 N 位 LED 显示器，每个数码管有 1 条位选线和 8 条段选线，N 位 LED 显示器有 N 根位选线和 $8N$（或 $16N$）根段选线。根据显示方式的不同，位选线和段选线的连接方法也各不相同。段选线控制显示字符的字型，而位选线则控制显示位的亮、暗。根据位选线和段选线连接方式的不同，LED 显示器有静态显示和动态显示两种方式。

1. LED 显示器静态显示

LED 显示器工作于静态显示方式时，各位的共阴极（或共阳极）连接在一起并接地（或+5V），每位的段选线（a ~ g, dp）分别与一个 8 位的锁存输出相连并选通。采用静态显示时，各位相互独立。各位显示一经输出，相应锁存器的输出将维持不变，直到显示另一个字符为止。也就是说，在同一时刻只显示一种字符，或者说被显示的字符在同一时刻是稳定不变的。只要将显示段码送至段码口，并把位控字送至位控口即可。静态显示具有电路简单、亮度高和编程方便等优点，缺点是占用太多的输出线。所用指令如下：

```
MOV     DPTR, # SEGPORT        ; 指向段码口
MOV     A, # SEG               ; 取显示段码
MOVX    X @DPTR,A              ; 输出段码
MOV     DPTR, # BITPORT        ; 指向位控口
MOV     A, # BIT               ; 取位控字
MOVX    @DPTR,A               ; 输出位控字
```

（1）利用 8255A 扩展 LED 显示器静态显示

利用单片机的 P1 口和 8255A 的 PA、PB、PC 口扩展 4 位 LED 显示器接口电路，如图 7-3 所示。4 个输出口各驱动 1 位 LED 显示器，把 8 位段码数据依次从输出口送出，在 LED 显示器上显示出对应的字符。

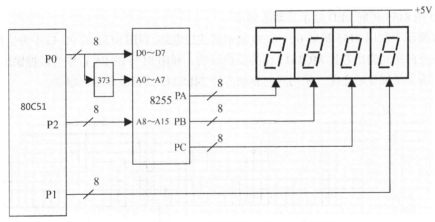

图 7-3　利用 8255A 芯片扩展 4 位 LED 显示器

（2）显示程序设计

【例 7-1】 设 8255A 口地址为 0100H，B 口地址为 0101H ，C 口地址为 0102H，控制口地址是 0103H。LED 显示器显示字符"2015"，程序如下：

```
MOV     A,#80H         ; A、B、C 口方式 0 输出控制字送入 A
MOV     DPTR,#0103H     ; 8255A 控制寄存器地址送入 DPTR
MOVX    @DPTR,A         ; 方式控制字送入 8255A 控制寄存器
MOV     A,#0A4H         ; 字符"2"的段码送入 A
MOV     DPTR,#0100H     ; 8255A 的 A 口地址送入 DPTR
```

```
MOVX    @DPTR,A        ; 字符"2"的段码送入 8255A 的 A 口
MOV     A,#0C0H        ; 字符"0"的段码送入 A
MOV     DPTR,#0101H    ; 8255A 的 B 口地址送入 DPTR
MOVX    @DPTR,A        ; 字符"1"的段码送入 8255A 的 B 口
MOV     A,#0F9H        ; 字符"1"的段码送入 A
MOV     DPTR,#0102H    ; 8255A 的 C 口地址送入 DPTR
MOVX    @DPTR,A        ; 字符"5"的段码送入 8255A 的 C 口
MOV     A,#92H         ; 字符"5"的段码送入 A
MOV     P1,A           ; 字符"5"的段码送入 P1
```

2．LED 显示器动态显示

动态显示就是逐个地循环点亮各位数码管，每位显示 1ms 左右，使人看起来就好像在同时显示不同的字符一样。由于人眼的视觉残留效应，仍然感觉显示器是同时点亮的，显示器的点亮既跟点亮时的导通电流有关，也跟点亮时间和间隔时间有关，要求显示器动态点亮的速度应足够快，否则会有闪烁感。调整电流和时间的参数，可实现亮度较高、较稳定地显示。若显示的位数不大于 8 位，则控制显示器公共电极只需要一个 I/O 接口（称为字位口），控制各位显示器所显示的字形也需要一个 I/O 接口（称为字形口）。显示段码一般采用查表的方法，由待显示的字符通过查表得到其对应的显示段码。

在实现动态显示时，除了必须给各位数码管提供段码外，还必须对各位显示器进行位的控制，即进行段控与位控。工作时，各位数码管的段控线对应并联在一起，由一个 8 位的 I/O 接口控制；各位的位控线（公共阳极或阴极）由另一 I/O 控制。在某一时刻只选通一位数码管，并送出相应的段码。

（1）利用 8155 扩展 LED 显示器动态显示

图 7-4 所示为利用 8155 扩展 6 位 LED 显示器接口电路。利用 8155 的 PC 口作为位控输出口。7 路达林顿反向驱动输出芯片 MC1413 作为位控驱动，利用 8155 的 PA 口作为段控输出口，输出 8 位段码。为了增加显示亮度，采用双向驱动芯片 74LS245 进行段码输出驱动。

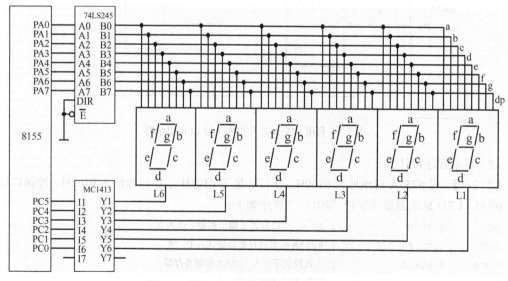

图 7-4　利用 8155 芯片扩展 6 位 LED 显示器

（2）建立显示缓冲区

显示缓冲区是指在内存中开辟的一块存储区域，专门用于存放待显示的数据，存储区域的大小至少应与 LED 数码管的位数相同。设显示缓存单元为 30H ~ 35H，显示内容自右至左为 1、2、3、4、5、6，则缓存与 LED 数码管的对应关系见表 7-2。

表 7-2　　　　　　　　　　　　　　缓存与 LED 数码管的对应关系

数 码 管	LED5	LED4	LED3	LED2	LED1	LED0
缓 存 单 元	35H	34H	33H	32H	31H	30H
显 示 数 据	06H	05H	04H	03H	02H	01H

（3）显示子程序设计

【例 7-2】　设 8155 的 A 口地址（即段控口）为 0101H，C 口地址为 0103H。寄存器 R0 作为地址指针，寄存器 R3 存放当前位控值，DELAY 为延时子程序，延时时间大约为 1ms。程序如下：

```
DISPLAY:   MOV    R0,#30H              ; 建立显示缓冲区首址
           MOV    R3,#01H             ; 从右边第 1 位数码管开始显示
           MOV    A,R3                ; 置位控码初值
LD0:       MOV    DPTR,#0103H         ; 置位控口地址
           MOVX   @DPTR,A             ; 输出位控码
           MOV    DPTR,#0101H         ; 置段控口地址
           MOV    DPTR,#TAB
           MOV    A,@R0               ; 取待显示数据
DIS0:      ADD    A,#0DH              ; 计算查表偏移量
           MOVC   A,@A+DPTR          ; 利用查表法得到对应段码
           MOV    DPTR,#101H          ; 口 A 地址送片外
DIS1:      MOVX   @DPTR,A             ; 输出段码
           ACALL  DELAY               ; 延时以使显示器做显示停留
           INC    R0                  ; 指向下一缓冲单元
           MOV    A,R3
           JB     ACC.5,DIS1          ; 如果位显示完毕则返回
           RL     A                   ; 修改位控码，指向高位
           MOV    R3,A                ; 位控码送入 R3 保存
           AJMP   LD0                 ; 继续显示下一位
LD1:       RET
TAB:       DB     3FH, 06H, 5BH, 4FH, …, 0H   ; 段码表
```

7.1.3　阶段实践

（1）用 C 语言实现静态扫描在数码管上显示 "6"，仿真图如图 7-5 所示。

Proteus 仿真电路图元件见表 7-3。

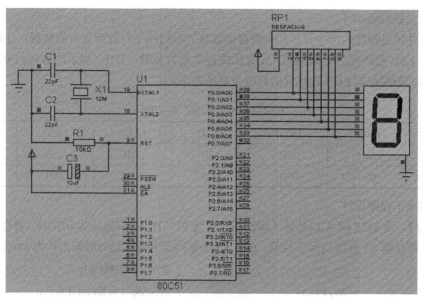

图 7-5　静态扫描数码管显示仿真图

表 7-3　　　　　　　　　静态扫描数码管仿真电路图元件表

序　　号	元 件 名 称	仿真库名称	备　　注
U1	80C51	Microprocessor ICs	微处理器库→80C51
C1、C2	AVX0402NPO22P	Capacitors	电容库→22pF 瓷片电容
C3	CAP-POL	Capacitors	电容库→10μF 电解电容
CRY1	CRYSTAL	Miscellaneous	杂项库→晶振（需设置频率）
RP1	RESPACK-8	Resistors	电阻库→阻排
U2	7SEG-COM-CATHODE	Optoelectronics	光电元件库→共阴 7 段数码管

程序清单：

```c
#include<reg51.h>
#include<stdio.h>
#define uchar unsigned char
#define unit  unsigned int
char code seg[]={0x3F,0x06,0x5B,0x4F,0x66,0x6D,0x7D,0x07,0x7F,0x6F};
void main()
{
 uchar i=0,x;
 uint j=50;
 P0=0xc0;
 while(1)
 {
   if(key==0)
   {
    while(j--);
    x=seg[i];
    i=i+1;
    P0=x;
    if(i>9)
    i=0;
```

```
    }
  }
}
```

（2）利用 MAX7221 驱动数码管，实现动态扫描显示，仿真图如图 7-6 所示。

MAX7221 是集成式共阴极数码管驱动芯片，可以用来驱动 8 位 7 段式数码管，也可以驱动条形 LED 或者 8×8LED 点阵，单片机仅仅需要三个 IO 口就可以控制 MAX7221 驱动 8 位数码管。

Proteus 仿真电路图元件见表 7-4。

表 7-4 动态扫描数码管仿真电路图元件表

序 号	元 件 名 称	仿真库名称	备 注
U1	80C51	Microprocessor ICs	微处理器库→80C51
C1、C2	AVX0402NPO22P	Capacitors	电容库→22pF 瓷片电容
C3	CAP-POL	Capacitors	电容库→10μF 电解电容
CRY1	CRYSTAL	Miscellaneous	杂项库→晶振（需设置频率）
U2	MAX7221	Microprocessor ICs	CPU 库→共阴极数码管驱动
U3	7SEG-MPX8-CC-BLUE	Optoelectronics	光电元件库→共阴 7 段数码管

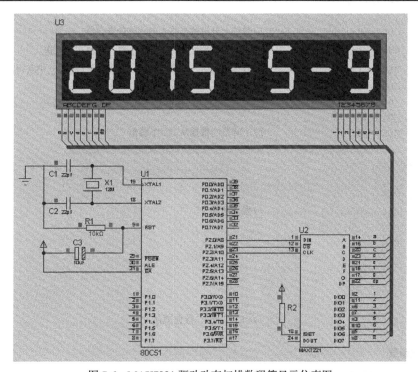

图 7-6 MAX7221 驱动动态扫描数码管显示仿真图

程序清单：

```
#include <reg51.h>
#include <intrins.h>
#define uchar unsigned char
#define uint unsigned int
sbit DIN = P2^0;                        //数据串出引脚
sbit CSB = P2^1;                        //片选端
```

```
sbit CLK = P2^2;                    //移位时钟端
uchar Disp_Buffer[8]=
{
   2,0,1,5,10,5,10,9                //显示的数字；数值为10时，显示"－"。
};
//延时函数
void DelayMS(uint x)
{
   uchar t;
   while(x--)
   {
        for(t=120;t>0;t--);
   }
}
//写数据函数
void Write(uchar Addr,uchar Dat)
{
   uchar i;
   CSB = 0;                          //先写地址，片选置低，串行数据加载到移位寄存器
   for(i=0;i<8;i++)
   {
        CLK = 0;                     //时钟上升沿数据移入内部移位寄存器
        Addr <<= 1;                  //待发送的地址，每次左移一次，高位在前发送
        DIN = Cy;                    //数据移位后，如果有溢出，则可以从进位Cy中获得溢出的数据位
        CLK = 1;
        _nop_();
        _nop_();
        CLK = 0;                     //下降沿时数据从DOUT移出
   }
   for(i=0;i<8;i++)
   {
        CLK = 0;
        Dat <<= 1;                   //发送数据
        DIN = Cy;
        CLK = 1;
        _nop_();
        _nop_();
        CLK = 0;
   }
   CSB = 1;                          //CS上升沿，数据锁存
}
//初始化函数
void Initialise()
{
   Write(0x09,0xff);                 //编码模式
   Write(0x0a,0x07);                 //亮度控制
   Write(0x0b,0x07);                 //扫描数码管的位数
   Write(0x0c,0x01);                 //工作模式
}

void main()
```

```
{
 uchar i;
 Initialise();
 DelayMS(1);
        for(i=0;i<8;i++)
 {
        Write(i+1,Disp_Buffer[i]);        //显示 8 位数据
 }
 while(1);
}
```

7.2　键盘接口电路

键盘是实现人机对话的纽带，借助键盘可以向计算机系统输入程序、置数、送操作命令、控制程序的执行走向等。按其结构形式可分为非编码键盘和编码键盘。

编码键盘采用硬件电路产生键码，每按下一个键，电路能自动生成键盘代码，键数较多，并且具有去抖动功能。编码键盘使用方便，但硬件较复杂，计算机所用的键盘即为编码键盘。非编码键盘仅提供按键开关工作状态，其键码由软件确定，这种键盘键数较少，硬件简单，广泛应用于各种单片机应用系统。本书主要介绍非编码键盘的设计与应用。

7.2.1　键盘的工作原理

键盘实质上是一组按键开关的集合。通常按键所用的开关为机械弹性开关，均利用了机械触点的断开、闭合作用。机械触点由于弹性作用的影响，在闭合及断开瞬间均有抖动过程，从而使电压信号也出现抖动，其波形如图 7-7 所示，由于机械触点的弹性作用，一个按键开关在闭合时不会马上稳定地接通，在断开时也不会一下子断开。因而在闭合及断开的瞬间均伴随有一连串的抖动，抖动时间的长短由键盘的机械特性决定，一般为 5～10ms。按键的稳定闭合时间由操作人员的按键动作所确定，一般为十分之几秒至几秒。

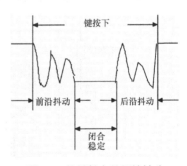

图 7-7　按键触点的机械抖动

1. 键盘输入原理

当所设置的功能键或数字键按下时，应用系统应完成该按键所设定的功能。键盘的信息输入是与软件结构密切相关的过程。对于一组键或一个键盘，总有一个接口电路与 CPU 相连。CPU 可以采用查询或中断的方式了解有无键输入并检查是哪一个键被按下，然后将该键值送入累加器 A，接着通过散转指令转入执行该键的功能程序，执行完又返回原始状态。

2. 按键的确认

按键的闭合与否，反应在电压上就是呈现出高电平或低电平，如果高电平表示断开的话，那么低电平则表示闭合，所以通过对电平的高低状态检测便可确认按键按下与否。为了确保 CPU 对一次按键动作只确认一次，必须消除抖动的影响。

3. 消除按键抖动的措施

消除抖动影响的措施通常可通过硬件、软件两种方法实现。其中，硬件消抖方法有双稳态消

抖和滤波消抖。

（1）双稳态消抖

双稳态消抖电路如图7-8所示。其中，两个与非门构成一个RS触发器。当按键未按下时（a闭合），OUT输出为1；当按键按下时（b闭合），输出为0。此时即使按键因为弹性抖动而产生瞬间不闭合，只要按键不返回原始状态a，双稳态电路的状态就不会改变，输出保持为0，不产生抖动的波形。也就是说，即使b点的电压波形是抖动的，但经过双稳态电路之后，其输出变为正规的方波，这一点可通过分析RS触发器的工作过程得到验证。

下面分析RS触发器的工作过程。假设开关K首先处于a位置，此时RS触发器的输出端OUT1 = 1，输出端 $OUT2 = \overline{1 \times 1} = 0$，此输出引入到上面的与非门的一个输入端，使其固定输出为1。如果这时按动开关K，即使Q在a位置因为弹性而瞬间抖动，在a处形成一连串抖动的波形，即A输入端出现一连串的0和1，由于B输入端在K未到达b时始终为0，因为无论A的电平如何变化，OUT1恒为1。当K到达b时，RS触发器将出现状态的翻转，此时 OUT2 = 1，导致 $OUT1 = \overline{1 \times 1} = 0$，OUT1又引回到下面的与非门的输入端，让其输出恒为1，即使b处的电压波形出现一连串的抖动，即D输入端的电平出现一连串的0和1，也不会影响OUT2的输出，因此OUT1也将恒为0。如果将RS触发器看作一个网络，只看输入与输出的波形，将会发现输出其实是消除了抖动的输入。同样，在松开按键的过程中，只要一接通a，输出为1，在a的接通过程中，即使产生弹性抖动而瞬间离开a，只要开关不再与b发生接触，双稳态电路的输出也将不会改变。

（2）滤波消抖

因为RC积分电路具有吸收干扰脉冲的作用，所以只要选择好适当的时间常数，让按键的抖动通过此滤波电路，便可消除抖动的影响，如图7-9所示。

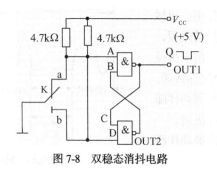

图7-8　双稳态消抖电路　　　　图7-9　滤波消抖电路

当开关K未按下时，电容两端电压为0，与非门输出为1。当开关K按下时，由于C两端的电压不能突变，即使在接触过程中出现了抖动，只要C两端的放电电压波动不超过与非门的开启电压（TTL为0.8V左右），与非门的输出将不会改变，这可通过适当选取R1、R2和C的值来实现消抖。同样，开关K在断开的过程中，即使出现抖动，由于C两端的电压不能突变，它要经过R2放电，只要C两端的放电电压波动不超过与非门的关闭电压，与非门的输出也不会改变。所以，关键在于R1、R2和C时间常数的选取，必须保证C由稳态电压的充电到开启电压或由放电到关闭电压的延迟时间大于或等于10ms。这既可由计算确定，也可由实验确定。

（3）软件消抖

如果按键较多，常采用软件的方法进行消抖。在第一次检测到有键按下时，执行一段延时10ms的子程序后，再确认该键电平是否仍保持闭合状态电平，如果保持闭合状态电平，则确认真正有键按下，从而消除了抖动的影响。

一个完善的键盘控制程序应完成下述任务。

① 监测有无键按下。

② 有键按下后，在无硬件去抖动电路的情况下，应使用软件延时方法去除抖动影响。

③ 有可靠的逻辑处理办法，如 n 键锁定，即只处理一个键，其间任何按下又松开的键不产生影响，不管一次按键持续多长时间，仅执行一次按键功能程序。

④ 输出确定的键值，以满足散转指令的要求。

7.2.2　独立式键盘

按照键盘与单片机的连接方式可分为独立式键盘与矩阵式键盘。独立式键盘中各按键相互独立，每个按键占用一根 I/O 接口线，每根 I/O 口线上的按键工作状态不会影响其他按键的工作状态。因此，通过检测输入线的电平状态可以很容易判断 4 个按键被按下了。

独立式按键电路配置灵活，软件结构简单，但每个按键需占用一根输入口线，在按键较多时，输入口浪费大，电路结构显得很繁杂，故此种键盘适用于按键较少或操作速度较高的场合。

独立式按键电路中，按键输入都采用低电平有效，上拉电阻保证了按键断开时，I/O 口线上有确定的高电平。当 I/O 接口内部有上拉电阻时，外电路可以不配置上拉电阻。

图 7-10 所示为 8 个独立式按键的应用电路。

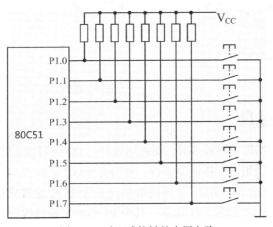

图 7-10　独立式按键的应用电路

设计此应用电路时，应考虑以下几个问题。

（1）键闭合测试，检查是否有键闭合。

其键盘程序如下：

```
KCS:    MOV  P1, #0FFH
        MOV  A, P1
        CPL  A
        ANL  A, #0FH
        Jz   KCS
        ⋮
```

若有键闭合，则 $A \neq 0$，若无键闭合，则 $A = 0$。

（2）采用查询方式确定键位。

如图 7-10 所示，若某键闭合，则相应单片机引脚输入低电平。

（3）键释放测试。

键盘闭合一次只能进行一次键功能操作，因此必须等待按键释放后再进行键功能操作，否则按键闭合一次系统会连续多次重复相同的键操作。程序如下：

```
KEY:        ACALL   KCS             ; 检查按键闭合与否
            JZ      RETURN          ; 无键闭合则返回
            ACALL   DELAY           ; 有键闭合，延时 12ms 消除抖动
KEY0:       JNB     A.0, KEY1       ; 不是 0 号键，查下一个按键
KSF0:       ACALL   DELAY           ; 是 0 号键，调用延时子程序，等待按键释放
            ACALL   KCS             ; 检查按键释放与否
            JNZ     KSF0            ; 若键没释放则等待
            ACALL   FUN0            ; 若键已释放，执行 0 号键功能
            JMP     RETURN          ; 返回
KEY1:       JNB     A.1, KEY2       ; 检测 1 号键
KSF1:       ACALL   DELAY
            ACALL   KCS
            JNZ     KSF1
            ACALL   FUN1
            JMP     RETURN
KEY3:       JNB     A.3, RETURN     ; 检测 3 号键
KSF3:       ACALL   DELAY
            ACALL   KCS
            JNZ     KSF3
            ACALL   FUN3
RETURN:     RET                     ; 子程序，返回
```

7.2.3 矩阵式键盘

独立式按键电路中，当按键数较多时，要占用较多的 I/O 接口线，通常采用矩阵式（行列式）键盘电路。它由行线和列线组成，按键位于行、列的交叉点上。一个 4×4 的行、列结构可以构成一个含有 16 个按键的键盘。很明显，在按键数量较多的场合，矩阵式键盘与独立式按键键盘相比，要节省很多的 I/O 接口，如图 7-11 所示。其中 P1 口的 8 根口线分别作为 4 根行线与 4 根列线，在其行、列交汇点接有 16 个按键。与独立式键盘相比，单片机口线的资源利用率提高了一倍。但若需要更多的按键，需采用接口扩展的方式，如图 7-12 所示。其中利用 8155 芯片进行键盘扩展，利用 PA 口作为输出口，8 根 I/O 线作为列线，利用 PC 口作为输入口，4 根 I/O 线作为行线，由此产生 32 键的矩阵式键盘。这种键盘采用扫描方式检测按键闭合情况及识别确定键码，因此称为扫描方式键盘。

1. 矩阵式键盘的结构及工作原理

在矩阵式键盘电路中，按键设置在行、列线交点上，行、列线分别连接到按键开关的两端。行线通过上拉电阻接到 +5V 电源上。平时无按键动作时，行线处于高电平状态，而当有按键按下时，行线的电平状态将由与此行线相连的列线电平决定。列线电平如果为低，则行线电平为低；列线电平如果为高，则行线电平也为高。这一点是识别矩阵键盘中按键是否被按下的关键所在。由于矩阵键盘中行、列线为多键共用，各按键均影响该键所在行和列的电平，因此各按键彼此将相互发生影响，所以必须将行、列线信号配合起来并做适当处理，才能确定闭合键的位置。

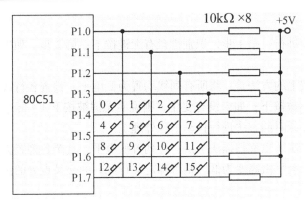

图 7-11　矩阵式键盘

图 7-12 所示是 8155 扩展 I/O 接口组成的矩阵式键盘电路。其中，行线 PC0～PC3 通过 4 个上拉电阻接到+5V 电源上，处于输入状态，列线 PA0～PA7 为输出状态。按键设置在行、列线的交点上，行、列线分别连接到按键开关的两端。CPU 通过读取 PC0～PC3 的状态即可知道有无键按下。当键盘上没有键闭合时，行、列线之间是断开的，所有行线 PC0～PC3 输入全部为高电平。当键盘上某个键被按下闭合时，则对应的行线和列线短路，行线输入即为列线输出。

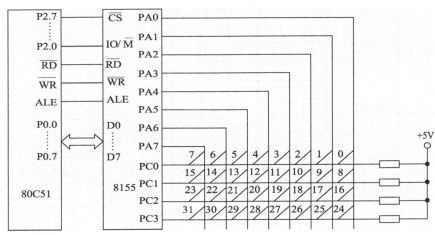

图 7-12　8155 扩展 I/O 接口组成的矩阵式键盘电路

2．按键的识别方法

（1）扫描法

如果图 7-12 中 5 号键被按下，那么如何进行识别？由于键被按下时，是由与此键相连的行线电平和与此键相连的列线电平决定的，而行线的电平在无键按下时处于高电平状态，因此可以让所有的列线处于低电平，如果有键按下，则按键所在的行电平将被拉成低电平，根据此行电平的变化，便能判定此行一定有键被按下，但还不能确定是 5 号键被按下。因为如果 5 号键没有被按下，而 0、1、2、3、4、6 或 7 号键之一被按下，均会产生同样的效果。所以让所有列线处于低电平只能得出某行有键被按下的结论。为了进一步判定到底是哪一列的键被按下，可在某一时刻只让一条列线处于低电平，而其余列线处于高电平。当第 1 列为低电平，其余各列均为高电平时，因为是 5 号键被按下，所以第 1 行仍处于高电平；当第 2 列为低电平时，其余各列为高电平，同样第 1 行仍处于高电平，以此类推，只有当第 6 列为低电平，其余各列为高电平时，因为是 5 号键被按下，所以第 1 行的电平将由高电平转换到第 6 列所处的低电平，据此可确信第 1 行、第 6 列交叉处的按键（即 5 号键）被按下，称此法为扫描法。

因此扫描法分两步进行：第1步，识别键盘有无键按下；第2步，如果有键被按下，则识别出具体的按键。

识别键盘有无键按下的方法是：将所有列线均置为低电平，检查各行线电平是否有变化，如果有变化，则说明有键被按下；如果没有变化，则说明无键被按下（实际编程时应考虑按键抖动的影响，通常采用软件延时的方法进行抖动消除处理）。

识别具体按键的方法（也称扫描法）是：逐列置低电平，其余各列置为高电平，检查各行线电平的变化，如果某行电平由高变为低，则可确定此行此列的交叉点处的按键被按下。

（2）线反转法

扫描法要逐列扫描查询，当被按下的键处于最后一列时，则要经过多次扫描才能最后获得此按键所处的行列值。线反转法则显得很简练，无论被按键是处于第1列还是最后一列，均只需经过两步便能获得此按键所在的行列值。线反转法的原理如图7-13所示。

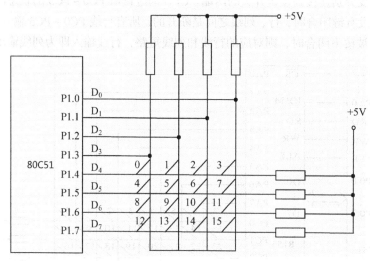

图7-13　线反转法原理图

图7-13所示中用一个8位I/O接口构成一个4×4的矩阵键盘，采用查询方式进行工作。下面介绍线反转法的两个具体操作步骤。

第1步：将行线编程为输入线，列线编程为输出线，并使输出线为全0电平，则行线中电平由高到低变化的所在行为按键所在行。

第2步：同第1步完全相反，将行线编程为输出线，列线编程为输入线，并使输出线为全0电平，则列线中电平由高到低变化的所在列为按键所在列。

假设3号键被按下，那么第1步即在D0～D3输出全0，然后读入D4～D7位，结果D4=0，而D5、D6和D7均为1，因此，第1行出现电平的变化，说明有键按下；第2步让D4～D7输出全0，然后读入D0～D3位，结果D0=0，而D1、D2和D3均为1，因此第4列出现电平的变化，说明第4列有键按下。综合这两步，即第1行和第4列按键被按下，故可确定此按键为3号键。因此线反转法非常简单、实用。当然，实际编程时同样应考虑用软件延时进行消抖处理。

7.2.4　键盘的编码

对于独立式按键键盘，由于按键的数目较少，可根据实际需要灵活编码。对于矩阵式键盘，由于按键的位置由行号和列号唯一确定，所以应分别对行号和列号进行二进制编码，然后将两值合成一个字节，高位是行号，低位是列号，如 12H 表示第 1 行第 2 列的按键，而 A3H 则表示第 10 行第 3 列的按键等。但是这种编码对于不同行的键，离散性大。例如，一个 4×4 的键盘，24H 键与 21H 键之间间隔 13，因此不利于散转指令，所以常常采用依次排列键号的方式对按键进行编码。以 4×4 键盘为例，键号编码为 01H，02H，03H，…，0EH，0FH，共 16 个。无论以何种方式编码，均应以处理问题方便为原则，而最基本的是键所处的物理位置即行号和列号，它是各种编码之间相互转换的基础，编码相互转换可通过查表的方法实现。

在单片机应用系统中，扫描键盘只是 CPU 的工作之一。在实际应用中要想做到既能及时响应键操作，又不过多地占用 CPU 的工作时间，就要根据 CPU 的忙闲情况选择适当的键盘工作方式。通常有三种工作方式，即编程扫描、定时扫描和中断扫描。

1. 编程扫描方式

CPU 对键盘的扫描采取程序控制方式，调用键盘扫描子程序来响应按键输入要求。一旦进入键扫描状态，则反复地扫描键盘，等待用户从键盘上输入命令或数据。而在执行键入命令或处理键入数据过程中，CPU 不再响应键输入的要求，直到 CPU 返回重新扫描键盘为止。

（1）闭合测试

图 7-14 中，键盘的行线一端经过电阻接 +5V 电源，另一端通过 8155 的 PC 口连接单片机。各列线的一端通过 8155 的 PA 口连至单片机，另一端悬空。首先由 PA 口向所有列线输出低电平，然后再由 PC 口输入各行线状态。若行线状态全为高电平，则表示键盘无键闭合；若行线状态中有低电平，则有键闭合。

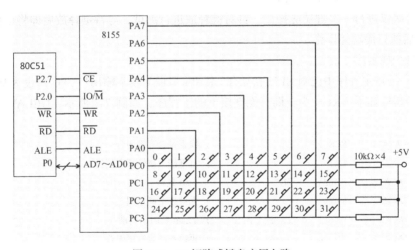

图 7-14　32 矩阵式键盘应用电路

【例 7-3】 设 8155 的 A 口地址为 0101H，C 口地址为 0103H，键闭合测试子程序 KCS 如下：

```
KCS:    MOV     DPTR, #0101H        ; 送 A 口地址
        MOV     A, #00H             ; A 口送 00H
        MOVX    @DPTR A
        INC     DPTR
```

```
        INC     DPTR                    ; 建立 C 口地址
        MOVX    A, @DPTR                ; 读 C 口
        CPL     A                       ; A 取反，无键闭合则全为 0
        ANL     A, #0FH                 ; 屏蔽 A 的高半字节
        RET
```

该程序的功能是检查是否有键闭合，若有键闭合，则（A）≠0，否则（A）= 0。

（2）去抖动

在判断有键按下后，软件延时一段时间（一般为 10ms 左右）后，再判断键盘状态，如果仍为有键按下状态，则认为有一个确定的键被按下，接着进行按键抖动处理。

（3）键位识别

为了得到按下键的位置，要对每个按键进行编码即确定键值。根据矩阵式键盘的工作原理，如图 7-14 所示，32 个键的键值从首行键号"0"键开始对应的分布如下（键值用十六进制数表示，x 为任意值，二进制数"0"所在位置恰为行列号）：

FExE	FDxE	FBxE	F7xE	EFxE	DFxE	BFxE	7FxE
FExD	FDxD	FBxD	F7xD	EFxD	DFxD	BFxD	7FxD
FExB	FDxB	FBxB	F7xB	EFxB	DFxB	BFxB	7FxB
FEx7	FDx7	FBx7	F7x7	EFx7	DFx7	BFx7	7Fx7

可以根据行首键号与列号相加计算出闭合键的键码，每行的行首键号给以固定的编号：0、8、16 和 24；列号依次为 0 ~ 7。在上述键值中，从"0"电平对应的位可以找出行首键号与相应的列号，于是扫描时由第 1 列开始，即由 PA 口先输出 0FEH，然后由 PC 口输入行线状态，判断哪一行有键闭合，若无键闭合，再输出 0FDH，检测下一列各行键的闭合状态，由此一直扫描下去。各键的键码可按如下公式计算：

$$键码 = 行首键号 + 列号$$

（4）判别闭合的键是否释放测试

键闭合一次仅进行一次键功能操作。再对键释放进行测试，等待键释放后即将键值送入累加器 A 中，然后执行键功能操作。

（5）键盘扫描程序

【例7-4】设在主程序中已对 8155 初始化，将 PA 口设为基本输出口、PC 口设为基本输入口，则键盘扫描子程序如下（KCS 为查询有无键按下的子程序，如例 7-3 所示，DELAY 为延时子程序）：

```
KEY:    ACALL   KCS                     ; 检查是否有键闭合
        JNZ     LK1                     ; 有键按下则转移至消抖
        ACALL   DELAY   6MS             ; 6ms 延时
        AJMP    KEY                     ; 无键按下则返回
LK1:    ACALL   DELAY   12MS            ; 12ms 延时消抖动
        ACALL   KCS                     ; 再检查是否有键闭合
        JZ      KEY                     ; 有键闭合则进行键扫描，计算键码
        MOV     R2,#0FEH                ; 置第 1 列扫描值
        MOV     R4,#00H                 ; 置初始列号
XYL:    MOV     DPTR,#0101H             ; 建立 A 口地址
        MOV     A,R2
        MOVX    @DPTR,A                 ; 输出扫描初值
        INC     DPTR
```

```
            INC     DPTR            ;建立 C 口地址
            MOVX    A,@DPTR         ;读 C 口
            JB      A.0,LINE1       ;第 1 行无键闭合,检查第 2 行
            MOV     A,#00H          ;第 1 行有键闭合,置第 1 行首键值
            AJMP    KJS             ;转到计算键码
    LINE1:  JB      A.1,LINE2       ;第 2 行无键闭合,检查第 3 行
            MOV     A,#08H          ;第 2 行有键闭合,置第 2 行首键值
            AJMP    KJS             ;转到计算键码
    LINE2:  JB      A.2,LINE3       ;第 3 行无键闭合,检查第 4 行
            MOV     A,#10H          ;第 3 行有键闭合,置第 3 行首键值
            AJMP    KJS             ;转到计算键码
    LINE3:  JB      A.3,NEXT        ;第 4 行无键闭合,检查下一列
            MOV     A,#18H          ;第 4 行有键闭合,置第 4 行首键值
    KJS:    ADD     A,R4            ;计算键码
            PUSH    A               ;保存键码
    KSF:    ACALL   DELAY
            ACALL   KCS             ;键释放否,若仍闭合,则延时等待
            JNZ     KSF
            POP     A               ;若键已释放,则键码送 A
            RET
    NEXT:   INC     R4              ;列扫描号加 1
            MOV     A,R2
            JNB     A.7,KEY         ;第 8 列已扫描完则进行下一循环扫描
            RL      A               ;置下一列列扫描值
            MOV     R2,A
            AJMP    XYL             ;扫描下一列
```

因此,在系统初始化后,CPU 必须反复不断地轮流调用扫描程序显示延时子程序和键盘输入程序。在识别有键闭合后,键码保存在累加器 A 中。主程序可根据累加器 A 中的键码执行规定的操作,再重新进入上述循环。键盘扫描程序流程图如图 7-15 所示。

2．定时扫描方式

定时扫描工作方式是利用单片机内部定时器产生定时中断(如 10ms),CPU 响应中断后对键盘进行扫描,在有键按下时识别出该键,并执行相应的键功能程序。定时扫描方式的键盘硬件电路与编程扫描工作方式相同,软件流程图如图 7-16 所示。

在单片机内部 RAM 设置两个标志位:第 1 个为去抖动标志位 K_1ST;第 2 个为已识别完按键的标志位 K_2CD。初始时将其置为 0,中断服务时,首先判断有无键闭合,如果无键闭合,则 K_1ST、K_2CD 置 0 返回;如有键闭合,则检查 K_1ST 标志。当 $K_1ST=0$ 时,表示还没有进行去抖动处理,此时置 $K_1ST=1$,并中断返回。因为中断返回需要经过 10ms 才可能再次中断,相当于实现了 10ms 的延时效果,因此程序中不再需要延时处理。当 $K_1ST=1$ 时,说明已经完成了去抖动的处理,这时检查 K_2CD 是否为 1,如果不为 1,则置 1 并进行按键识别处理和执行相应的按键功能子程序,最后中断返回;如果为 1,则说明此按键已经做过按键识别处理,只是还没有释放按键而已,中断返回。当按键释放后,K_1ST 和 K_2CD 将复位为初始的 0 状态,为下次按键识别做好准备。

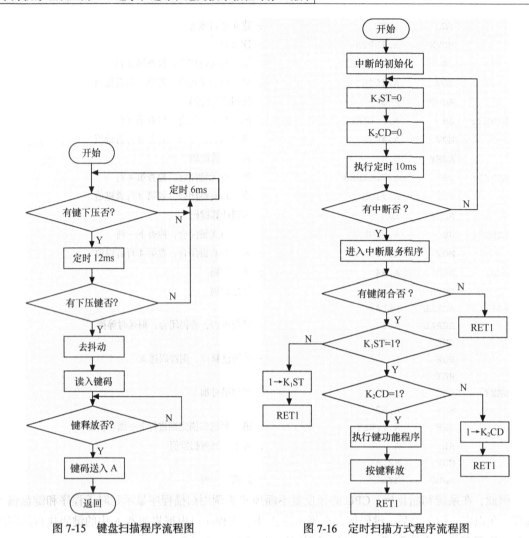

图7-15　键盘扫描程序流程图　　　　图7-16　定时扫描方式程序流程图

3. 中断控制方式

在单片机系统中，键盘工作于编程扫描状态时，CPU要不间断地对键盘进行扫描工作，直到有键按下为止。其间CPU不能做任何其他工作，为了提高CPU的工作效率，可采用中断扫描方式，即只有在键盘上有键按下时，发出中断请求，CPU响应中断请求后，转到中断服务程序，进行键盘扫描。

图7-17所示为采用中断方式的键盘扫描电路。本电路采用4输入与门，用于产生键盘中断，其输入端与各行线相连，输出端接至80C51的外部中断输入端$\overline{INT0}$。当无键盘闭合时，与门各输入端均为高电平，输出端为高电平；当有键闭合时，$\overline{INT0}$为低电平，于是向CPU申请中断。若CPU开放中断，则会响应该键盘中断，转去执行键盘扫描子程序。如果无键按下，CPU将不理睬键盘。

在编程扫描方式和定时扫描方式下，CPU对键盘的监视是主动进行的，而在中断控制方式下，CPU对键盘的监视是被动进行的，如图7-17所示。该键盘直接由80C51的P1口的高、低字节构成4×4的行列式键盘。键盘的列线与P1口的低4位相连，键盘的行线通过二极管接到P1口的高4位。因此，P1.4～P1.7作为键盘的输入线；P1.0～P1.3作为扫描输出线。图中的4个输入端与门就是为中断扫描方式设计的，其输入端分别与各列线相连，输出端接外部中断输入$\overline{INT0}$。初始化时，使键盘行输出口全部置 0。当有键按下时，$\overline{\text{INT0}}$ 端为低电平，向 CPU 发出中断请求，若 CPU 开放外部中断，则响应中断请求，进入中断服务程序。但是在进入中断服务程序之前首先应关闭中断，因为在扫描识别的过程中，会引起 $\overline{\text{INT0}}$ 信号的变化，因此将引起混乱。接着要进行消抖处理及按键的识别键功能程序的执行等工作。

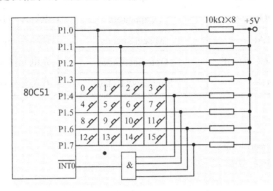

图 7-17　中断方式键盘电路

注意，返回时指令要用 RETI，此外还要添加保护与恢复现场的指令。

综上所述，对键盘所做的工作可分为三个层次。

第 1 层：监视键盘的输入。体现在键盘的工作方式上就是编程扫描、定时扫描和中断扫描工作方式。

第 2 层：确定具体按键。体现在按键的识别方法上就是扫描法和线反转法。

第 3 层：执行按键功能程序。

7.2.5　阶段实践

如图 7-18 所示，P3 为输入口，与 4×4 矩阵键盘连接，P0 口作为输出口。运行程序时，实现按下任一按键，数码管会显示它在矩阵键盘上的序号 0~F。

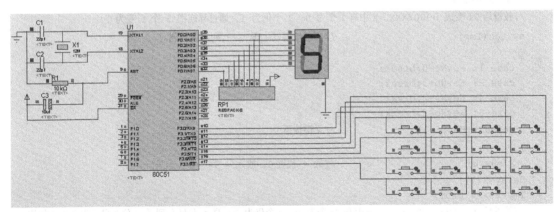

图 7-18　4×4 矩阵键盘应用仿真电路

Proteus 仿真电路图元件见表 7-5。

表 7-5 动态扫描数码管仿真电路图元件表

序　号	元件名称	仿真库名称	备　注
U1	80C51	Microprocessor ICs	微处理器库→80C51
C1、C2	AVX0402NPO22P	Capacitors	电容库→22pF 瓷片电容
C3	CAP-POL	Capacitors	电容库→10μF 电解电容
CRY1	CRYSTAL	Miscellaneous	杂项库→晶振（需设置频率）
U2	7SEG-MPX8-CC-BLUE	Optoelectronics	光电元件库→共阴 7 段数码管
K0 ~ K15	BUTTON	Switches&Relays	开关元件库→按钮

程序清单：

```
#include<reg51.h>
#define uchar unsigned char
#define uint unsigned int
//段码
uchar code DSY_CODE[]={0xc0,0xf9,0xa4,0xb0,0x99,0x92,0x82,0xf8,0x80,0x90,
0x88,0x83,0xc6,0xa1,0x86,0x8e,0x00};
 //上次按键和当前按键的序号，该矩阵中序号范围 0~15，16 表示无按键
uchar Pre_KeyNo=16,KeyNo=16;
void DelayMS(uint x)
{
uchar i;
while(x--) for(i=0;i<120;i++);
}
//矩阵键盘扫描
void Keys_Scan()
{
uchar Tmp;
P3=0x0f;                        //高 4 位置 0，放入 4 行
DelayMS(1);
Tmp=P3^0x0f;
//按键后 0f 变成 0000XXXX，X 中有 1 个为 0，3 个仍为 1，通过异或把 3 个 1 变为 0。
switch(Tmp)                     //判断按键发生于 0~3 列的哪一列
{
  case 1: KeyNo=0;break;
  case 2: KeyNo=1;break;
  case 4: KeyNo=2;break;
  case 8: KeyNo=3;break;
  default:KeyNo=16;             //无键按下
}
 P3=0xf0;                       //低 4 位置 0，放入 4 列
DelayMS(1);
Tmp=P3>>4^0x0f;
//按键后 f0 变成 XXXX0000，X 中有 1 个为 0，3 个仍为 1；高 4 位转移到低 4 位并异或得到改变的值
switch(Tmp)                     //对 0~3 行分别附加起始值 0，4，8，12
{
  case 1: KeyNo+=0;break;
  case 2: KeyNo+=4;break;
  case 4: KeyNo+=8;break;
  case 8: KeyNo+=12;
```

```
}
}
void main()
{
P0=0x00;
while(1)
{
  P3=0xf0;
  if(P3!=0xf0) Keys_Scan();              //获取键序号
  if(Pre_KeyNo!=KeyNo)
  {
   P0=~DSY_CODE[KeyNo];
   Pre_KeyNo=KeyNo;
  }
  DelayMS(100);
}
}
```

7.3　LCD 显示接口电路

液晶显示器（LCD）具有功耗低、体积小、质量轻、超薄等许多其他显示器无法比拟的优点，近几年来被广泛用于单片机控制的智能仪器、仪表和低功耗电子产品中。LCD 可分为段位式 LCD、字符式 LCD 和点阵式 LCD。其中，段位式 LCD 和字符式 LCD 只能用于字符和数字的简单显示，不能满足图形曲线和汉字显示的要求；点阵式 LCD 不仅可以显示字符、数字，还可以显示各种图形、曲线及汉字，并且可以实现上下左右滚动、显示动画等功能，用途十分广泛。本书主要介绍点阵式液晶显示器 FYD12864 模块与单片机的接口及编程的方法。

7.3.1　概述

FYD12864-0402B 是一种具有 4 位/8 位并行、2 线或 3 线串行多种接口方式，内部含有国标一级、二级简体中文字库的点阵图形液晶显示模块。利用该模块灵活的接口方式和简单、方便的操作指令，可构成全中文人机交互图形界面，可以显示 8×4 行 16×16 点阵汉字，也可完成图形显示。低电压、低功耗是其又一显著特点。由该模块构成的液晶显示方案与同类型的图形点阵液晶显示模块相比，不论硬件电路结构还是显示程序，都要简洁得多，并且该模块的价格也略低于相同点阵的图形液晶模块。其基本特性如下：

- 低电源电压（V_{DD}：+3.0～+5.5V）；
- 显示分辨率：128×64 点阵；
- 内置汉字字库，提供 8192 个 16×16 点阵汉字（简、繁体可选）；
- 内置 128 个 16×8 点阵 ASCII 字符集；
- 2MHz 时钟频率；
- 显示方式：STN、半透、正显；
- 驱动方式：1/32DUTY，1/5BIAS；
- 视角方向：6 点；
- 背光方式：侧部高亮白色 LED，功耗仅为普通 LED 的 1/5～1/10；

- 通信方式：串行、并口可选；
- 内置 DC-DC 转换电路；
- 无需片选信号，简化软件设计；
- 工作温度：0℃~+55℃，存储温度：-20℃~+60℃。

7.3.2 组成结构图

FYD12864-0402B 液晶由驱动芯片 ST7920 和 ST7921、LED 背光电路、电源电路三部分组成，如图 7-19 所示，其外形尺寸大小如图 7-20 所示。

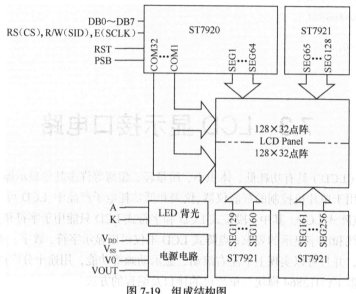

图 7-19 组成结构图

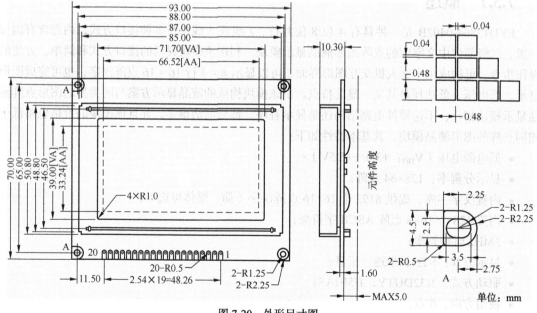

图 7-20 外形尺寸图

7.3.3　模块接口说明

LCD 有两种接口方式，分别为串行连接方式和并行连接方式。串行连接引脚见表 7-6，并行接口引脚见表 7-7。

表 7-6　　　　　　　　　　　　　　　　串行接口引脚信号

引　脚　号	名　　称	电　平	功　　能
1	V_{SS}	0V	电源地
2	V_{DD}	+5V	电源正（3.0V ~ +5.5V）
3	V_0	－	对比度（亮度）调整
4	CS	H/L	模组片选端，高电平有效
5	SID	H/L	串行数据输入端
6	SCLK	H/L	串行同步时钟：上升沿时读取 SID 数据
15	PSB	L	L：串行方式
17	RST	H/L	复位端，低电平有效
19	A	V_{DD}	背光源电压+5V
20	K	V_{SS}	背光源负端

（1）如果在实际应用中仅使用串口通信模式，可将 PSB 接固定低电平，也可以将模块上的 J8 和 GND 用焊锡短接。

（2）模块内部接有上电复位电路，因此在不需要经常复位的场合可将 RST 端悬空。

（3）如背光和模块共用一个电源，可以将模块上的 JA、JK 用焊锡短接。

表 7-7　　　　　　　　　　　　　　　　并行接口引脚信号

引　脚　号	名　　称	电　平	功　　能
1	V_{SS}	0V	电源地
2	V_{DD}	+5V	电源正（3.0V ~ +5V）
3	V_0	－	对比度（亮度）调整
4	RS（CS）	H/L	RS = "H"，表示 DB7 ~ DB0 为显示数据 RS = "L"，表示 DB7 ~ DB0 为显示指令数据
5	R/W（SID）	H/L	R/W = "H"，E = "H"，数据被读入 DB7 ~ DB0 R/W = "L"，E = "H→L"，DB7 ~ DB0 的数据被写入 IR 或 DR
6	E（SCLK）	H/L	使能信号
7	DB0	H/L	三态数据线
8	DB1	H/L	三态数据线
9	DB2	H/L	三态数据线
10	DB3	H/L	三态数据线
11	DB4	H/L	三态数据线
12	DB5	H/L	三态数据线
13	DB6	H/L	三态数据线
14	DB7	H/L	三态数据线

引 脚 号	名 称	电 平	功 能
15	PSB	H/L	H：8 位或 4 位并口方式，L：串口方式
16	NC	—	空脚
17	RST	H/L	复位端，低电平有效
18	VOUT	—	LCD 驱动电压输出端
19	A	V_{DD}	背光源正端（+5V）
20	K	V_{SS}	背光源负端

（1）如果在实际应用中仅使用并口通信模式，可将 PSB 接固定高电平，也可以将模块上的 J8 和 V_{CC} 用焊锡短接。

（2）模块内部接有上电复位电路，因此在不需要经常复位的场合可将 RST 端悬空。

（3）如果背光和模块共用一个电源，可以将模块上的 JA、JK 用焊锡短接。

7.3.4 模块的主要硬件构成

1. 控制器接口信号

RS、R/W 的配合选择决定控制界面的 4 种模式，见表 7-8。

表 7-8 　　　　　　　　　　RS、R/W 控制界面的 4 种模式

RS	R/W	功 能 说 明
L	L	MPU（微处理器）写指令到指令暂存器（IR）
L	H	读出忙标志（BF）及地址计数器（AC）的状态
H	L	MPU 写入数据到数据暂存器（DR）
H	H	MPU 从数据暂存器（DR）中读出数据

E 信号状态执行动作见表 7-9。

表 7-9 　　　　　　　　　　E 信号状态执行动作

E 信号状态	执 行 动 作	结 果
高→低	I/O 缓冲→DR	配合 R/W = 0 进行写数据或指令
高	DR→I/O 缓冲	配合 R/W = 1 进行读数据或指令
低或低→高	无动作	

2. 忙标志 BF

BF 标志用于提供内部工作情况。BF = 1 表示模块在进行内部操作，此时模块不接受外部指令和数据；BF = 0 时，模块为准备状态，随时可接受外部指令和数据。

利用 STATUS RD 指令，可以将 BF 读到 DB7 总线，从而检验模块的工作状态。

3. 字形产生 ROM（CGROM）

字形产生 ROM（CGROM）提供 8192 个 16×16 点阵汉字，此触发器用于模块屏幕显示开、关的控制。DFF = 1 为开显示（DISPLAY ON），DDRAM 的内容就显示在屏幕上，DFF = 0 为关显示（DISPLAY OFF）。DFF 的状态是由指令 DISPLAY ON/OFF 和 RST 信号控制的。

4. 显示数据 RAM（DDRAM）

模块内部显示数据 RAM 提供 64×2 个位元组的空间，最多可控制 4 行 16 字（64 个字）的中文字形显示，当写入显示数据 RAM 时，可分别显示 CGROM 与 CGRAM 的字形。此模块可显示三种字形，分别是半角英文/数字字形（16×8）、CGRAM 字形及 CGROM 的中文字形，三种字形的选择由在 DDRAM 中写入的编码选择，在 0000H～0006H 的编码中（其代码分别是 0000、0002、0004、0006 共 4 个）将选择 CGRAM 的自定义字形，02H～7FH 的编码中将选择半角英文/数字字形，至于 A1 以上的编码将自动结合下一个位元组组成两个位元组的编码，形成中文字形的编码 BIG5（A140～D75F）和 GB（A1A0～F7FFH）。

5. 字形产生 RAM（CGRAM）

字形产生 RAM 提供图像定义（造字）功能，可以提供 4 组 16×16 点阵的自定义图像空间，使用者可以将内部字形没有提供的图像字形自行定义到 CGRAM 中，便可和 CGROM 中的定义一样通过 DDRAM 显示在屏幕中。

6. 地址计数器 AC

地址计数器是用来存储 DDRAM/CGRAM 之一的地址，它可由设定指令暂存器来改变，之后只要读取或者写入 DDRAM/CGRAM 的值时，地址计数器的值就会自动加 1，当 RS 为"0"而 R/W 为"1"时，地址计数器的值会被读取到 DB6～DB0 中。

7. 光标/闪烁控制电路

此模块提供硬体光标及闪烁控制电路，由地址计数器的值来指定 DDRAM 中的光标或闪烁位置。

7.3.5　指令说明

模块控制芯片提供两套控制命令，基本指令和扩充指令见表 7-10 和表 7-11。

表 7-10　　　　　　　　　　　　模块控制芯片的基本指令（RE=0）

指　令	指　令　码										功　能
	RS	R/W	D7	D6	D5	D4	D3	D2	D1	D0	
清除显示	0	0	0	0	0	0	0	0	0	1	将 DDRAM 填满"20H"，并且设定 DDRAM 的地址计数器（AC）到"00H"
地址归位	0	0	0	0	0	0	0	0	1	×	设定 DDRAM 的地址计数器（AC）到"00H"，并且将游标移到开头原点位置；这个指令不改变 DDRAM 的内容
显示状态开/关	0	0	0	0	0	0	1	D	C	B	D=1：整体显示开启 C=1：游标开启 B=1：游标位置反白允许
进入点设定	0	0	0	0	0	0	0	1	I/D	S	指定在数据的读取与写入时，设定游标的移动方向及指定显示的移位
游标或显示移位控制	0	0	0	0	0	1	S/C	R/L	×	×	设定游标的移动与显示的移位控制位；这个指令不改变 DDRAM 的内容

续表

指　令	指　令　码										功　能
	RS	R/W	D7	D6	D5	D4	D3	D2	D1	D0	
功能设定	0	0	0	0	1	DL	×	RE	×	×	DL=0/1：4/8 位数据 RE=1：扩充指令操作 RE=0：基本指令操作
设定 CGRAM 地址	0	0	0	1	AC5	AC4	AC3	AC2	AC1	AC0	设定 CGRAM 地址
设定 DDRAM 地址	0	0	1	0	AC5	AC4	AC3	AC2	AC1	AC0	设定 DDRAM 地址（显示位址） 第 1 行：80H ~ 87H 第 2 行：90H ~ 97H
读取忙标志和地址	0	1	BF	AC6	AC5	AC4	AC3	AC2	AC1	AC0	读取忙标志（BF），可以确认内部动作是否完成，同时可以读出地址计数器（AC）的值
写数据到 RAM	1	0	数据								将数据 D7 ~ D0 写入内部的 RAM
读出 RAM 的值	1	1	数据								从内部 RAM 读取数据 D7 ~ D0

表 7-11　　　　　　　　　　　模块控制芯片的扩充指令（RE=1）

指　令	指　令　码										功　能
	RS	R/W	D7	D6	D5	D4	D3	D2	D1	D0	
待命模式	0	0	0	0	0	0	0	0	0	1	进入待命模式，执行其他指令都被终止
卷动地址开关开启	0	0	0	0	0	0	0	0	1	SR	SR=1：允许输入垂直卷动地址 SR=0：允许输入 IRAM 和 CGRAM 地址
反白选择	0	0	0	0	0	0	0	1	R1	R0	选择两行中的任意一行做反白显示，可决定反白与否。初始值 R1R0=00，第一次设定为反白显示，再次设定变回正常
睡眠模式	0	0	0	0	0	0	1	SL	×	×	SL=0：进入睡眠模式 SL=1：脱离睡眠模式
扩充功能设定	0	0	0	0	1	CL	×	RE	G	0	CL=0/1：4/8 位数据 RE=1：扩充指令操作 RE=0：基本指令操作 G=1/0：绘图开关
设定绘图 RAM 地址	0	0	1	0 AC6	0 AC5	0 AC4	AC3 AC3	AC2 AC2	AC1 AC1	AC0 AC0	设定绘图 RAM 地址 先设定垂直（列）地址 AC6、AC5、…、AC0，再设定水平（行）地址 AC3、AC2、AC1、AC0，将以上 16 位地址连续写入即可

　　　当 IC1 在接受指令前，微处理器必须先确认其内部处于非忙碌状态，即读取 BF 标志时，BF = 0 方可接受新的指令；如果在送出一个指令前并不检查 BF 标志，那么在前一个指令和这个指令中间必须延长一段较长的时间，即等待前一个指令执行完成。

7.3.6　读写时序图

1.　数据传输过程

数据传输过程如图 7-21 ~ 图 7-22 所示。

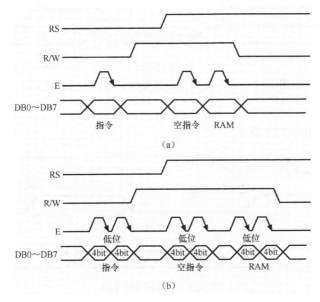

图 7-21　8 位和 4 位数据线的传输过程

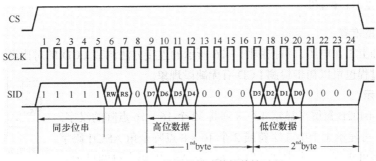

图 7-22　串口数据线模式数据传输过程

2.　时序图

时序图如图 7-23 ~ 图 7-24 所示。

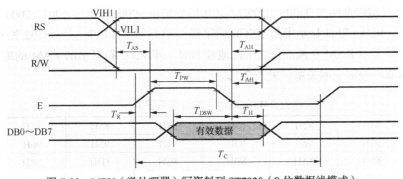

图 7-23　MPU（微处理器）写资料到 ST7920（8 位数据线模式）

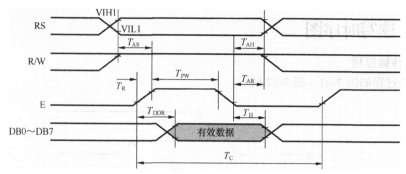

图 7-24　MPU 从 ST7920 读资料（8 位数据线模式）

3. 串口读写时序

串口读写时序图如图 7-25 所示。

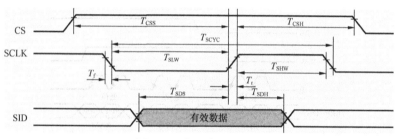

图 7-25　串口读写时序图

7.3.7　应用举例

1. 使用前的准备

先给模块加上工作电压，再按照图 7-26 所示的连接方法调节 LCD 的对比度，使其显示出黑色的底影。此过程也可以初步检测 LCD 有无缺段现象。

2. 字符显示

FYD12864-0402B 每屏可显示 4 行 8 列共 32 个 16×16 点阵的汉字，每个显示 RAM 可显示 1 个中文字符或 2 个 16×8 点阵全角 ASCII 码字符，即每屏最多可实现 32 个中文字符或 64 个 ASCII 码字符的显示。

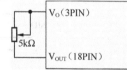

图 7-26　LCD 背光电路

FYD12864-0402B 内部提供 128×2 字节的字符显示 RAM 缓冲区（DDRAM）。字符显示是通过将字符显示编码写入该字符显示 RAM 实现的。根据写入内容的不同，可分别在液晶屏上显示 CGROM（中文字库）、HCGROM（ASCII 码字库）及 CGRAM（自定义字形）的内容。三种不同字符/字形的选择编码范围为 0000～0006H（其代码分别是 0000、0002、0004、0006，共 4 个）显示自定义字型，02H～7FH 显示半角 ASCII 码字符，A1A0H～F7FFH 显示 8192 种 GB2312 中文字库字形。字符显示 RAM 在液晶模块中的地址 80H～9FH。字符显示的 RAM 的地址与 32 个字符显示区域有着一一对应的关系，见表 7-12。

表 7-12　　　　　　字符显示的 RAM 的地址与 32 个字符显示区的对应关系

80H	81H	82H	83H	84H	85H	86H	87H
90H	91H	92H	93H	94H	95H	96H	97H
88H	89H	8AH	8BH	8CH	8DH	8EH	8FH
98H	99H	9AH	9BH	9CH	9DH	9EH	9FH

3．图形显示

先设定垂直地址，再设定水平地址（连续写入两个字节的数据来完成垂直与水平坐标地址）。

垂直地址范围 AC4 ~ AC0。

水平地址范围 AC3 ~ AC0。

绘图 RAM 的地址计数器（AC）只会对水平地址（X 轴）自动加 1，当水平地址 = 0FH 时会重新设为 00H，但并不会对垂直地址做进位自动加 1，故当连续写入多次数据时，程序需自行判断垂直地址是否需重新设定。GDRAM 的坐标地址与数据排列顺序如图 7-27 所示。

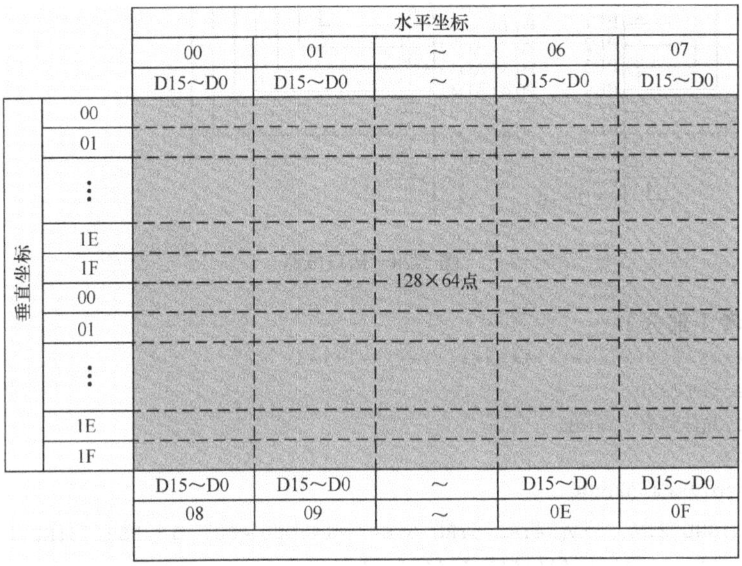

		水平坐标				
		00	01	~	06	07
		D15~D0	D15~D0	~	D15~D0	D15~D0
垂直坐标	00					
	01					
	⋮					
	1E					
	1F		128×64点			
	00					
	01					
	⋮					
	1E					
	1F					
		D15~D0	D15~D0	~	D15~D0	D15~D0
		08	09	~	0E	0F

图 7-27　LCD 坐标示意图

4．应用说明

使用 FYD12864-0402B 显示模块时应注意以下几点。

（1）在某一个位置显示中文字符时，应先设定显示字符位置，即先设定显示地址，再写入中文字符编码。

（2）显示 ASCII 字符过程与显示中文字符过程相同。不过在显示连续字符时，只需设定一次显示地址，由模块自动对地址加 1，指向下一个字符位置，否则，显示的字符中将会有一个空 ASCII 字符位置。

（3）当字符编码为 2 字节时，应先写入高位字节，再写入低位字节。

（4）模块在接收指令前，处理器必须先确认模块内部处于非忙状态，即读取 BF 标志时 BF 需为"0"，方可接受新的指令。如果在送出一个指令前不检查 BF 标志，则在前一个指令和这个指令中间必须延迟一段较长的时间，即等待前一个指令执行完成。指令执行的时间请参考指令表中的指令执行时间说明。

（5）"RE"为基本指令集与扩充指令集的选择控制位。当变更"RE"后，以后的指令集将维持在最后的状态，除非再次变更"RE"位，否则使用相同指令集时，无需每次均重设"RE"位。

5．接口示意图

FYD12864-0402B 与单片机 80C51 的接口电路如图 7-28 所示。

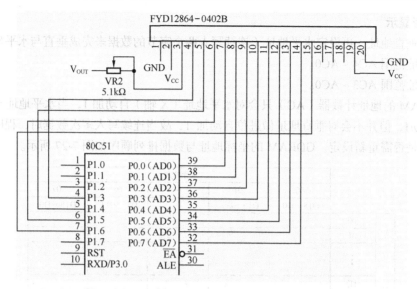

图7-28　接口电路

6．编程参考（部分）

```
;************************************************
;Controller:ST7920
;MCU:80C51,晶体频率：12MHz
;LCM:128×64
;LCM型号:FYD12864-0402B
;LCM接口:1:GND 2:Vcc 3:V0 4:RS 5:RW 6:E 7~14:DB0~DB7  15:PSB 16:NC 17:RST 18:Vout
;************************************************
#include <reg51.h>
#define uchar unsigned char
#define uint unsigned int
sbit    RS =P1^3;                    //寄存器选择输入
sbit    WRD=P1^4;                    //液晶读/写控制
sbit    E = P1^5;                    //液晶使能控制
sbit    PSB=P1^6;
sbit    RES=P2^7;
uchar discode1[]={"LCD12864液晶驱动程序"};
void delay(uint z)
{
 uint x,y;
 for(x=0;x<z;x++)
  for(y=0;y<110;y++);
}
//写命令到LCD
void write_com(uchar com)
{
 RS=0;
 WRD=0;
 delay(1);
 P1=com;
 delay(10);
 E=1;
 delay(1);
 E=0;
```

```
}
//写数据到 LCD
void write_date(uchar date)
{
WRD=0;
RS=1;
delay(1);
P1=date;
delay(10);
E=1;
delay(1);
E=0;
}
void init()
{
PSB=1;
delay(1);
delay(1);
write_com(0x01);                    //清屏
delay(2);
write_com(0x0c);                    //显示状态开关
delay(2);
write_com(0x30);                    //功能设定:8 位数据,基本指令
delay(2);
}
void main()
{
uint i;
init();
delay(10);
while(1)
{
write_com(0x80);
for(i=0;i<20;i++)
{
write_date(discode1[i]);
delay(2);
}
}
}
```

7.3.8　阶段实践

实现 LCD 滚动显示汉字，如图 7-29 所示，在 LCD128×64 上滚动显示汉字"欢迎使用单片机原理及应用技术教程第二版，让我们共同进步、成长！！"。

Proteus 仿真电路图元件见表 7-13。

表 7-13　　　　　　　　　　　　　　LCD 仿真电路图元件表

序　　号	元 件 名 称	仿真库名称	备　　　注
U1	80C51	Microprocessor ICs	微处理器库→80C51
C1、C2	AVX0402NPO22P	Capacitors	电容库→22pF 瓷片电容
C3	CAP-POL	Capacitors	电容库→10μF 电解电容
CRY1	CRYSTAL	Miscellaneous	杂项库→晶振（需设置频率）

续表

序　号	元 件 名 称	仿真库名称	备　注
U2	74HC373	TTL 74HC series	TTL 74HC 芯片库→三态输出的 D 型透明锁存器
U3	74HC00	TTL 74HC series	TTL 74HC 芯片库→与非门
LCD1	AMPIRE128X64	Optoelectronics	光电器件库→液晶显示器

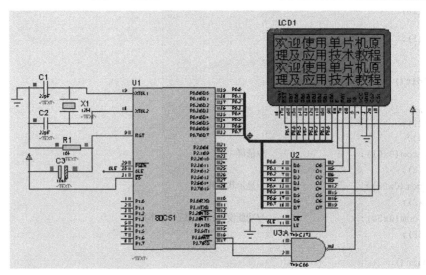

图 7-29　LCD 滚动显示汉字仿真电路图

程序清单：

```c
#include<reg51.h>
#include<absacc.h>
typedef unsigned char uchar;
typedef unsigned int uint;
#define LLCD_CMD_WR PBYTE[0x10]
#define LLCD_CMD_RD PBYTE[0x11]
#define LLCD_DATA_WR PBYTE[0x12]
#define LLCD_DATA_RD PBYTE[0x13]
#define RLCD_CMD_WR PBYTE[0x20]
#define RLCD_CMD_RD PBYTE[0x21]
#define RLCD_DATA_WR PBYTE[0x22]
#define RLCD_DATA_RD PBYTE[0x23]
sbit busy=P0^1;
//汉字取模使用 zimo.exe 软件，参数设置为：纵向取模，字节倒序。
uchar code hz0[]=
{
0x04,0x24,0x44,0x84,0x64,0x9C,0x40,0x30,0x0F,0xC8,0x08,0x08,0x28,0x18,0x00,0x00,
0x10,0x08,0x06,0x01,0x82,0x4C,0x20,0x18,0x06,0x01,0x06,0x18,0x20,0x40,0x80,0x00,  //欢
0x40,0x40,0x42,0xCC,0x00,0x00,0xFC,0x04,0x02,0x00,0xFC,0x04,0x04,0xFC,0x00,0x00,
0x00,0x40,0x20,0x1F,0x20,0x40,0x4F,0x44,0x42,0x40,0x7F,0x42,0x44,0x43,0x40,0x00,  //迎
0x80,0x60,0xF8,0x07,0x04,0xE4,0x24,0x24,0x24,0xFF,0x24,0x24,0x24,0xE4,0x04,0x00,
0x00,0x00,0xFF,0x00,0x80,0x81,0x45,0x29,0x11,0x2F,0x41,0x41,0x81,0x81,0x80,0x00,  //使
0x00,0x00,0xFE,0x22,0x22,0x22,0x22,0xFE,0x22,0x22,0x22,0x22,0xFE,0x00,0x00,0x00,
0x80,0x60,0x1F,0x02,0x02,0x02,0x02,0x7F,0x02,0x02,0x42,0x82,0x7F,0x00,0x00,0x00,  //用
0x00,0x00,0xF8,0x49,0x4A,0x4C,0x48,0xF8,0x48,0x4C,0x4A,0x49,0xF8,0x00,0x00,0x00,
```

```
0x10,0x10,0x13,0x12,0x12,0x12,0x12,0xFF,0x12,0x12,0x12,0x12,0x13,0x10,0x10,0x00, //单
0x00,0x00,0x00,0xFE,0x20,0x20,0x20,0x20,0x20,0x3F,0x20,0x20,0x20,0x20,0x00,0x00,
0x00,0x80,0x60,0x1F,0x02,0x02,0x02,0x02,0x02,0x02,0xFE,0x00,0x00,0x00,0x00,0x00, //片
0x10,0x10,0xD0,0xFF,0x90,0x10,0x00,0xFE,0x02,0x02,0x02,0xFE,0x00,0x00,0x00,0x00,
0x04,0x03,0x00,0xFF,0x00,0x83,0x60,0x1F,0x00,0x00,0x00,0x3F,0x40,0x40,0x78,0x00, //机
0x00,0x00,0xFE,0x02,0x02,0xF2,0x92,0x9A,0x96,0x92,0x92,0xF2,0x02,0x02,0x02,0x00,
0x80,0x60,0x1F,0x40,0x20,0x17,0x44,0x84,0x7C,0x04,0x04,0x17,0x20,0x40,0x00,0x00, //原
};

uchar code hz1[]=
{
0x04,0x84,0x84,0xFC,0x84,0x84,0x00,0xFE,0x92,0x92,0xFE,0x92,0x92,0xFE,0x00,0x00,
0x20,0x60,0x20,0x1F,0x10,0x10,0x40,0x44,0x44,0x44,0x7F,0x44,0x44,0x44,0x40,0x00, //理
0x00,0x00,0x02,0x02,0xFE,0x42,0x82,0x02,0x42,0x72,0x4E,0x40,0xC0,0x00,0x00,0x00,
0x80,0x40,0x30,0x0C,0x83,0x80,0x41,0x46,0x28,0x10,0x28,0x46,0x41,0x80,0x80,0x00, //及
0x00,0x00,0xFC,0x04,0x44,0x84,0x04,0x25,0xC6,0x04,0x04,0x04,0x04,0xE4,0x04,0x00,
0x40,0x30,0x0F,0x40,0x40,0x41,0x4E,0x40,0x40,0x63,0x50,0x4C,0x43,0x40,0x40,0x00, //应
0x00,0x00,0xFE,0x22,0x22,0x22,0x22,0xFE,0x22,0x22,0x22,0x22,0xFE,0x00,0x00,0x00,
0x80,0x60,0x1F,0x02,0x02,0x02,0x02,0x7F,0x02,0x02,0x42,0x82,0x7F,0x00,0x00,0x00, //用
0x10,0x10,0x10,0xFF,0x10,0x90,0x08,0x88,0x88,0x88,0xFF,0x88,0x88,0x88,0x08,0x00,
0x04,0x44,0x82,0x7F,0x01,0x80,0x80,0x40,0x43,0x2C,0x10,0x28,0x46,0x81,0x80,0x00, //技
0x00,0x10,0x10,0x10,0x10,0xD0,0x30,0xFF,0x30,0xD0,0x12,0x1C,0x10,0x10,0x00,0x00,
0x10,0x08,0x04,0x02,0x01,0x00,0x00,0xFF,0x00,0x00,0x01,0x02,0x04,0x08,0x10,0x00, //术
0x20,0xA4,0xA4,0xA4,0xFF,0xA4,0xB4,0x28,0x84,0x70,0x8F,0x08,0x08,0xF8,0x08,0x00,
0x04,0x0A,0x49,0x88,0x7E,0x05,0x04,0x84,0x40,0x20,0x13,0x0C,0x33,0x40,0x80,0x00, //教
0x24,0x24,0xA4,0xFE,0x23,0x22,0x00,0x3E,0x22,0x22,0x22,0x22,0x22,0x3E,0x00,0x00,
0x08,0x06,0x01,0xFF,0x01,0x06,0x40,0x49,0x49,0x49,0x7F,0x49,0x49,0x49,0x41,0x00, //程
};
void lcd_cmd_wr(uchar cmdcode,uchar f);
void lcd_data_wr(uchar ldata,uchar f);
void chech_busy(uchar f);
void lcd_hz_wr(uchar posx,uchar posy,uchar *hz);
void lcd_str_wr(uchar row,uchar col,uchar n,uchar *str);
void lcd_rol();
void lcd_init();
void delay(uint n);

void main()
{
  while(1)
  {
   lcd_init();
   lcd_str_wr(0,0,8,hz0);
   delay(100);
   lcd_str_wr(1,0,8,hz1);
   delay(100);
   lcd_str_wr(2,0,8,hz1);
   delay(100);
   lcd_str_wr(3,0,8,hz2);
   delay(100);
   lcd_rol();
   delay(1000);
```

```
    lcd_rol();
    delay(1000);
    }
}

void lcd_init()
{
  uint i;
  lcd_cmd_wr(0x3f,0);
  lcd_cmd_wr(0xc0,0);
  lcd_cmd_wr(0xb8,0);
  lcd_cmd_wr(0x40,0);
  lcd_cmd_wr(0x3f,1);
  lcd_cmd_wr(0xc0,1);
  lcd_cmd_wr(0xb8,1);
  lcd_cmd_wr(0x40,1);
  for(i=0;i<256;i++)
  {
    lcd_data_wr(0x00,0);
    lcd_data_wr(0x00,1);
     }
    lcd_cmd_wr(0xb8+4,0);
    lcd_cmd_wr(0xb8+4,1);
     for(i=0;i<256;i++)
  {
    lcd_data_wr(0x00,0);
    lcd_data_wr(0x00,1);
  }
}
void lcd_cmd_wr(uchar cmdcode,uchar f)
{
  chech_busy(f);
  if(f==0) LLCD_CMD_WR=cmdcode;
  else RLCD_CMD_WR=cmdcode;
}

void chech_busy(uchar f)
{
  if(f==0) LLCD_CMD_RD;
  else RLCD_CMD_RD;
  while(busy);
}

void lcd_str_wr(uchar row,uchar col,uchar n,uchar *str)
{
  uchar i;
  for(i=0;i<n;i++)
  {
    lcd_hz_wr(row,col,str+i*32);
 delay(50);
 col++;
  }
}

void lcd_hz_wr(uchar posx,uchar posy,uchar *hz)
{
```

```
 uchar i;
 if(posy<4)
 {
   lcd_cmd_wr(0xb8+2*posx,0);
lcd_cmd_wr(0x40+16*posy,0);
for(i=0;i<16;i++) lcd_data_wr(hz[i],0);
lcd_cmd_wr(0xb8+2*posx+1,0);
lcd_cmd_wr(0x40+16*posy,0);
for(i=16;i<32;i++) lcd_data_wr(hz[i],0);
 }
 else
 {
   lcd_cmd_wr(0xb8+2*posx,1);
lcd_cmd_wr(0x40+16*(posy-4),1);
for(i=0;i<16;i++) lcd_data_wr(hz[i],1);
lcd_cmd_wr(0xb8+2*posx+1,1);
lcd_cmd_wr(0x40+16*(posy-4),1);
for(i=16;i<32;i++) lcd_data_wr(hz[i],1);
 }
}
void lcd_data_wr(uchar ldata,uchar f)
{
 chech_busy(f);
 if(f==0) LLCD_DATA_WR=ldata;
 else RLCD_DATA_WR=ldata;
}
void lcd_rol()
{
 uchar i;
 for(i=0;i<64;i++)
 {
   lcd_cmd_wr(0xc0+i,0);
   lcd_cmd_wr(0xc0+i,1);
 delay(10);
 }
}
//延时程序
void delay(uint n)
{
 uint i;
 for(;n>0;n--)
   for(i=500;i>0;i--);
}
```

7.4　D/A 转换接口电路

　　由于计算机只能处理数字量，因此计算机系统中凡是遇到有模拟量的地方，就需要进行模拟量向数字量或数字量向模拟量的转换，也就出现了单片机的模/数（A/D）和数/模（D/A）转换的接口问题。数模转换器（DAC）就是一种把数字信号转换成为模拟电信号的器件。

　　D/A 转换器可以直接从 MCS-51 输入数字量，并转换成模拟量，以控制被控对象的工作过程。这需要 D/A 转换器的输出模拟量随着输入数字量正比地变化，使用输出模拟量 V_{OUT} 则能直接反

映数字量 D 的大小，实际上，D/A 转换器输出的电信号不能真正连续可调，而是以所用 D/A 转换器的绝对分辨率为单位增减，所以这实际是准模拟量输出。

7.4.1　D/A 转换接口电路的基本原理

D/A 转换接口电路用来将数字量转换成模拟量。它的基本要求是输出电压 V_{OUT} 应该和输入数字量 D 成正比，即

$$V_{OUT}=D \cdot V_{REF}$$
$$D = d_{n-1} \cdot 2^{n-1} + d_{n-2} \cdot 2^{n-2} + \cdots + d_1 \cdot 2^1 + d_0 \cdot 2^0$$

式中，V_{REF} 为常量；D 为数字量，常为二进制数，位数通常为 8 位或 12 位等，它由 D/A 转换器芯片的型号决定。

D/A 转换器的基本功能是将一个用二进制表示的数字量转换成相应的模拟量。每一个数字量都是数字代码的按位组合，每一位数字代码都有一定的"权"，对应一定大小的数字量。转换的基本方法是将其每一位都转换成相应的模拟量（电压/电流），然后求叠加和，即得到与数字量成正比的模拟量。一般的数/模转换器都是按这一原理设计的。

由图 7-30 可见，它主要由三部分构成，即加权电阻解码网络、受输入数字量控制的电子开关组及由运算放大器构成的电流电压转换器。电子开关组受输入二进制数据 $D_0 \sim D_7$ 控制，当某一位为"1"时，电子开关闭合，基准电压 V_{REF} 连接电阻解码网络，使某一支路电阻上有电流流过。当某一位为"0"时则电子开关断开，该支路电阻上无电流流过。加权电阻解码网络各支路的电阻值与输入二进制数据 $D_0 \sim D_7$ 的"权"相对应，"权"大的电阻值小，回流电流大。"权"小的电阻值大，回流电流小。因此各支路的电流不仅决定于输入数字量的值（0 或 1），还决定于"权"。

各支路的电流如下：

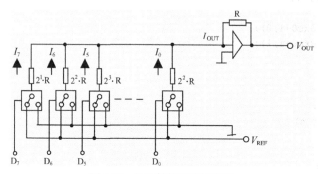

图 7-30　D/A 转换器的原理图

$$I_0 = \frac{V_{REF}}{2^8 \times R} D_0 = 2^0 \frac{V_{REF}}{2^8 \times R} D_0$$

$$I_1 = \frac{V_{REF}}{2^7 \times R} D_1 = 2^1 \frac{V_{REF}}{2^8 \times R} D_1$$

$$\vdots$$

$$I_7 = \frac{V_{REF}}{2^1 \times R} D_7 = 2^7 \frac{V_{REF}}{2^8 \times R} D_7$$

因此，总电流为

$$I_{OUT}=I_0+I_1+I_2+\cdots+I_7=\frac{V_{REF}}{2^8\times R}\times\sum_{i=0}^{7}2^i D_i$$

该总电流经电流—电压转换器（运算放大器）后，电压 V_{OUT} 为

$$V_{OUT}=-RI_{OUT}=-\frac{V_{REF}}{2^8}\times\sum_{i=0}^{7}2^i D_i=-E_0\times N$$

其中，D_i 为第 i 位输入数字量，其值为 "0" 或 "1"。

由上式看出，尽管使用的网络结构不同，但对于 D/A 转换器的输入/输出来说是等效的。图 7-31 所示的 8 位 D/A 转换器中，每一数字输入位所代表的输出模拟量是其相邻的两倍，这样就组成了二进制数字量至模拟量的转换器。

7.4.2　D/A 转换器的主要特点与技术指标

1. 不同的 D/A 转换器芯片有不同的特点和指标

从接口的角度考虑，D/A 转换器有以下特点。

- 输入数据位数很多。D/A 转换器芯片有 8 位、10 位、12 位、16 位，分为 8 位和大于 8 位的 D/A 转换器。
- D/A 转换器的输出有电流输出和电压输出之分。不同型号的 D/A 转换器的输出电平相差较大。一般输出电压范围为 0～5V、0～10V、±5V、±10V 等，有时高达 21～30V。对于电流输出的 DAC，则需外加电流—电压转换器电路（运算放大器），其输出电流有时为几毫安到几十毫安，有时高达 3A。
- 输出电压极性有单极性和双极性之分，如 0～5V、0～10V 为单极性输出，±5V、±10V 为双极性输出。
- 由于单片机的接口电平与 74 系列逻辑电路的电平均为 TTL 电平，因此应用 D/A 转换器芯片时，应选用 TTL 接口电平的芯片。

2. D/A 转换器的主要指标

（1）分辨率

它表示 D/A 转换器对微小输入量变化的敏感程度，通常用数字量的数位表示，如 8 位、12 位、16 位等。这里指最小输出电压（对应的输入数字量只有最低有效位为 "1"）与最大输出电压（对应的数字输入信号所有有效位全为 "1"）之比。例如，分辨率为 10 位的 D/A 转换器，表示它可以对满量程的 $1/(2^{10}-1)=1/1023=0.001$ 的增量做出反应。分辨率越高，转换时对应数字输入信号最低位的模拟信号电压数值越小，也就越灵敏。有时，也用数字输入信号的有效位数来给出分辨率。

（2）转换精度

转换精度以最大的静态转换误差的形式给出。这个转换误差包含非线性误差、比例系数误差及漂移误差等综合误差。应该注意，精度和分辨率是两个不同的概念。精度是指转换后所得的实际值对于理想值的接近程度，而分辨率是指能够对转换结果发生影响的最小输入量，分辨率很高的 D/A 转换器并不一定具有很高的精度。

（3）相对精度

相对精度是指在满刻度已校准的前提下，在整个刻度范围内，对应于任一数码的模拟量输出与它的理论值之差。通常用偏差几个 LSB 来表示和该偏差相对满刻度的百分比表示。

（4）转换时间

转换时间是指当数字变化量为满刻度时，达到终值+LSB/2时所需的时间，通常为几十纳秒至几微秒。

（5）线性度

通常用非线性误差的大小表示 D/A 转换器的线性度，输入/输出特性的偏差与满刻度输出之比的百分数表示非线性误差。一定温度下的最大非线性误差一般为 0.01% ~ 0.03%。

7.4.3　DAC 0832 芯片

DAC 0832 系列为美国 National Semiconductor 公司生产的具有两个数据寄存器的 8 位分辨率的 D/A 转换芯片。此芯片与微处理器完全兼容，可以完全相互代换，并且价格低廉，接口简单，转换控制容易，在单片机应用系统中得到了广泛应用。

1. DAC 0832 的主要特性

- 分辨率为 8 位。
- 转换时间为 1μs。
- 可单缓冲、双缓冲或直接数字转换。
- 只需在满量程下调整其线性度。
- 逻辑电平输入与 TTL 兼容。
- 单一电源供电（+5~+15V）。
- 低功耗（0.2mW）。
- 基准电压的范围为±10V。

2. DAC 0832 的内部结构

DAC 0832 的内部结构框图如图 7-31 所示。它由 8 位输入锁存器、8 位 DAC 寄存器、8 位 D/A 转换器电路及转换控制电路构成，通过两个输入寄存器构成两级数据输入锁存。

使用时，数据输入可以采用两级锁存（双锁存）、单级锁存（一级锁存，一级直通形式）或直接输入（两级直通）形式。

图 7-31 中，三个与门电路组成寄存器输出控制逻辑电路，该逻辑电路的功能是进行数据锁存控制，当 $\overline{LE1}$（$\overline{LE2}$）= 0 时，输入数据被锁存；当 $\overline{LE1}$（$\overline{LE2}$）= 1 时，寄存器的输出跟随输入数据变化。

3. DAC 0832 的引脚

DAC 0832 转换器为 20 引脚双列直插式封装，如图 7-32 所示。

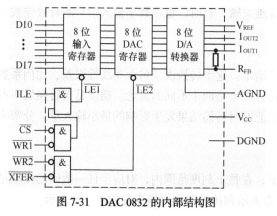

图 7-31　DAC 0832 的内部结构图　　　　图 7-32　DAC 0832 的引脚

其引脚功能如下。

DI0 ~ DI7：8 位数据输入线。

$\overline{\text{CS}}$：片选信号输入，低电平有效。

ILE：数据锁存允许控制信号，高电平有效。输入锁存器的锁存信号 LE1 由 ILE、$\overline{\text{CS}}$、$\overline{\text{WR}}$ 的逻辑组合产生。当 ILE=1，$\overline{\text{CS}}$=0，WR1 输入负脉冲时，$\overline{\text{LE1}}$ 上产生正脉冲。当 $\overline{\text{LE1}}$=1 时，输入锁存器的状态随数据输入线的状态变化，$\overline{\text{LE1}}$ 的负跳变将数据输入线上的信息锁入输入锁存器。

$\overline{\text{WR1}}$：输入寄存器写选通输入信号，低电平有效。

上述两个信号控制输入寄存器是数据直通方式还是数据锁存方式，当 ILE=1 和 $\overline{\text{WR1}}$=0 时，为输入寄存器直通方式；当 ILE=1 和 $\overline{\text{WR1}}$=1 时，为输入寄存器锁存方式。

$\overline{\text{WR2}}$：DAC 寄存器写选通信号（输入），低电平有效。

$\overline{\text{XFER}}$：数据传送控制信号（输入），低电平有效。上述两个信号控制 DAC 寄存器是数据直通方式还是数据锁存方式，当 $\overline{\text{WR2}}$=0 和 $\overline{\text{XFER}}$=0 时，为 DAC 寄存器直通方式；当 $\overline{\text{WR2}}$=1 或 $\overline{\text{XFER}}$=1 时，为 DAC 寄存器锁存方式。

I_{OUT1}、I_{OUT2}：电流输出，$I_{\text{OUT1}}+I_{\text{OUT2}}$=常数。

R_{FB}：反馈电阻输入端。内部接反馈电阻，外部通过该引脚接运放输出端。为了取得电压输出，需要在电压输出端接运算放大器，R_{FB} 即为运算放大器的反馈电阻端。

V_{REF}：基准电压，其值为–10V ~ +10V。

AGND：模拟信号地。

DGND：数字信号地，为工作电源地和数字逻辑地，可在基准电源处进行单点共地。

V_{CC}：电源输入端，其值为+5 ~ +15V。

7.4.4　DAC 0832 与 80C51 的接口设计

DAC 0832 根据控制信号的接法可分为三种工作方式：直通方式、单缓冲方式、双缓冲方式。

1. 单缓冲方式接口

单缓冲应用方式即两个 8 位输入寄存器有一个处于直通方式，而另一个处于受控的锁存方式。当然也可使两个寄存器同时选通及锁存。若应用系统中只有一路 D/A 转换，或者虽然是多路转换，但并不要求同步输出时，则采用单缓冲器方式接口，如图 7-33 所示。图中 ILE 接+5V 电源，片选信号 $\overline{\text{CS}}$ 和数据传送信号 $\overline{\text{XEER}}$ 都与地址线 P2.7 相连，输入锁存器和 DAC 寄存器地址都可选为 7FFFH。写信号 $\overline{\text{WR1}}$ 和 $\overline{\text{WR2}}$ 都和 8051 的写信号 $\overline{\text{WR}}$ 相连，当 CPU 对 8051 执行一次写操作，就能把数字量输入进行锁存和 DAC 转换输出，图中 I_{OUT} 经过 F007 运算放大器，输出一个单极性电压，其范围为 0 ~ 25V。

执行下面的几条指令就能完成一次 D/A 转换：

```
MOV   DPTR, #7FFFH    ; 指向 DAC 0832
MOV   A,    #data     ; 数字量装入 A
MOVX  @DPTR, A        ; 完成一次 D/A 输入与转换
```

2. 双缓冲同步方式接口

对于多路 D/A 转换接口，要求同步进行 D/A 转换输出时，必须采用多缓冲器同步方式接法。DAC 0832 采用这种接法时，数字量的输入和 D/A 转换输出是分两步完成的，即 CPU 的数据总线

分时地向各路 D/A 转换器输入要转换的数字量并锁存在各自的输入寄存器中，然后 CPU 对所有的 D/A 转换器发出控制信号，将各 D/A 转换器输入锁存器中的数据送入 DAC 寄存器，实现同步转换输出。

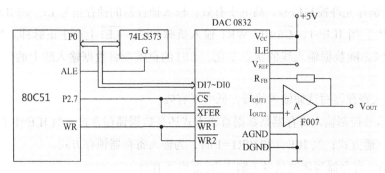

图 7-33　DAC 0832 单缓冲方式接口电路

双缓冲方式就是把 DAC 0832 的两个锁存器都连接成受控锁存方式，如图 7-34 所示。由于两个锁存器分别占据两个地址，因此在程序中需要使用两条传送指令才能完成一个数字量的模拟转换。假设输入寄存器地址为 FEFFH，DAC 寄存器地址为 FDFFH，则完成一次 D/A 转换的程序段如下：

```
MOV     A,     # DATA          ;转换数据送入 A
MOV     DPTR, # 0FEFFH         ;指向输入寄存器
MOVX    @DPTR, A               ;转换数据送入输入寄存器
MOV     DPTR, # 0FDFFH         ;指向 DAC 寄存器
MOVX    @DPTR, A               ;数据进入 DAC 寄存器并进行 D/A 转换
```

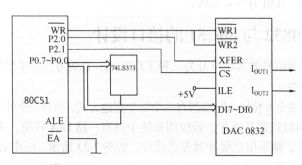

图 7-34　DAC 0832 双缓冲接口方式

7.4.5　阶段实践

利用 DAC 0832 采用双缓存方式，实现正弦波发生器。

Proteus 仿真电路图元件见表 7-14。

表 7-14　　　　　　　　　　　　　正弦波发生器仿真电路图元件表

序　　号	元 件 名 称	仿真库名称	备　　注
U1	80C51	Microprocessor ICs	微处理器库→80C51
C1、C3	AVX0402NPO22P	Capacitors	电容库→30pF 瓷片电容
C4	CAP-POL	Capacitors	电容库→10μF 电解电容

续表

序　　号	元 件 名 称	仿真库名称	备　　注
C5	CAP-POL	Capacitors	电容库→0.1μF 电解电容
CRY1	CRYSTAL	Miscellaneous	杂项库→晶振（需设置频率）
U2	DAC0832	Data Converters	数据转换器库→8 位数模转换器
U3、U5	74HC00	TTL 74LS series	TTL 74HC 器件库～与非门
U4	NOT	Simulator Primitives	模拟器件库～非门
U6	LM324	Operational Amplifiers	运算放大器库～集成运放
VT1	NPN	Transistors	晶体管库～三极管
R1、R8	RES	Resistors	电阻器件库～电阻
RV1、RV2	POT-HG	Resistors	电阻器件库～可变电阻

仿真图如图 7-35 所示，波形实现如图 7-36 所示。

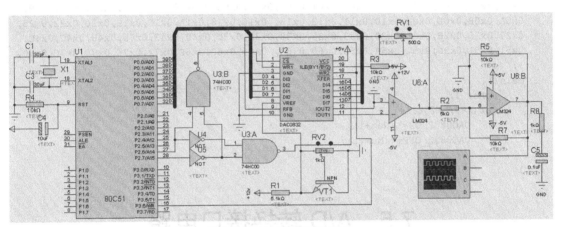

图 7-35　波形发生器仿真图

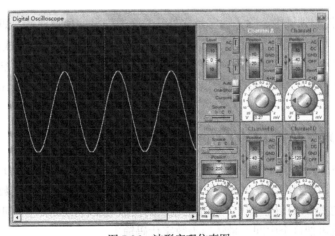

图 7-36　波形实现仿真图

程序清单：

```
#include<reg51.h>
#include<absacc.h>
```

```
#define uchar unsigned char
#define uint  unsigned int
#define DAC0832_ON XBYTE[0x7fff]
#define DAC0832_OFF XBYTE[0x3fff]

uint code Num[]=
{0x80,0x83,0x86,0x89,0x8D,0x90,0x93,0x96, 0x99,0x9C,0x9F,0xA2,0xA5,0xA8,0xAB,0xAE,
0xB1,0xB4,0xB7,0xBA,0xBC,0xBF,0xC2,0xC5,0xC7,0xCA,0xCC,0xCF,0xD1,0xD4,0xD6,0xD8,
0xDA,0xDD,0xDF,0xE1,0xE3,0xE5,0xE7,0xE9,0xEA,0xEC,0xEE,0xEF,0xF1,0xF2,0xF4,0xF5,
0xF6,0xF7,0xF8,0xF9,0xFA,0xFB,0xFC,0xFD,0xFD,0xFE,0xFF,0xFF,0xFF,0xFF,0xFF,0xFF,
0xFF,0xFF,0xFF,0xFF,0xFF,0xFF,0xFE,0xFD,0xFD,0xFC,0xFB,0xFA,0xF9,0xF8,0xF7,0xF6,
0xF5,0xF4,0xF2,0xF1,0xEF,0xEE,0xEC,0xEA,0xE9,0xE7,0xE5,0xE3,0xE1,0xDE,0xDD,0xDA,
0xD8,0xD6,0xD4,0xD1,0xCF,0xCC,0xCA,0xC7, 0xC5,0xC2,0xBF,0xBC,0xBA,0xB7,0xB4,0xB1,
0xAE,0xAB,0xA8,0xA5,0xA2,0x9F,0x9C,0x99,0x96,0x93,0x90,0x8D,0x89,0x86,0x83,0x80,
0x80,0x7C,0x79,0x76,0x72,0x6F,0x6C,0x69, 0x66,0x63,0x60,0x5D,0x5A,0x57,0x55,0x51,
0x4E,0x4C,0x48,0x45,0x43,0x40,0x3D,0x3A,0x38,0x35,0x33,0x30,0x2E,0x2B,0x29,0x27,
0x25,0x22,0x20,0x1E,0x1C,0x1A,0x18,0x16, 0x15,0x13,0x11,0x10,0x0E,0x0D,0x0B,0x0A,
0x09,0x08,0x07,0x06,0x05,0x04,0x03,0x02, 0x02,0x01,0x00,0x00,0x00,0x00,0x00,0x00,
0x00,0x00,0x00,0x00,0x00,0x00,0x01,0x02,0x02,0x03,0x04,0x05,0x06,0x07,0x08,0x09,
0x0A,0x0B,0x0D,0x0E,0x10,0x11,0x13,0x15, 0x16,0x18,0x1A,0x1C,0x1E,0x20,0x22,0x25,
0x27,0x29,0x2B,0x2E,0x30,0x33,0x35,0x38,0x3A,0x3D,0x40,0x43,0x45,0x48,0x4C,0x4E,
0x51,0x51,0x55,0x57,0x5A,0x5D,0x60,0x63, 0x69,0x6C,0x6F,0x72,0x76,0x79,0x7C,0x80,
};
main(){
    uchar i;
    for(i=0;i<256;i++){
        DAC0832_ON=*(Num+i);
        DAC0832_OFF=*(Num+i);
    }
}
```

7.5　A/D 转换接口电路

　　单片机在自动控制领域中，除了数字量之外经常会遇到另一种物理量，即模拟量，常需要将检测到的连续变化的模拟量（如温度、位移、压力、电流、电压等）转换成离散的数字量，即A/D 转换器（ADC），才能输入到单片机中进行处理。如果需要对被控对象控制时，再将处理的数字量经过 D/A 转换器转换成模拟量输出，实现对被控对象（过程或仪器、仪表、机电设备等）的控制。

7.5.1　A/D 转换接口电路的基本原理

　　根据 A/D 转换器的原理可将 A/D 转换器分成两大类，一类是直接型 A/D 转换器，另一类是间接型 A/D 转换器。在直接型 A/D 转换器中，输入的模拟电压被直接转换成数字代码，不经过任何中间变量；在间接型 A/D 转换器中，首先把输入的模拟电压转换成某种中间变量（时间、频率、脉冲宽度等），然后再把这个中间变量转换为数字代码输出。

　　尽管 A/D 转换器接口电路的种类很多，可分为计数式 A/D 转换器、逐次逼近型 A/D 转换器、双积分式 A/D 转换器、并行 A/D 转换器及 V/F 变换式 A/D 转换器。随着 I^2C 总线及 SPI 总线的推出，各厂商也推出了多种型号的串行 A/D 接口芯片。

1. 逐次逼近式 A/D 转换器的原理

图 7-37 所示是逐次逼近式 A/D 转换器的原理图，由比较器、D/A 转换器、输出锁存器和控制逻辑等组成。其原理为：将一个待转换的模拟电压（模拟输入信号）V_X 与 D/A 转换器的输出电压 V_{OUT} 分别输入比较器 C_0 进行比较，根据 V_{OUT} 大于还是小于输入模拟信号 V_X 来决定增大还是减小 D/A 转换器的输出电压 V_{OUT}，以便向输入模拟信号逼近。当 $V_{OUT}=V_X$ 时，向 D/A 转换器输入数字量就等于待转换的模拟量（即转换结果）。

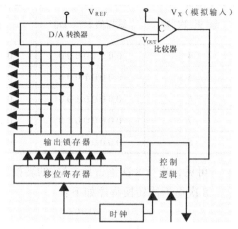

图 7-37　逐次逼近式 A/D 转换器工作原理图

下面介绍一下模拟输入信号与输出电压的比较方法。首先对二进制计数器（输出锁存器）的最高位置 "1"，然后进行转换、比较、判断。每接收一位时，都要进行测试。若模拟输入信号小于输出电压，则比较器输出为零，并使该位清零；若模拟输入信号大于输出电压，比较器输出为 1，则使输出锁存器的最高位保持为 1。然后对较低的位依次按照该办法进行比较和调整。无论哪种情况，均应继续比较下一位，直到最末位。此时 D/A 转换器的数字输入（输出锁存器内容）即为对应的模拟量输入信号的数字量。将此数字量输出，就完成了 A/D 的转换过程。

这种方法好比用天平称一个物体的质量，第 1 次放最大的砝码，若不合适，就改放小一号的，若合适，保留在天平上，再放下一个法码，依次类推，显然，对于 n 位的转换器，需要重复这种过程 n 次。

例如，A/D 转换器的位数为 8，则需要 8 次，即八次逼近法。设取样瞬时模拟值 V_X 的转换结果为 52H，工作过程如下。

（1）建立一个调整值，第 1 次取最大值 FFH，这个调整值是变化的，8 次后获得的最终值就是对应模拟输入信号 V_X 的数字量，即转换结果。

（2）再设立一个试探值，试探哪位，哪位取 1，根据试探结果决定对试探值的取舍。

（3）求机器的输出值，输出值 = 调整值-试探值。

例如，调整值为 11111111，试探值为 10000000，输出值 V_{OUT} = 11111111-10000000 = 01111111。

（4）将结果送入 D/A 转换器，转换之后再与 V_X 比较，若 $V_{OUT} > V_X$，则比较结果 $C_0 = 1$；若 $V_{OUT} < V_X$，则结果 $C_0 = 0$。

（5）把比较结果 C_0 送入 CPU，可以修正新的调整值，再重新求输出值，再重复上述步骤。

（6）试探 8 次后，即可得出 V_{OUT} 的值（放在调整值的存放处）。

上述过程见表 7-15。

表 7-15　　　　　　　　　　　逐次逼近过程表

逼 近 次 数	试探值 $D_7 \sim D_0$	输 出 值	调整值 （1111　1111）	C_0	说　明
1	10000000	0111　1111	0111　1111	1	不保留
2	01000000	0011　1111	0111　1111	0	保留
3	00100000	0101　1111	0101　1111	1	不保留

续表

逼 近 次 数	试探值 D7 ~ D0	输 出 值	调整值 （1111 1111）	C0	说 明
4	00010000	0100 1111	0101 1111	0	保留
5	00001000	0101 0111	0101 0111	1	不保留
6	00000100	0101 0011	0101 0011	1	不保留
7	00000010	0101 0001	0101 0011	0	保留
8	00000001	0101 0010	0101 0010	1	不保留

可见，进行 8 次逼近后，V_X 的转换值为 01010010 = 52H，说明转换成功。

8 次逼近法转换程序如下：

```
            ORG     0100H
START:      MOV     R2,     #08H        ; 逼近 8 次
            MOV     R1,     #0FFH       ; 调整值
            MOV     R0,     #80H        ; 试探值
TOP:        MOV     DPTR,   #8000H      ; 数据端口
            MOV     A,      R1
            SUBB    A,      R0          ; 调整值减试探值
            MOV     R3,     A           ; 暂存
            MOVX    @DPTR,  A           ; 启动转换
            MOV     DPTR,   #8000H      ; 改状态口
            MOV     A,      @DPTR
            ANL     A,      #80H        ; 查 C0=?
            JZ      SMD                 ; C0=0 则跳至 SMD
            MOV     A,      R3
            MOV     R1,     A           ; C0=1 则替换 R1
SMD:        MOV     A,      R0
            RR      A
            MOV     R0,     A           ; 试探值下移一位
            DJNZ    R2,     TOP
            RET
```

逐次逼近 A/D 转换器的主要优点是转换速度比较快，此外，与有同样分辨率的双积分型转换器比较，它不需要高精度的运算放大器，而且成本也较低。这种形式的 A/D 转换器在单片机系统中被广泛应用。

2. 双积分式 A/D 转换器的原理

双积分式 A/D 转换器的工作原理如下：电路先对未知的输入模拟电压 V_{IN} 进行固定时间的积分，然后转为对标准电压进行反向积分，直至输出积分，返回起始值，则对标准电压积分的时间 T 正比于模拟输入电压 V_{IN}，如图 7-38 所示，输入电压越大，则反向积分时间越长。使用高频标准时钟脉冲来测量时间 T，即可以得到相应模拟电压的数字量。

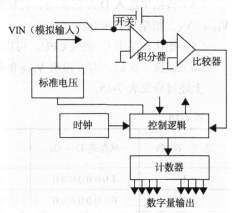

图 7-38 双积分式 A/D 转换器工作原理图

7.5.2　A/D 转换器的主要技术指标

（1）分辨率

分辨率通常用数字量的位数表示，定义为满刻度电压与 $2n$ 的比值，其中，n 为 ADC 的位数，如 8 位、10 位、12 位、16 位分辨率等。若分辨率为 8 位，表示它可以对全量程的 $1/2^n = 1/256$ 的增量做出反应。分辨率越高，对输入量的微小变化的反应越灵敏。

（2）量程

量程即所能转换的电压范围，如 5V、10V 等。

（3）精度

精度有绝对精度和相对精度两种表示方法。常使用数字量的位数作为度量精度的单位，如精度为 ±1/2LSB，而用百分比来表示满量程时的相对误差，如 ± 0.05%。

（4）转换时间

完成一次 A/D 转换所需的时间称为转换时间。不同型号、不同分辨率的器件，其转换时间的长短相差很大，可能为几微秒至几百毫秒。

（5）输出逻辑电平

它多数与 TTL 电平配合。在考虑数字输出量与微机数据总线的关系时，还要对其他一些问题加以考虑，例如，是否要用三态逻辑输出、采用何种编码制式等。

（6）工作温度范围

由于温度会对运算放大器和电阻解码网络等产生影响，所以只有在一定的温度范围内才能保证额定的转换指标。较好的转换器件的工作温度为-40℃ ~ 85℃，较差者为 0℃ ~ 70℃。

7.5.3　ADC 0809 芯片

ADC 0809 是 8 位 8 模拟量输入通道的逐次逼近型 A/D 转换器，采用 CMOS 工艺制造。包括 8 位 A/D 转换器、8 通道多路选择器及与微处理器兼容的控制逻辑。8 通道多路转换器能直接连通 8 个单端模拟信号中的任何一个，输出 8 位二进制数字量。ADC 0809 适用于实时测试和过程控制。

1. ADC 0809 的内部结构

ADC 0809 的内部结构框图如图 7-39 所示。片内由具有锁存功能的 8 路模拟多路开关、8 位逐次逼近式 A/D 转换器、三态输出锁存器及地址锁存与译码电路组成。可对 8 路 0 ~ 5V 的输入模拟电压信号分时进行转换。8 路模拟通道共用一个 8 位逐次逼近式 A/D 转换器进行 A/D 转换，转换后的数据送入三态输出数据的锁存器，可直接与单片机的数据总线相连，并同时给出转换结束信号。通道地址选择见表 7-16。片内具有多路开关的地址译码器和锁存电路、比较器、256R 电阻 T 型网络、树状电子开关、逐次逼近数码寄存器 SAR、控制与时序电路等。

表 7-16　　　　　　　　　　　　　通道地址选择表

ADDC	ADDB	ADDA	选择的通道
0	0	0	IN0
0	0	1	IN1
0	1	0	IN2
0	1	1	IN3
1	0	0	IN4
1	0	1	IN5

续表

ADDC	ADDB	ADDA	选择的通道
1	1	0	IN6
1	1	1	IN7

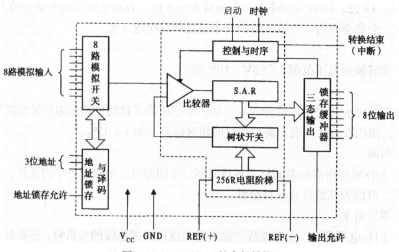

图 7-39　ADC 0809 的内部结构

2．ADC 0809 的主要特性

- 分辨率为 8 位。
- 最大不可调误差小于 ± 1LSB。
- 当 CLK=500kHz 时，转换时间为 128μs。
- 不必进行零点和满刻度调整。
- 功耗为 15mW。
- 单一+5V 供电，模拟输入范围为 0 ~ 5V。
- 具有锁存控制的 8 路模拟开关。
- 可锁存三态输出，输出与 TTL 兼容。

3．ADC 0809 的引脚

ADC 0809 为 28 脚双列直插式封装，如图 7-40 所示。

ADC 0809 的引脚功能如下。

IN0 ~ IN7：8 路模拟量输入端，信号电压范围为 0 ~ 5V。

ADDA、ADDB、ADDC：模拟输入通道地址选择线，其 8 种编码分别对应 IN0 ~ IN7。

ALE：地址锁存允许输入信号线，该信号的上升沿将地址选择信号 A、B、C 的地址状态锁存至地址寄存器。

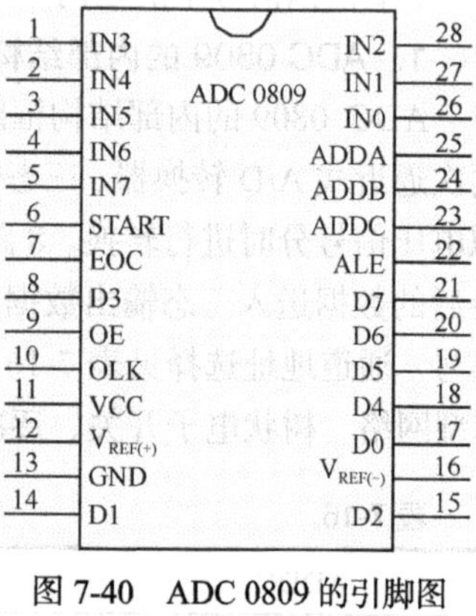

图 7-40　ADC 0809 的引脚图

START：A/D 转换启动信号，正脉冲有效，其下降沿启动内部控制逻辑开始 A/D 转换。

EOC：A/D 转换结束信号，当进行 A/D 转换时，EOC 输出低电平，转换结束后，EOC 引脚输出高电平，可作为中断请求信号或供 CPU 查询。

D7（2^{-1}）~ D0（2^{-8}）：8 位数字量输出端，可直接与单片机的数据总线连接。

OE：输出允许控制端，高电平有效。高电平时将 A/D 转换后的 8 位数据送出。

CLK：时钟输入端，它决定 A/D 转换器的转换速度，其频率范围为 10～1280kHz，典型值为 640kHz，对应转换速度等于 100μs。

$V_{REF(+)}$、$V_{REF(-)}$：内部 D/A 转换器的参考电压输入端。

V_{CC}：+5V 电源输入端，GND 为接地端。一般 REF（+）与 V_{CC} 连接在一起，REF（-）与 GND 连接在一起。

ADDA、ADDB、ADDC 为 8 路模拟开关的 3 位地址选通输入端，用于选择对应的输入通道进行 A/D 转换。其对应关系见表 7-16，时序图如图 7-41 所示。

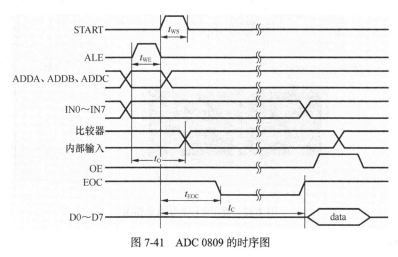

图 7-41   ADC 0809 的时序图

7.5.4   阶段实践

利用单片机 80C51 与 ADC 0809 设计一个数字电压表，能够测量 0～5V 的直流电压值，4 位数码显示。

数字电压表仿真电路图元件见表 7-17。

表 7-17 数字电压表仿真电路图元件表

序　号	元 件 名 称	仿真库名称	备　　注
U1	80C51	Microprocessor ICs	微处理器库→80C51
C1、C3	AVX0402NPO22P	Capacitors	电容库→22pF 瓷片电容
C4	CAP-POL	Capacitors	电容库→10μF 电解电容
C5	CAP-POL	Capacitors	电容库→0.1μF 电解电容
CRY1	CRYSTAL	Miscellaneous	杂项库→晶振（需设置频率）
U2	ADC0809	Data Converters	数据转换器库→8 位模数转换器
U3	74LS74	TTL 74LS series	TTL 74LC 器件库→D 触发器
U4	7SEG-MPX4-CC	Optoelectronics	光电元件库→共阴 7 段数码管
RV1	POT-HG	Resistors	电阻器件库→可变电阻

仿真图如图 7-42 所示。

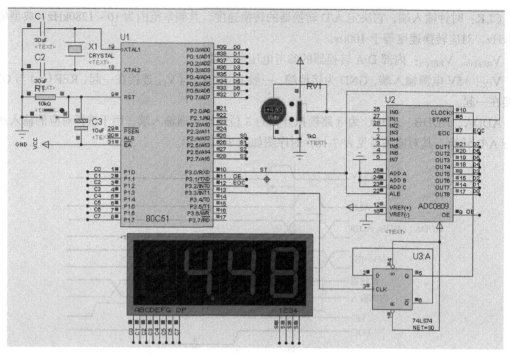

图 7-42　数字电压表仿真电路图

程序清单：

```c
#include<reg51.h>
unsigned char code dispbitcode[]={0xfe,0xfd,0xfb,0xf7, 0xef,0xdf,0xbf,0x7f};
unsigned char code dispcode[]={0x3f,0x06,0x5b,0x4f,0x66, 0x6d,0x7d,0x07,0x7f,0x6f,
0x00};
unsigned char dispbuf[8]={10,10,10,10,10,0,0,0};
unsigned char dispcount;
unsigned char getdata;
unsigned int temp;
long int  i;
unsigned int R1;

sbit ST=P3^0;
sbit OE=P3^1;
sbit EOC=P3^2;
sbit CLK=P3^3;

void main(void)
{
  ST=0;
  OE=0;
  ET0=1;
  ET1=1;
  EA=1;
  TMOD=0x12;
  TH0=216;
  TL0=216;
  TH1=(65536-5000)/256;
  TL1=(65536-5000)%256;
  TR1=1;
```

```
        TR0=1;
        ST=1;
        ST=0;
        while(1)
          {
            if(EOC==1)
              {
                OE=1;
                getdata=P0;
                OE=0;
                i=getdata*196;
                  dispbuf[5]=i/10000;
                  i=i%10000;
                  dispbuf[6]=i/1000;
                  i=i%1000;
                  dispbuf[7]=i/100;
                  ST=1;
                  ST=0;
              }
          }
}

void t0(void) interrupt 1 using 0          //定时器 0  中断服务
{
    CLK=~CLK;
}

void t1(void) interrupt 3 using 0          //定时器 1  中断服务
{
    TH1=(65536-6000)/256;
    TL1=(65536-6000)%256;
    P2=0xff;
    P1=dispcode[dispbuf[dispcount]];
    P2=dispbitcode[dispcount];
    if(dispcount==5)
      {
        P1=P1 | 0x80;
      }
    dispcount++;
    if(dispcount==8)
      {
        dispcount=0;
      }
}
```

习　　题

1. 说明产生键盘抖动的原因及解决办法。
2. 键盘程序通常由几部分构成？
3. 共阳极数码管与共阴极数码管有什么不同？可否在电路中互换使用？
4. LED 数码管动态显示原理是什么？它与静态显示有何不同？

5. 串行 LED 数码管显示有何优点？说明 12 位串行 LED 数码管的显示原理。若采用并行显示方式，可否实现 12 位 LED 显示？

6. 了解液晶显示模块的内部结构及工作原理，修改教材中的参考程序，改变显示汉字的位置及字符。

7. 如何实现汉字滚动显示？

8. 利用最少的按键设计一个实时电子时钟，要求可进行时、分、秒显示，并可随时对时钟进行调校。

9. DAC 0832 与 80C51 单片机连接时有哪些控制信号？其作用分别是什么？

10. 利用 80C51 单片机和 DAC 0832 组成单缓冲工作方式，产生方波信号，写出源程序。

第8章
80C51 单片机的串行通信技术

计算机的 CPU 与外部设备之间进行信息交换称为数据通信。在计算机系统中，CPU 与外部通信的基本通信方式有两种：并行数据通信和串行数据通信。

（1）并行通信

数据的各位同时传送。其优点是传递速度快，缺点是数据有多少位，就需要多少条传输线。

（2）串行通信

数据一位一位依次序传送，故它的传输只需一条线，适用于远程通信、分级、分层及分布式控制系统，是单片机之间通信的主要方式。串行通信通过串行接口实现，它的优点是只需一对传输线，这样大大降低了传送成本，因此串行通信能节省传输线，特别是当数据的位数很多和远距离数据传送时，这一优点更加突出。其缺点是传送速度较低。在应用时，可根据数据通信的距离决定采用哪种通信方式，例如，在计算机与外部设备通信时，如果距离较短，可采用并行数据通信方式；当距离较远时，则要采用串行数据通信方式。

80C51 单片机具有并行和串行两种基本数据通信方式。图 8-1（a）所示为 80C51 单片机与外设间 8 位数据并行通信的连接方法，图 8-1（b）所示为串行数据通信方式的连接方法。

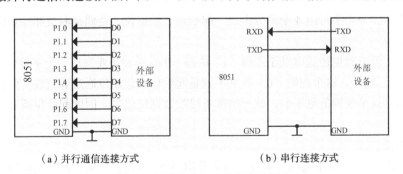

（a）并行通信连接方式　　　　　（b）串行连接方式

图 8-1　两种通信方式的连接示意图

8.1　串行通信基础

8.1.1　串行通信分类

串行通信是指将构成字符的每个二进制数据位依据一定的顺序逐位进行传送的通信方式。按照串行数据通信的格式，串行通信分为异步通信和同步通信两类。

1. 异步通信（Asynchronous Communication）

数据通常是以字符数据（或字节）为单位组成字符帧传送的，即每个字符数据以相同的帧格式传送。字符帧由发送端一帧一帧地发送，通过传输线再由接收设备一帧一帧地接收。发送端和接收端可以有各自的时钟来控制数据的发送和接收，这两个时钟源彼此独立，互不同步。

在异步通信中，接收端是依靠字符帧格式来判断发送端何时开始发送及何时结束发送。发送传输线最初为高电平（逻辑"1"），每当接收端检测到传输线上发送过来的低电平逻辑"0"（字符帧中的起始位）时，就知道发送端已开始发送，每当接收端检测到接收的字符帧中的停止位为"1"时，就知道一帧字符信息已发送完毕。

在异步通信中，字符帧格式和波特率是两个重要指标，由用户根据实际情况选定。

每个字符帧的数据格式如图 8-2 所示。

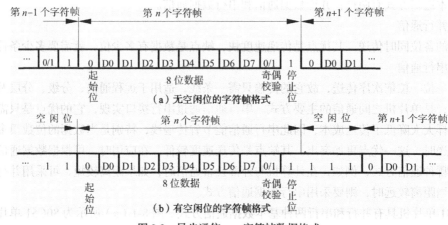

图 8-2　异步通信——字符帧数据格式

在帧格式中，一个字符由 4 个部分组成：起始位、数据位、奇偶校验位和停止位。

（1）起始位

在通信线上没有数据传送时处于逻辑"1"状态。在发送设备要发送一个字符数据时，首先发出一个逻辑"0"信号，这个逻辑"0"低电平就是起始位。起始位通过通信线传向接收设备，当接收设备检测到这个逻辑低电平后，就开始准备接收数据位信号。因此起始位所起的作用就是表示字符传送开始。

（2）数据位

数据位（D0 ~ D7）位于起始位后面，通常可取为 5 ~ 8 位，依据数据位由低到高的顺序依次传送。若所传数据为 ASCII 字符，则通常取 7 位。

（3）奇偶校验位

奇偶校验位（I/O）只占一位，位于数据位后面，用来表示串行通信中采用奇校验还是偶校验，也可用这一位来确定这一帧中的字符所代表信息的性质（地址/数据等），由用户根据需要决定。

（4）停止位

停止位位于字符帧末尾，表示字符的结束，为逻辑"1"高电平，可以是 1、1/2、2 位。它用于向接收端表示一帧字符信息已发送完毕。接收端收到停止位后，知道上一字符已传送完毕，同时也为接收下一字符做好准备（只要再收到"0"就是新的字符帧起始位）。若停止位以后不是接着传送下一个字符，则令传输线路上保持为"1"。

在串行通信中，发送端一帧一帧地发送信息，接收端一帧一帧地接收信息。两个相邻字符帧之间可以无空闲位，也可以有若干空闲位，这由用户根据需要决定。图 8-2（a）表示一个字符接一个字符传送的情况，上一个字符的停止位和下一个字符的起始位是相邻的；图 8-2（b）则表示的是两个字符间有空闲位的情况，空闲位为"1"，线路处于等待状态。

异步通信的优点是不需要传送同步脉冲，字符帧长度也不受限制，故所需设备简单；其缺点是，由于字符帧中包含有起始位、停止位及空闲位，因而降低了有效数据的传输速率。

2. 同步通信（Synchronous Communication）

在异步通信中，每一个字符要用起始位和停止位作为字符开始和结束的标志，在数据块传送时，为了提高通信速度，常常去掉这些标志，采用同步传送。

同步通信是一种连续串行传送字符数据的通信方式，一次通信只传送一帧信息。同步通信时，字符与字符之间没有间隙，也不用起始位和停止位，仅在数据块开始时用同步字符 SYNC（常约定为 1~2 个）来指示，然后是连续的若干个数据块。同步字符的插入可以是单同步字符方式或双同步字符方式，它们均由同步字符、数据字符和校验字符 CRC 三部分组成。其中，同步字符位于帧结构的开头，用于确认数据字符的开始（接收端不断对传输线采样，并把采样到的字符和双方约定的同步字符比较，只有比较成功后才会把后面接收到的字符加以存储）。数据字符在同步字符之后，字符个数不受限制，由所需传输的数据块长度决定。校验字符有 1~2 个，位于帧结构的末尾，用于接收端对接收到的数据字符的正确性的校验。

如图 8-3 所示，在同步通信中，同步字符可以采用统一标准模式，也可由用户约定。在单同步字符帧结构中，同步字符常采用 ASCII 码中规定的 SYN 代码；在双同步字符帧结构中，同步字符一般采用国际通用标准代码 EB90H。

同步字符 1	数据字符 1	数据字符 2	数据字符 3	…	数据字符 n	CRC1	CRC2

（a）单同步字符帧格式

同步字符 1	同步字符 2	数据字符 1	数据字符 2	…	数据字符 n	CRC1	CRC2

（b）双同步字符帧格式

图 8-3 同步传送的数据格式

同步通信的数据传输速率较高，通常可达 56000bit／s 或更高，其缺点是要求发送时钟和接收时钟保持严格同步，要求用时钟来实现发送端与接收端之间的同步。为了保证接收无误，发送方除了传送数据外，还要同时传送时钟信号。同步通信的特点如下：

① 以同步字符作为传送的开始，从而使收、发双方取得同步；

② 每位占用的时间都相等；

③ 字符数据之间不允许有空隙，当线路空闲或没有字符可发时，插入发送同步字符。

同步字符可由用户选择一个或两个特殊的 8 位二进制码作为同步字符。同步通信的收、发双方必须使用相同的同步字符。作为应用，异步通信常用于传输信息量不太大、传输距离远、传输速度比较低的场合。在信息量很大、传送速度要求较高的场合，常采用同步通信，速度可达每秒 800000 位。

8.1.2 串行通信的制式

在串行通信中，数据是在两个站之间传送的。按照数据传送方向，串行通信可分为单工、半双工和全双工三种制式。

1. 单工制式

在单工制式下，通信线的一端接发送器，另一端接接收器，它们形成单向连接，只允许数据按照一个固定的方向传送。如图 8-4（a）所示，数据只能由 A 站传送到 B 站，而不能由 B 站传送到 A 站。

2. 半双工制式

在半双工制式下，系统中的每个通信设备都由一个发送器和一个接收器组成，通过收发开关接到通信线上，如图 8-4（b）所示。在这种制式下，数据既能从 A 站传送到 B 站，也能从 B 站传送到 A 站，即在同一时刻，只能进行一个方向传送，不能双向同时传输，也就是每次只能一个站发送，另一个接收。其收发开关并不是实际的物理开关，而是由软件控制的电子开关。

3. 全双工制式

虽然半双工比单工制式灵活，但它的效率依然很低。从发送方式切换到接收方式所需的时间大约为数毫秒，这么长的时间延迟在对时间较敏感的交互式应用（如远程检测监视和控制系统）中是无法容忍的。重复切换引起的延迟积累是半双工通信协议效率不高的主要原因。半双工通信的这种缺点是可以避免的，而且方法很简单，即采用信道划分技术。在全双工制式中，通信系统的每端都设置发送器和接收器，数据可以同时在两个方向上传送。在如图 8-4（c）所示的全双工连接中，不是交替发送和接收，而是可同时发送和接收。

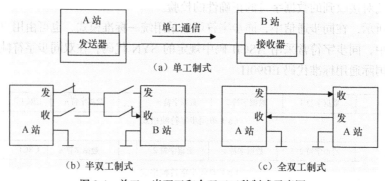

图 8-4　单工、半双工和全双工三种制式示意图

需要注意的是，尽管许多串行通信接口电路具有全双工功能，在实际应用中，异步通信通常采用半双工制式，即两个工作站通常并不同时发收。这种用法虽然没有充分发挥效率，但简单、实用。

8.1.3　接收/发送时钟

1. 接收与发送时钟

二进制数据系列在串行传送过程中以数字信号波形的形式出现。不论接收还是发送，都必须有时钟信号对传送的数据位进行定位。接收/发送时钟就是用来控制通信设备接收/发送字符数据速度及准确性的，该时钟信号通常由外部时钟电路产生。

在发送数据时，发送器在发送时钟的下降沿将移位寄存器的数据串行移位输出；在接收数据时，接收器在接收时钟的上升沿对接收数据采样，进行数据位检测，如图 8-5 和图 8-6 所示。

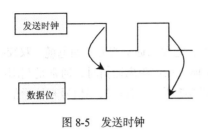

图 8-5　发送时钟

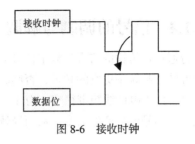

图 8-6　接收时钟

接收/发送时钟频率与波特率有如下关系:

接收/发送时钟频率 = n × 接收/发送波特率(n=1、16、64)

在同步传送方式中,必须取 n = 1,即接收/发送时钟频率等于接收/发送波特率。在异步传送方式中,n = 1、16、64,即可以选择接收/发送时钟频率是波特率的 1、16 或 64 倍。因此可由要求的传送波特率及所选择的倍数 n 来确定接收/发送时钟频率。

接收 / 发送时钟的周期 T_c 与传送的数据位宽 T_d 之间的关系是

$$T_c = \frac{T_d}{n} \quad (n=1、16、64)$$

若取 n=16,那么异步传送接收数据实现同步的过程如下。接收器在每一个接收时钟的上升沿采样接收数据线,当发现接收数据线出现低电平时就认为是起始位的开始。以后若在连续的 8 个时钟周期(因为 n=16,故 T_d=16T_c)内检测到接收数据线仍保持为低电平,则确定它为起始位(不是干扰信号)。通过这种方法,不仅能够排除接收线上的噪声干扰,识别假起始位,而且能够相当精确地确定起始位的中间点,从而提供一个准确的时间基准。从这个基准算起,每隔 16T_c 采样一次数据线,作为输入数据。一般来说,从接收数据线上检测到一个下降沿开始,若其低电平能保持(n/2)T_c(半位时间),则确定为起始位,其后每间隔 nT_c 时间(一个数据位时间),就在每个数据位的中间点采样。因此接收、发送时钟对于数据传输达到同步是至关重要的。

2. 数据传输速率与波特率

数据传输速率即每秒传输字符的个数,衡量传输字符数据的速度。通信线上的字符数据是按位传送的,每一位宽度(位信号持续时间)由数据传送速率确定。波特率表示每秒钟传送二进制代码的位数,单位是 bit/s(位/秒),常用 Baud 表示。波特率是异步通信的重要指标,表示数据传输的速度,波特率越高,数据传输速度越快,在数据传送方式确定后,以多大的速率发送/接收数据是实现串行通信必须解决的问题。波特率和字符的实际传输速率不同。字符的实际传输速率是指每秒内所传字符帧的帧数,和字符帧格式有关。

例如,假设数据传送的速率是 120 字符/秒,每个字符帧包含 10 个代码位(1 个起始位、1 个停止位和 8 个数据位),则通信波特率为 120×10=1200(bit/s)。

每一位的传输时间定义为波特率的倒数。例如,波特率为 1200bit/s 的通信系统,其每位的传输时间应为 T_d=1/1200=0.833(ms)。若采用如图 8-2(a)所示的字符帧,则字符的实际传输速率为 1200/11=109.09(帧/秒);若改用如图 8-2(b)所示的字符帧,则字符的实际传输速率为 1200/14=85.71(帧/秒)。

波特率还和信道的频带有关。波特率越高,信道频带越宽。因此,波特率也是衡量通道频宽的重要指标,通常,异步通信的波特率在 50 ~ 9600bit/s 之间。波特率不同于发送时钟和接收时钟,它通常是时钟频率的 1/16 或 1/64。

8.1.4　信号的调制与解调

　　串行通信口传输的信号是数字信号（方波脉冲序列），它要求通信媒介（如电缆、双绞线）必须有比方波本身频率更宽的频带，否则高频分量将被滤掉。在远距离通信时，通常是利用电话线传送信息。由于电话线频带很窄，为 30～3000Hz，如图 8-7 所示，若用数字信号直接通信，经过传送线后，信号就会产生畸变，从而导致通信失败。

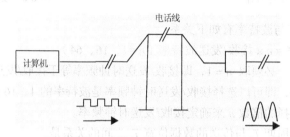

图 8-7　数字信号通过电话线传送产生畸变

　　所以若利用调制手段将数字方波信号变换成某种能在通信线上传输而不受影响的波形信号，正弦波正是最理想的选择。这不仅因为产生正弦波很方便，更重要的是正弦波不易受通信线（电话线）固有频率的影响。显然，最基本的调制信号应由其频率靠近如图 8-7 所示频带中心的那些正弦波组成。

　　将载波信号（待传送的数字信号）通过一种信号进行编码称为调制，而对该信号进行恢复称为解调，相应的设备称为调制器和解调器。在图 8-8 中，信号发送端的调制器将待传输的数字信号转换成模拟信号，接收方用解调器检测此模拟信号，再把它转换成数字信号。由于串行通信大都是双向进行的，通信线路的任一端既需要调制器，也需要解调器，将调制器和解调器合二为一的装置称为调制解调器，又称 MODEM。

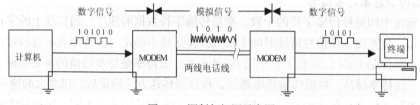

图 8-8　调制与解调示意图

　　调制的方式有多种，如幅移键控（ASK）、频移键控（FSK）、相移键控（PSK）。其中，频移键控是一种最常用的调制方法，它把数字信号的"1"和"0"调制成不同频率的模拟信号，其原理如图 8-9 所示。

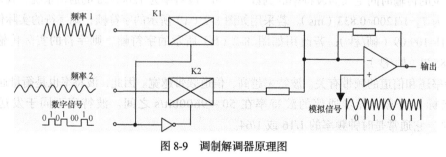

图 8-9　调制解调器原理图

在图 8-9 中，两个不同频率的模拟信号（正弦波）分别由电子开关 K1 和 K2 控制，在运算放大器中相加，当信号为"1"时，控制上面的电子开关 K1 导通，送出一串频率较高的模拟信号；当信号为"0"时，控制下面的电子开关 K2 导通，送出一串频率较低的模拟信号，于是在运算放大器的输出端得到了被调制的信号。

8.1.5　通信数据的检测和校正

数据通信更重要的是能准确传送，检测出差错并加以校正。检测错误方法主要有三种：奇偶校验、校验和、循环冗余码校验。校正错误方法主要有两种：海明码校验、交叉奇偶校验。

1. 奇偶校验

奇偶校验方法就是发送数据时在每一个字符的最高位之后都附加一个奇偶校验位。这个校验位可以为"1"或为"0"，以便保证整个字符（包括校验位）为"1"的位数为偶数（偶校验）或为奇数（奇校验）。接收时，按照发送方所确定的同样的奇偶性，对接收到的每一个字符进行校验，若二者不一致，便说明出现了差错。例如，发送方按偶校验产生校验位，接收方也必须按偶校验进行检验，当发现接收到的字符中为"1"的位数不为偶数时，便出现奇偶校验错。

奇偶校验是一个字符校验一次，只能提供最低级的错误检测，尤其是它只能检测到那种影响了奇数个位的错误，通常只用在异步通信中。

2. 校验和

此校验方法针对的是数据块，而不是单个字符。在发送数据时，发送方对数据块中的数据简单求和，产生一个单字节校验字符（校验和）并附加到数据块的末尾，如图 8-10 所示。接收方对接收到的数据块进行求和后，将所得的结果与接收到的校验和字符进行比较，如果两者不同，即表示接收有错。值得强调的是，校验和不能检测出排序错误。这就是说，即使信息段是随机、无序地发送，产生的校验和仍然相同。

图 8-10　校验和

3. 循环冗余码校验（CRC）

CRC 校验的特点是一个数据块校验一次，同步串行通信中几乎都使用 CRC 校验，例如，对磁盘信息的读/写等。CRC 校验还可用于检验 ROM 或 RAM 存储区的完整性。

4. 海明码校验

海明码校验是在所存字符上附加冗余码，即可检出并校正单错。对于一个字节包含 8 位的情况，需要在字节上附加（$\log_2 8$）+1 位用作海明位。这意味着对于 8 位数据来说，需使用 4 个附加位作为奇偶位，它们分别位于 8 个原始位的不同分组。

例如：

b0	b3	b6→h2
b1	b4	b7→h3
b2	b5	→：行奇偶校验
↓	↓	

h0   h1   ↓：列奇偶校验

b0b1b2b3b4b5b6b7=字节

h0h1h2h3=海明位

如果校正电路发现所产生的 h1 位与读出的 h1 不同，而其他的都正确，则表明 b5 反了；如果 h2 和 h1 是错的，表明 b3 反了。所以单错可以被校正，双错可以被检出。

5. 交叉奇偶校验

将海明码校验的概念扩展到数据块，可以穿过一个字节块应用奇偶校验，以及对每一字节应用奇偶校验，以找出单错。例如，下面是数据块沿块向下的奇偶校验。

```
    b0·······················b0    10
    b1         ⋮             b1    11
9位  ⋮          ⋮         ⋮      穿过块的奇偶校验
    b7         ⋮             b7    18
    P0  P1 ···············Pn
        数据块沿块向下的奇偶校验
```

如果位 10 和位 P0 是错的，则表明第 1 字节的 b0 反了。

8.1.6 串行通信接口电路 UART、USRT 和 USART

目前串行接口电路芯片种类和型号繁多，能够完成异步通信的硬件电路称为 UART，即通用异步接收器/发送器（Universal Asynchronous Receiver/Transmitter）；能够完成同步通信的硬件电路称为 USRT（Universal Synchronous Receiver/Transmitter）；既能异步又能同步通信的硬件电路称为 USART（Universal Synchronous Asynchronous Receiver/Transmitter ）。

所有的串行接口电路都是以并行数据形式与 CPU 连接，以串行数据形式与外部逻辑电路连接。它们的基本功能是从外部逻辑接收串行数据，转换成并行数据后传送给 CPU；或者从 CPU 接收并行数据，转变成串行数据后输出给外部逻辑。串行通信接口电路至少包括一个接收器和一个发送器，接收器和发送器分别包括一个数据寄存器和一个移位寄存器，以便实现 CPU 输出→并行→串行→发送或接收→串行→并行→CPU 输入操作。

下面以异步通信硬件电路 UART 为例介绍串行通信接口电路的工作原理及特点。异步通信硬件电路如图 8-11 所示。

1. 工作原理

在串行发送时，CPU 可以通过数据总线把 8 位并行数据送到发送数据缓冲器，然后并行送给发送移位寄存器，并在发送时钟和发送控制电路的控制下通过 TXD 线一位一位地发送出去。起始位和停止位是由 UART 在发送时自动添加上去的。UART 发送完一帧后产生中断请求，CPU 响应后可以把下一个字符送到发送数据缓冲器，重复上述过程。

在串行接收时，UART 监视 RXD 线，并在检测到 RXD 线上有一个低电平（起始位）时就开始一个新的字符接收过程。UART 每接收到一位二进制数据位后就使接收移位寄存器左移一次。连续接收到一个字符后就并行传送到接收数据缓冲器，并通过中断促使 CPU 从中取走所接收的字符。

2. UART 对 RXD 线的采样

UART 对 RXD 线的采样是由接收时钟 RXC 完成的。其周期 T_c 和所传数据位的传输时间 T_d（位速率的倒数）必须满足如下关系：

$$T_c = T_d / K$$

式中，K=16 或 64。现以 K=16 来说明 UART 对 RXD 线上字符帧的接收过程。

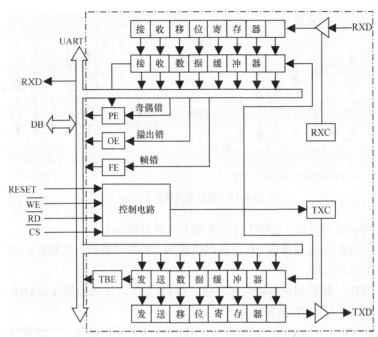

图 8-11　异步通信 UART 硬件电路

如图 8-12 所示，UART 按 RXC 脉冲上升沿采样 RXD 线。每当连续采到 RXD 线上的 8 个低电平（起始位一半）后，UART 便确认对方在发送数据（不是干扰信号）并每隔 16 个 RXC 脉冲采样 RXD 线一次，把采到的数据作为输入数据，以移位方式存入接收移位寄存器。

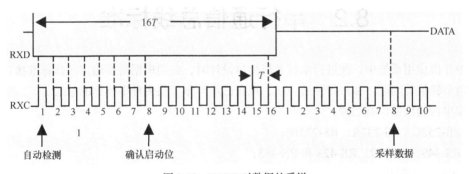

图 8-12　UART 对数据的采样

3. 错误校验

数据在长距离传送过程中可能会发生各种错误，奇偶校验是一种最常用的校验数据传送错误的方法。奇偶校验分为奇校验和偶校验两种。UART 的奇偶校验是通过发送端的奇偶校验位添加电路和接收端的奇偶校验检测电路实现的，如图 8-13 所示。

UART 在发送时，电路自动检测发送字符位中"1"的个数，并在奇偶校验位上添加"1"或"0"，使得"1"的总和（包括奇偶校验位）为偶数（奇校验时为奇数），如图 8-13（a）所示。UART 在接收时，电路对字符位和奇偶校验位中"1"的个数加以检测。若"1"的个数为偶数（奇校验时为奇数），则表明数据传输正确；若"1"的个数变为奇数（奇校验时为偶数），则表明数据在传送过程中出现了错误。

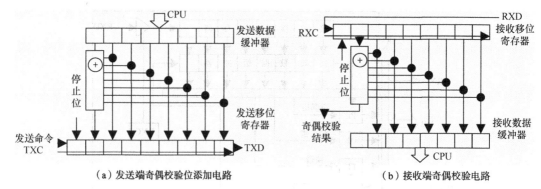

（a）发送端奇偶校验位添加电路　　　　　　　（b）接收端奇偶校验电路

图 8-13　收发端奇偶校验电路

为了使数据传输更为可靠，UART 常设置如下三种出错标志。

① 奇偶错误（PE）：奇偶错误 PE 由奇偶错误标志触发器指示。该触发器由奇偶校验结果信号置位（如图 8-13（b）所示）。

② 帧错误（FE）：帧错误由帧错误标志触发器 FE 指示。该触发器在 UART 检测到帧的停止位不是"1"而为"0"时，FE 被置位。

③ 溢出错误（OE）：UART 接收端在接收到第 1 个字符后便放入接收数据缓冲器，然后就继续从 RXD 线上接收第 2 个字符，并等待 CPU 从接收数据缓冲器中取走第 1 个字符。若 CPU 很忙，一直没有取走第 1 个字符，使接收到的第 2 字符进入接收数据缓冲器，从而造成第一个字符丢失，则 UART 会自动使溢出错误标志触发器"OE"置位。

8.2　串行通信总线标准

在单片机应用系统中，在进行串行通信接口设计时，必须根据需要确定选择标准接口、传输介质及电平转换等问题。和并行传送一样，现在已经颁布了很多种串行标准总线。

异步串行通信接口有三种：

① RS-232C（RS-232A、RS-232B）；

② RS-449、RS-422、RS-423 和 RS-485；

③ 20mA 电流环。

采用标准接口后，能够方便地把单片机和外设、测量仪器等有机地连接起来，从而构成一个测控系统。为了保证通信可靠性的要求，在选择接口标准时，必须注意以下两点。

（1）通信速度和通信距离

通常的标准串行接口的电气特性都包括满足可靠传输时的最大通信速度和传送距离两个指标。但这两个指标之间具有相关性，适当地降低传输速度，可以提高通信距离，反之亦然。

例如，采用 RS-232C 标准进行单向数据传输时，最大的数据传输速度为 19.2kbit/s，最大的传输距离为 15m；采用 RS-422 标准时，最大传输速度可达 10Mbit/s，最大传输距离为 300m，适当地降低数据传输速度，传送距离可达 1200m。

（2）抗干扰能力

通常选择的标准接口，在保证不超过其使用范围时都有一定的抗干扰能力，以保证可靠的信号传输。但在一些工业测控系统中，通信环境往往十分恶劣，因此在通信介质选择、接口标准选择时，要充分注意其抗扰能力，并采取必要的抗扰措施。例如，在长距离传输时，使用 RS-422标准能有效地抑制共模信号干扰；使用 20mA 电流环技术能大大降低对噪声的敏感程度。

在高噪声污染的环境中，通过使用光纤介质减少噪声的干扰，以及通过光电隔离提高通信系统的安全性是一些行之有效的方法。

8.2.1　RS-232C 总线标准与应用

RS-232C 是使用最早、最多的一种异步串行通信总线标准。它由美国电子工业协会 （Electronic Industries Association）于 1962 年公布，1969 年最后一次修订而成。其中，RS 是 Recommended Standard 的缩写，232 是该标准的标识，C 表示最后一次修定。RS-232C 主要用来定义计算机系统的一些数据终端设备（DTE）和数据电路终端设备（DCE）之间的接口的电气特性，如显示器、打印机与 CPU 的通信大都采用 RS-232C 接口。RS-232C 用来实现计算机与计算机之间、计算机与外设之间的数据通信。RS-232C 串行接口总线有一定的使用条件：设备之间的通信距离不大于 15m，传输速率最高为 19.2kbit/s，因而它适用于计算机与终端或外设之间的近端连接及短距离或带调制解调器的通信场合。

1. RS-232C 的电气特性

RS-232C 标准是早于 TTL 电路出现之前研制的，所以它的电平与 TTL、MOS 逻辑电平规定不同。

逻辑"1"：　　-5~-15V
逻辑"0"；　　+5~+15V

RS-232C 最高能承受±25V 的信号电平，因此它不能直接与 TTL 电路连接，使用时必须加上电平转换电路。常用的电平转换集成电路有 MC1488、MC1489 等。

MC1488 输入 TTL 电平，输出与 RS-232C 兼容；MC1489 输入与 RS-232 兼容，输出 TTL 电平。

2. RS-232C 引脚功能

RS-232C 标准总线有 22 个引脚，采用标准的 25 芯插头座，对其机械特性并未做严格规定，不过目前都习惯采用子母型结构，即将插头及插座插紧即可。各引脚的排列顺序如图 8-14 所示。实际应用中，并非 22 个引脚都使用，经常只使用 9 个引脚。RS-232C 各引脚信号说明见表 8-1。

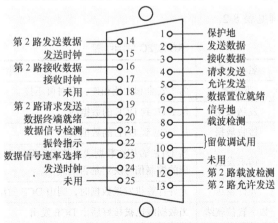

DTE：数据终端设备（如个人计算机）
DCE：数据电路终端设备（如调制解调器）

图 8-14　RS-232C 引脚

表 8-1　　　　　　　　　　　RS-232C 各引脚信号说明（p226）

插　　针	信　号　名	功　能　说　明
1*	GND	保护地
2*	TXD	发送数据
3*	RXD	接收数据
4*	RTS	请求发送
5*	CTS	允许发送
6*	DSR	设备置位就绪
7*	SGND	信号地（公共回线）
8*	DCD	载波检测
9 10		为调试保留
11		空
12	DCD	第 2 路载波检测
13	CTS	第 2 路允许发送
14	TXD	第 2 路发送数据
15*		发送时钟
16	RXD	第 2 路接收数据
17*		接收时钟
18		空
19	RTS	第 2 路请求发送
20*	DTR	数据终端就绪
21*		数据信号检测
22*		振铃指示
23*		数据信号速率选择
24*		发送时钟
25		空

*表示重要引脚，需要记住。

RS-232C 的常用引脚见表 8-2。

表 8-2　　　　　　　　　　　RS-232C 常用引脚

引　脚　号	符　号	名　称	说　明
1	GND	保护地	为了安全和大地相连，有时可不接
2	TXD	发送数据	从 DTE 到 DCE 的数据线
3	RXD	接收数据	从 DCE 到 DTE 的数据线
4	RTS	请求发送	当 DTE 希望在数据线上传递数据时由 DTE 发出，DCE 通过所得到的控制信号决定是否响应
5	CTS	允许发送	允许计算机发送数据时，则由 DCE 发出
6	DSR	数字置位就绪	当数据线已被接好后由 DCE 发出
7	SGND	信号地	作为信号地的公共回路
8	DCD	数据载波检测	当 DCE 已经从数据线上接收到信号时发出此信号

引　脚　号	符　号	名　　称	说　　明
20	DTR	数字终端就绪	当 DTE 已准备好和调制解调器交换数据时，由 DTE 发出，使用公共通信
22	RI	振铃指示	当正在进行通信时，由 DCE 发出，使用公共通信网时才需要

RS-232C 信号分为两类，一类是 DTE 与 DCE 交换的信息：TXD 和 RXD；另一类是为了正确无误地传输上述信息而设计的联络信号。下面介绍这两类信号。

（1）数据发送与接收线

① 发送数据 TXD：通过 TXD 线，终端将串行数据由发送端（DTE）向接收端（DCE）发送。按照串行数据格式通过先低位后高位的顺序发出。

② 接收数据 RXD：通过 RXD 线，终端接收从发送端 DTE（或调制解调器）输出的数据。

（2）联络信号

这类信号共有 6 个。

① 请求传送信号 RTS：用来表示 DTE 请求 DCE 发送数据，即当终端要发送数据时，该信号 RTS = 1。

② 清除发送信号 CTS：用来表示 DCE 准备好接收 DTE 发来的数据，是对请求发送信号 RTS 的响应信号。

③ 数据准备就绪信号 DSR：这是 DCE 向 DTE 发出的联络信号。DSR 将指出本地 DCE 的工作状态。当 DSR = 1 时，表示 DCE 没有处于测试通话状态，这时 DCE 可以与远程 DCE 建立通道。

④ 数据终端就绪信号 DTR：这是 DTE 向 DCE 发送的联络信号。DTR = 1 时，表示 DTE 处于就绪状态，本地 DCE 和远程 DCE 之间建立通信通道；DTR = 0 时，将迫使 DCE 终止通信工作。

⑤ 数据载波检测信号 DCD：这是 DCE 向 DTE 发出的状态信息。当 DCD = 1 时，表示本地 DCE 接收到远程 DCE 发送的信号。

⑥ 振铃指示信号 RI：这是 DCE 向 DTE 发出的状态信息。RI = 1 时，表示本地 DCE 接收到远程 DCE 的振铃信号。

3. RS-232C 与单片机的连接

RS-232C 接口与单片机连接时需要进行电平转换，常用的电平转换芯片有 MC1488、MC1489、MAX232，其中，MAX232 采用单+5V 电源供电，使用非常方便。

MAX232 系列芯片由 MAXIM 公司生产，内含两路接收器和驱动器。其内部的电源电压变换器可以把输入的+5V 电源电压变换成 RS-232C 输出所需的±10V 电压。采用该芯片的硬件接口简单，价格适中，所以被广泛使用。图 8-15 所示为该芯片的引脚图，图 8-16 所示为该芯片的应用电路。图 8-16 中电容 C1～C5 均为 1.0μF/16V。

4. 用 RS-232C 总线连接系统

使用 RS-232C 总线连接系统时，有近程通信方式和远程通信方式之分。

近程通信是指传输距离小于 15m 的通信，这是可以用 RS-232C 电缆直接连接的。远程通信方式是指传输距离大于 15m 以上的通信，需要采用调制解调器（MODEM），如图 8-17 所示。

图 8-18 所示为计算机与终端之间利用 RS-232C 连接的最常用的交叉连线图。图中"发送数据"与"接收数据"两根线是交叉相连的，使得两台设备都能正确地发送和接收。"数据终端就绪"

与"数据设备就绪"两根线也是交叉相连的，使得双方都能检测出对方是否已经准备好。

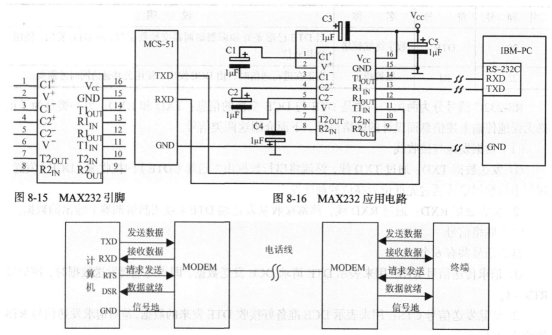

图 8-15　MAX232 引脚　　　　　　图 8-16　MAX232 应用电路

图 8-17　计算机与终端之间利用 RS-232C 进行远程连接

图 8-19 是比图 8-18 更完整的一个连接图。图中，双方的"请求发送"端与自己的"清除发送"端相连，使得当设备向对方发送请求时，随即通知自己的"清除发送"端，表示对方已经响应。这里的"请求发送"线还连往对方的"载波检测"线，这是因为"请求发送"信号的出现类似于通道中的载波检出。图中的"数据设备就绪"是一个接收端，它与对方的"数据终端就绪"端相连，就能得知对方是否已经准备好。"数据设备就绪"端收到对方"准备好"的信号，类似于通信中收到对方发出的"响铃指示"的情况，因此可将"响铃指示"与"数据设备就绪"线并连在一起。

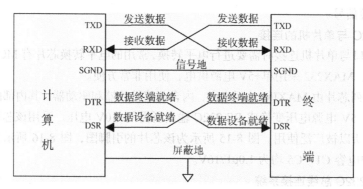

图 8-18　计算机与终端之间利用 RS-232C 的近程连接

还有最简单的应用接法，如图 8-20 所示。仅将"发送数据"与"接收数据"信号线交叉连接，其余的信号均不用，如图 8-20（a）所示，在图 8-21（b）中，同一设备的"请求发送"端被连到自己的"清除发送"及"载波检测"端，而它的"数据终端就绪"端连到自己的"数据设备就绪"端。

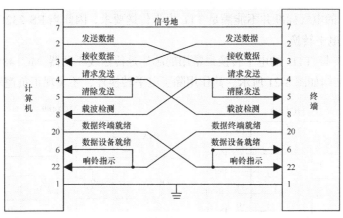

图 8-19 计算机与终端的更完整的连接

图 8-20（a）所示的连接方式不适用于需要检测"清除发送""载波检测""数据设备就绪"等信号状态的通信程序；对图 8-20（b）的连接方式，程序虽可运行下去，但并不能真正检测到对方状态，只是程序受到该连接方式的"欺骗"而已。在许多场合下只需要单向传送时，例如，计算机向单片机开发系统传送目标程序，就采用图 8-20（b）所示的连接方式进行通信。

5. RS–232C 标准接口的实现及电平转换

构成 RS-232C 标准接口的硬件有多种，如 INS8250、Intel8251A、Z80-SIO 等通信接口芯片。通过编程，可使其满足 RS-232C 通信接口的要求。

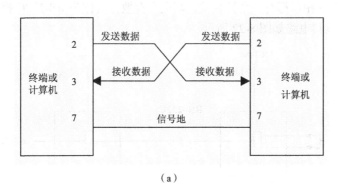

（a）

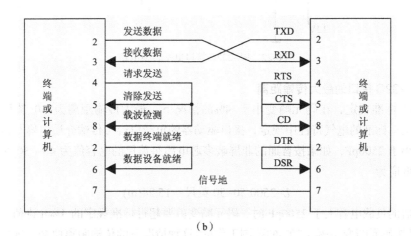

（b）

图 8-20　计算机与终端连接的最简单形式

由于 RS-232C 的电气标准并不能满足 TTL 电平传送要求，因此当 RS-232C 电平与 TTL 电平接口时，必须进行电平转换。

目前 RS-232C 与 TTL 的电平转换最常用的芯片是传输线驱动器 MC1488 和传输线接收器 MC1489，其内部结构如图 8-21 所示。其作用除了电平转换外，还实现正负逻辑电平的转换。

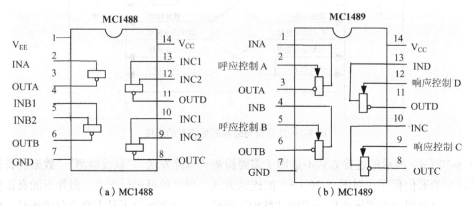

图 8-21 RS-232C 电平转换芯片 MC1488 和 MC1489

MC1488 内部有三个与非门和一个反相器，供电电压为 ±12V，输入为 TTL 电平，输出为 RS-232C 电平。

MC1489 内部有 4 个反相器，输入为 RS-232C 电平，输出为 TTL 电平，供电电压为 +5V。MC1489 中的每一个反相器都有一个控制端，高电平有效，可作为 RS-232C 操作的控制端。TTL 与 RS-232C 的电平接口电路如图 8-22 所示。

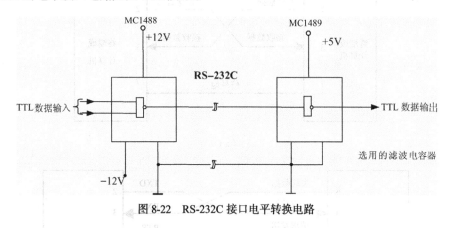

图 8-22 RS-232C 接口电平转换电路

6. RS-232C 接口的最大传输距离

RS-232C 标准规定，在码元畸变小于 4% 的情况下，最大传输距离为 50 英尺（1 英尺 ≈ 0.3048m）。接口标准的电气特性中规定，接口驱动器的负载电容（传输介质电容与接收器输入电容之和）应小于 2500pF，如果按普通的非屏蔽多芯电缆每英尺的电容值为 40 ~ 50pF 来计算，则传输电缆长度应为

$$L=2500/50=50 \text{ 英尺} \approx 15.24(\text{m})$$

当驱动器的负载电容大于 2500pF 时，码元畸变就要超过标准规定的 4% 允许值，在大多数情况下，用户是按码元畸变 10% ~ 20% 的范围工作的，这种情况下的传输距离便会远远超过 50 英尺。

8.2.2　RS–449、RS–422A 及 RS–423A 接口总线标准与应用

RS-232C 的缺点主要是传输速率慢，通信距离短，设有规定标准的连接器，因而出现了互不兼容的 25 芯连接器；接口非平衡发送器，电气性能不佳；接口处信号间容易产生串扰。鉴于以上不足，EIA 制订出了新的标准——RS-449，该标准除了与 RS-232C 兼容之外，在提高传输速率、增加传输距离、改进电气性能等方面有了很大改进。

1. RS–449 标准接口

1977 年公布的电子工业标准接口 RS-449 在很多方面可代替 RS-232C。两者的主要差别是信号在导线上的传输方法不同。RS-232C 是利用传输信号与公共地之间的电压差；RS-449 接口是利用信号导线之间的信号电压差；可在 1 219.2m 的 24-AWG 双绞线上进行数字通信，速率可达 90 000bit/s。RS-449 规定了两种接口标准连接器，一种为 37 个引脚，另一种为 9 个引脚。这两种连接器的引脚排列顺序见表 8-3 和表 8-4。

RS-449 可以不使用调制解调器，它比 RS-232C 传输速率高，通信距离长，并且采用 RS-449 系统通过平衡信号差传输高速信号，噪声低，还可以多点或者使用公共线通信，故 RS-449 通信电缆可与多个设备并联。

表 8-3　　　　　　　　　　　　　　　　RS-449 37 脚连接器输出管脚

引　脚　号	信　号　名　称	引　脚　号	信　号　名　称
1	屏蔽	19	信号地
2	信号速率指示器	20	接收公共端
3、21	空	22	发送数据（公共端或参考点）
4	发送数据	23	发送时钟（公共端或参考点）
5	发送同步	24	接收数据（公共端或参考点）
6	接收数据	25	请求发送（公共端或参考点）
7	请求发送	26	接收同步（公共端或参考点）
8	接收同步	27	允许发送（公共端或参考点）
9	允许发送	28	终端正在服务
10	本地回测	29	数据模式
11	数据模式	30	终端就绪（公共端或参考点）
12	终端就绪	31	接收就绪（公共端或参考点）
13	接收设备就绪	32	备用选择
14	远距离回测	33	信号质量
15	来话呼叫	34	新信号
16	信号速率选择，频率选择	35	终端定时
17	终端同步	36	备用指示器
18	测试模式	37	发送公共端

注：标有公共端或参考点的信号是 RS-423A 的公共端，而且也是 RS-422A 的两个参考线，没有规定功能的两个引脚的信号必须与 RS-423A 驱动的接收器兼容。

表8-4   RS-449 9 脚连接器输出引脚

引 脚 号	信 号 名 称	引 脚 号	信 号 名 称
1	屏蔽	6	接收器公共端（用于次信道）
2	次信道接收就绪	7	次信道发送请求
3	次信道发送数据	8	次信道发送就绪
4	次信道接收数据	9	发送公共端（用于次信道）
5	信号地		

2. RS–422A 标准接口

RS-422A 给出了 RS-449 应用中对于电缆驱动器和接收器的要求。

RS-422A 规定采用双端电气接口形式，标准是双端线传送信号。通过传输线驱动器，把逻辑电平变换成电位差，完成发送端的信息传递；通过传输线接收器，把电位差变换成逻辑电平，实现接收端的信息接收。使用 RS-422A 时，传输速率最大可达 10Mbit/s，在此速率下电缆最大距离为 12m。如果采用低速率传输，如 90000bit/s 时，最大距离可达 1200m。

RS-422A 系统中每个通道要用两条信号线，如果其中一条是逻辑"1"状态，另一条就为逻辑"0"状态。RS-422A 电路由发送器、平衡连接电缆、电缆终端负载、接收器几部分组成。在电路中规定只许有一个发送器，可有多个接收器，因此通常采用点对点的通信方式。该标准允许驱动器输出电平为±（2～6）V，接收器可以检测到的输入信号电平可低至 200mV。

目前，RS-422A 电平转换最常用的芯片是传输线驱动器 SN75174 和传输线接收器 SN75175，其内部结构及引脚如图 8-23 所示。

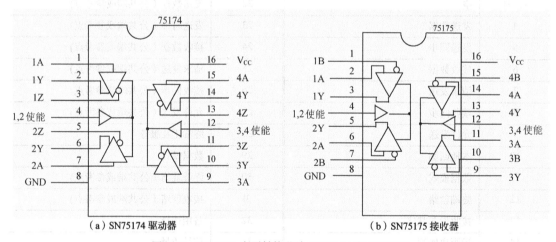

（a）SN75174 驱动器   （b）SN75175 接收器

图 8-23   RS-422A 电平转换芯片 SN75174 和 SN75175

SN75175/ SN75174 是具有三态输出的单片四差分线接收器，其设计符合 EIA 标准的 RS-422A 规范，适用于噪声环境中长总线线路的多点传输，采用+5V 电源供电，功能上可与 MC3486/MC3487 互换。

RS-422A 的接口电路如图 8-24 所示，发送器 SN75174 将 TTL 电平转换成标准的 RS-422A 电平，接收器 SN75175 将 RS-422A 接口信号转换成 TTL 信号。

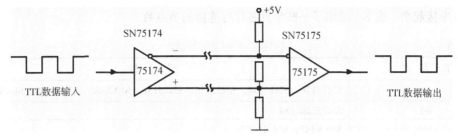

图 8-24　RS-422A 接口电平转换电路

3. RS-423A 标准接口

RS-422A 和 RS-423A 分别给出了在 RS-449 应用中对电缆、驱动器和接收器的要求。RS-422A 给出了平衡信号差的规定，RS-423A 给出了不平衡信号差的规定。RS-423A 规定为单端线，而且与 RS-232C 兼容，参考电平为低，正信号逻辑电平为 200mV ~ 6V，负信号逻辑电平为-200mV ~ -6V，RS-423A 驱动器在 90m 长的电缆上传送数据的最大速率为 100kbit/s，若降低到 1000bit/s，则允许电缆长度为 1200m。RS-423A 允许在传送线上连接多个接收器，接收器为平衡传输接收器，因此允许驱动器和接收器之间有电位差。逻辑"1"状态必须超过 4V，但不能高过 6V；逻辑"0"状态必须低于-4V，但不能低于-6V。

RS-423A 也需要进行电平转换，常用的驱动器和接收器为 3691 和 26L32，其接口电路如图 8-25 所示。图中 MODE 为模式选择，接+5V 表示高电平。

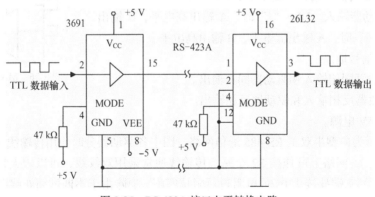

图 8-25　RS-423A 接口电平转换电路

8.2.3　RS-485 标准总线接口

1. RS-485 接口

RS-485 是一种多发送器的电路标准接口，它扩展了 RS-422A 的性能，允许双绞线上一个发送器驱动 32 个负载设备（可以是被动发送器、接收器或收发器）。RS-485 电路允许共用电话线通信。其电路结构是电缆两端各连接一个终端电阻，在平衡连接电缆上挂接发送器、接收器和组合收发器。RS-485 标准没有规定在何时控制发送器发送或接收机接收数据。收发器采用平衡发送和差分接收方式，因此具有抑制共模干扰的能力，加上接收器具有高的灵敏度，能检测低达 200mV 的电压，故传输信号能在千米以外的地方得到恢复。使用 RS-485 总线和一对双绞线就能实现多站联网，构成分布式系统，设备简单，价格低廉，能进行长距离通信，这些优点使其得到了广泛应用。

RS-485 支持半双工或全双工模式。组网时通常采用终端匹配的总线型结构，采用一条总线将各个节点串接起来。表 8-5 给出了一些常见芯片可连接的节点数。

表 8-5   常见芯片可连接的节点数

节 点 数	型 号
32	SN75176，SN75276，SN75179，SN75180，MAX485，MAX488，MAX490
64	SN75LBC184
128	MAX487，MAX1487
256	MAX1482，MAX1483，MAX3080 ~ MAX3089

RS-485 接口可连接成半双工和全双工两种通信方式。半双工通信的芯片有 SN75176、SN75276、SN75LBC184、MAX485、MAX 1487、MAX3082、MAX1483 等，全双工通信的芯片有 SN75179、SN75180、MAX488 ~ MAX491、MAX1482 等。通常采用半双工方式组网应用。

2. RS-485 芯片

图 8-26 所示为 MAX485 芯片的引脚图，各引脚功能如下。

① RO：接收器输出。A－B≥+ 0.2V 时，RO＝"1"；A－B≤−0.2V，RO＝"0"。

② $\overline{RE}$：接收器输出使能。$\overline{RE}$＝"0"时，允许接收器输出；$\overline{RE}$＝"1"时，禁止接收器输出，RO 为高阻。

③ DE：驱动器输出使能。DE＝"1"时，允许驱动器工作；DE＝"0"时，驱动器被禁止，输出端 A、B 为高阻。

④ DI：驱动器输入。DI＝"1"时，A 输出高电平，B 输出低电平；DI＝"0"时，A 输出低电平，B 输出高电平。

⑤ GND：信号地。

⑥ A：接收器同相输入和驱动器同相输出。

⑦ B：接收器反相输入和驱动器反相输出。

⑧ V$_{CC}$：+5V 电源。

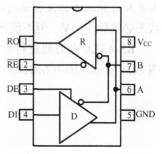

图 8-26 MAX485 芯片引脚

图 8-27 所示为典型半双工 RS-485 通信网络。图中各驱动器分时使用传输线（不发送数据的驱动器应被禁止）。网络上可挂接 32 个站。传输线通常采用双绞线，可以较大程度地抑制共模干扰。在传输线的末端挂接 120Ω 的电阻进行阻抗匹配，消除由于不匹配而在线路上产生的信号反射。

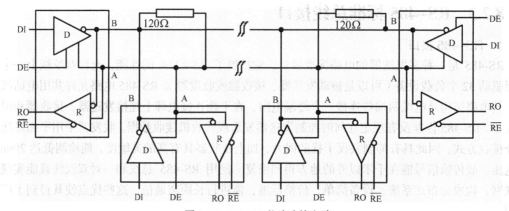

图 8-27 RS-485 芯片连接电路

在实际应用中，由于通信距离越远，为了减少误码率，通信速率应设置得低一些。RS-485 规定：通信距离为 120m 时，最大通信速率为 1Mbit/s；若通信距离为 1.2km，则最大通信速率为 100kbit/s。RS-485 与计算机间可采用 RS-232/485 接口卡。

8.2.4　20mA 电流环路串行接口

电流环串行通信接口的最大优点是低阻传输线对电气噪声不敏感，而且易实现光电隔离，因此在长距离通信时要比 RS-232C 优越得多。

20mA 电流环是目前串行通信中广泛使用的一种接口电路。图 8-28 所示是一个实用的 20mA 电流环接口电路图。它是一个加上光电隔离的电流环传送和接收电路，在发送端，将 TTL 电平转换成环路电流信号，在接收端又将其转换成 TTL 电平。其原理如图 8-29 所示。

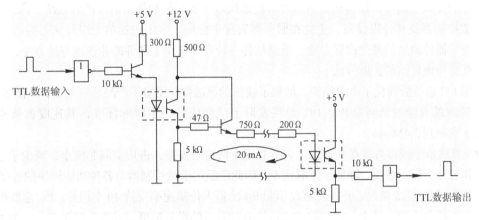

图 8-28　20 mA 电流环接口电路

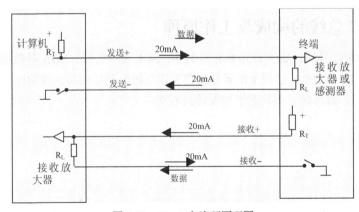

图 8-29　20mA 电流环原理图

在图 8-29 中，发送正、发送负、接收正、接收负 4 根线组成一个输入电流回路和一个输出电流回路。当发送数据时，根据数据的逻辑 0、1，使回路有规律地形成通、断状态。由于 20mA 电流环是一种异步串行接口标准，所以在每次发送数据时必须以无电流的起始状态作为每一个字符的起始位，接收端检测到起始位时便开始接收字符数据。

8.3 I²C 总线接口

在一些设计功能较多的单片机应用系统中，通常需要扩展多个外围接口器件。若采用传统的并行扩展方式，将占用较多的系统资源，并且硬件电路复杂，成本高，功耗大，可靠性差。为此，Philips 公司推出了一种高效、可靠、方便的串行扩展总线——I²C 总线。

8.3.1 I²C 总线的功能和特点

I²C（Inter Integrated Circuit）总线产生于 20 世纪 80 年代，是芯片间的二线式串行总线，实现了完善的全双工同步数据传送，可以极方便地构成多机系统和外围器件扩展系统。I²C 总线用于连接微控制器及其外围设备，主要在服务器管理中使用，其中包括单个组件状态的通信。I²C 总线采用了器件地址的硬件设置方法，通过软件寻址完全避免了器件的片选线寻址方法，使硬件系统具有简单而灵活的扩展方法。

采用 I²C 总线后简化了电路结构，增加了硬件的灵活性，缩短了产品开发周期，降低了成本，提高了系统的安全性和可靠性。I²C 总线实际上已经成为一个国际标准，其速度也从原来的 100kbit/s 发展到 3.4Mbit/s。

I²C 总线由于接口直接在组件之上，并且通个两根线连接，占用空间非常小，减少了电路板的空间和芯片引脚的数量，降低了互联成本，因此广泛用于微控制器与各种功能模块的连接。I²C 总线的长度可高达 25 英尺，并且能够以 10kbit/s 的最大传输速率支持 40 个组件。I²C 总线的另一个优点是支持多主控，其中，任何能够进行接收和发送的设备都可以成为主控制器，一个主控能够控制信号的传输和时钟频率。

8.3.2 I²C 总线的构成及工作原理

I²C 总线有两根信号线，如图 8-30 所示，其中，SCL 是时钟线，SDA 是数据线，二者构成的串行总线可发送和接收数据。总线上的各器件都采用漏极开路结构与总线相连，因此 SCL、SDA 均需连接上拉电阻，总线在空闲状态下均保持高电平。

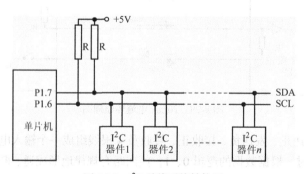

图 8-30 I²C 总线系统结构图

在 CPU 与被控 IC 之间及 IC 与 IC 之间进行双向传送时，最高传送速率达 100kbit/s。各种被控制电路均并联在这条总线上。工作时就像电话机一样，只有拨通各自的号码才能工作，所以每个电路和模块都有唯一的地址。在信息的传输过程中，I²C 总线支持多主和主从两种工作方式，通常为主从工作方式。I²C 总线上并接的每一模块电路既是主控器（或被控器），又是发送器（或接收器），这取决于它所要完成的功能。在主从工作方式中，系统中只有一个主器件（单片机），总线上的其他器件都是具有 I²C 总线的外围从器件。在主从工作方式中，主器件启动数据的发送（发出启动信号），产生时钟信号，发出停止信号。为了实现通信，每个从器件均有唯一一个器件地址，具体地址由 I²C 总线分配。

CPU 发出的控制信号分为地址码和控制量两部分，地址码用来选址，即接通需要控制的电路，确定控制的种类；控制量决定该调整的类别（如对比度、亮度等）及需要调整的量。这样，各控制电路虽然挂在同一条总线上，却彼此独立，互不相关。

8.3.3 I²C 总线的工作方式

1. 发送启动（始）信号

在利用 I²C 总线进行一次数据传输时，首先由主机发出启动信号，启动 I²C 总线，在 SCL 为高电平期间，如果 SDA 出现上升沿则为启动信号。此时具有 I²C 总线接口的从器件会检测到该信号。

2. 发送寻址信号

主机发送启动信号后，再发出寻址信号。器件地址有 7 位和 10 位两种，这里只介绍 7 位地址寻址方式。寻址信号由一个字节构成，高 7 位为地址位，最低位为方向位，用以表明主机与从器件的数据传送方向。方向位为"0"时，表明主机对从器件的写操作；方向位为"1"时，表明主机对从器件的读操作。

3. 应答信号

I²C 总线协议规定，每传送一个字节数据（含地址及命令字）后，都要有一个应答信号，以确定数据传送是否正确。应答信号由接收设备产生，在 SCL 信号为高电平期间，接收设备将 SDA 拉为低电平，表示数据传输正确，产生应答。

4. 数据传输

主机发送寻址信号并得到从器件应答后，便可进行数据传输，每次传输一个字节，但每次传输都应在得到应答信号后再进行下一字节的传送，数据通信格式如图 8-31 所示。

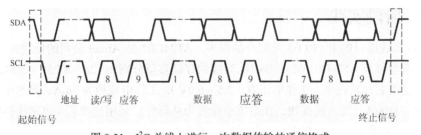

图 8-31 I²C 总线上进行一次数据传输的通信格式

5. 应答信号

当主机为接收设备时，主机对最后一个字节不做应答，以向发送设备表示数据传送结束。

6. 发送停止信号

在全部数据传送完毕后，主机发送停止信号，即在 SCL 为高电平期间，SDA 上产生一个上升沿信号。

8.3.4 I²C 总线数据传输方式的模拟

目前已有多家公司生产具有 I²C 总线的单片机，如 Philips、Motorola、三星、三菱等公司。这类单片机在工作时，总线状态由硬件监测，无需用户介入，应用非常方便。对于不具有 I²C 总线接口的 80C51 单片机，在单主机应用系统中，可以通过软件模拟 I²C 总线的工作时序，在使用时，只需正确调用该软件包就可以很方便地实现扩展 I²C 总线接口器件。

1. 软件包的组成

- 启动信号子程序 STA。
- 停止信号子程序 STOP。
- 发送应答位子程序 MACK。
- 发送非应答位子程序 MNACK。
- 应答位检查子程序 CACK。
- 单字节发送子程序 WRBYT。
- 单字节接收子程序 RDBYT。
- *n* 字节发送子程序 WRNBYT。
- *n* 字节接收子程序 RDNBYT。

2. 软件包中的程序

软件包中程序工作条件如下。

- P1.6 引脚：SCL 信号（也可选用其他单片机引脚）。
- P1.7 引脚：SDA 信号（也可选用其他单片机引脚）。
- 晶振频率：12MHz（不同主频时只需适当调整 NOP 指令条数即可，以改变延时时间）。
- MTD：发送数据缓冲区首址。
- MRD：接收数据缓冲区首址。
- SLA：寻址字节存放单元。
- NUMBYT：读/写字节数存放单元。

8.3.5 阶段实践

具有 I²C 总线接口的 E²PROM 类型产品很多。AT24C02 是 Atmel 公司的低功耗 CMOS 串行 E²PROM，主要型号有 AT24C01/02/04/08/16，对应的存储容量分别为 128 × 8/256 × 8/512 × 8/1024 × 8/2048 × 8，这类芯片功耗小，工作电压宽（2.5～6.0V），工作电流约为 3mA，静态电流随电源电压不同为 30～110μA，写入速度快，在系统中始终为从器件。采用这类芯片可解决掉电数据保护问题，可对所存数据保存 100 年左右，擦写次数可达 10 万次左右。

对 AT24C02 的操作主要有字节读/写、页面读/写，首先发送起始信号，其中，起始信号后面必须是控制字。

控制字的格式如下：

1	0	1	0	A2	A1	A0	W/R̅

其中，高 4 位为器件类型识别符（不同的芯片类型有不同的定义，E²PROM 一般应为 1010），接着三位为片选，也就是三个地址位，最后一位为读写控制位，当为 1（Input）时为读操作，为

0（Output）时为写操作。

写操作分为字节写和页面写两种。对于页面写操作，根据芯片的一次装载的字节不同有所不同，AT24C02 为 8 个字节，每写一个字节后，地址自动加 1。字节写操作可以看成是只有一个字节的页面写操作，也就是写一个数据后停止（注意：写一次需要一定时间，一般为 10ms，要等待这个操作完成）。字节写操作的时序如图 8-32 所示。关于页面写操作的地址、应答和数据传送的时序如图 8-33 所示。

说明：对于 AT24C02，在控制字后面还必须写入地址，这个地址是以后读写的起始地址。

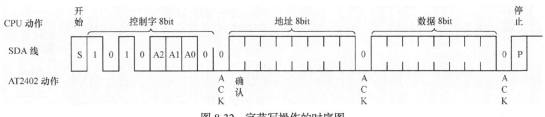

图 8-32 字节写操作的时序图

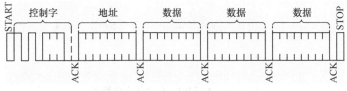

图 8-33 页面写操作的时序图

读操作有三种基本操作：当前地址读、随机读和顺序读。这三种操作方法类似，只是读的数据个数不同。图 8-34 给出的是顺序读的时序图，图中共读了 4 个数据。需要注意的是，如果当前的地址不是所需要的，可以用写操作重新写入地址。另外，每读一个数据后，必须置低 SDA，作为应答；否则只能读一个数据，因为后面的数据如果收不到应答信号，AT24C02 就会认为出错，停止操作。特别是当 SCL 为低电平时，数据是可变的，因此只有 SCL 为高电平时，才能读数。

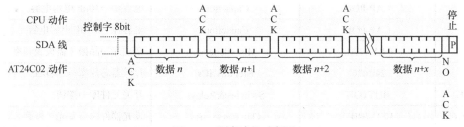

图 8-34 顺序读的时序图

AT24C02 与 80C51 的连接如图 8-35 所示，其中，A0、A1、A2 为地址线，全部接地，因此全部为 0。由于 SCL 和 SDA 为漏极开路输出，所以在使用时需要外加上拉电阻。

【例】 80C51 模拟 I^2C 向 AT24C02 写入 8 个字节数据，然后读出 8 个字节，最后做数据校验，Proteus 仿真电路图如图 8-36 所示。按"加 1"按钮，数值加 1；按

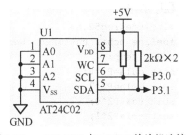

图 8-35 AT24C02 与 80C51 单片机连接图

"写入2402"按钮，数据写入24C02，当P0口输出的LED显示与P1口输出的LED显示值相同时，表示存储成功。

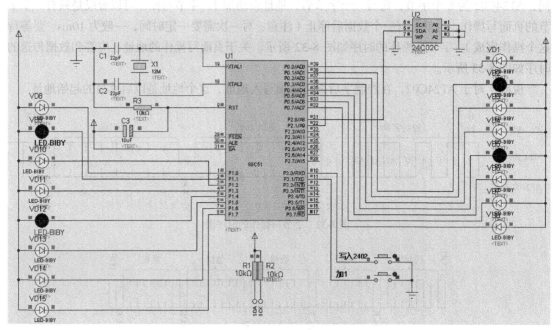

图 8-36　AT24C02 存储仿真电路图

Proteus 仿真电路图元件见表 8-6。

表 8-6　　　　　　　　　　　AT24C02 存储仿真电路图元件表

序　　号	元 件 名 称	仿真库名称	备　　注
U1	80C51	Microprocessor ICs	微处理器库→80C51
C1、C3	AVX0402NPO22P	Capacitors	电容库→22pF 瓷片电容
C4	CAP-POL	Capacitors	电容库→10μF 电解电容
C5	CAP-POL	Capacitors	电容库→0.1μF 电解电容
CRY1	CRYSTAL	Miscellaneous	杂项库→晶振（需设置频率）
U2	24C02C	Memory ICs	存储器芯片库→24C02C
K0、K1	BUTTON	Switches&Relays	开关元件库→按钮
D1-D16	LED-BIBY	Optoelectronics	发光器件库→发光二极管
R1～R4	RES	Resistors	电阻器件库→电阻

程序清单：

```
#include<reg52.h>
#define uchar unsigned char
uchar temp;
sbit dula=P2^6;
sbit wela=P2^7;
sbit sda=P2^0;
sbit scl=P2^1;
sbit wr=P3^7;
```

```
sbit P30=P3^0;
sbit P31=P3^1;
uchar a;
void delay()
{ ;; }
void start()                    //开始信号
{
    sda=1;                      //sda 为高
    delay();                    //简单延时
    scl=1;                      //scl 为高
    delay();                    //简单延时
    sda=0;                      //sda 为低
    delay();                    //简单延时
}
void stop()                     //停止
{
    sda=0;                      //sda 为低
    delay();                    //简单延时
    scl=1;                      //scl 为高
    delay();                    //简单延时
    sda=1;                      //sda 为高
    delay();
}
void respons()                  //应答
{
    uchar i;
    scl=1;                      //scl 为高
    delay();                    //简单延时
    while((sda==1)&&(i<250))i++; //(sda==1)和(i<250)只要有一个为真就退出 while 循环
    scl=0;                      //scl 为低
    delay();                    //简单延时
}
void init()                     //初始化
{
    wr=0;                       //关闭写保护
    sda=1;                      //sda 为高
    delay();                    //简单延时
    scl=1;                      //scl 为高
    delay();                    //简单延时
}
void write_byte(uchar date)     //写数据
{
    uchar i,temp;
    temp=date;
    for(i=0;i<8;i++)            //依次将 8 个字节写入
    {
        temp=temp<<1;
        scl=0;
```

```
        delay();
        sda=CY;
        delay();
        scl=1;
        delay();
    }
    scl=0;
    delay();
    sda=1;
    delay();
}
uchar read_byte()                               //读数据
{
    uchar i,k;
    scl=0;
    delay();
    sda=1;
    delay();
    for(i=0;i<8;i++)                            //依次读出8个字节
    {
        scl=1;
        delay();
        k=(k<<1)|sda;
        scl=0;
        delay();
    }
    return k;
}
void delay1(uchar x)                            //延时
{
    uchar a,b;
    for(a=x;a>0;a--)
     for(b=100;b>0;b--);
}
void write_add(uchar address,uchar date)        //写
{
    start();                                    //开始信号
    write_byte(0xa0);                           //选择器件，并发出写信号
    respons();                                  //等待应答信号
    write_byte(address);                        //发出要写数据的器件地址
    respons();                                  //等待应答
    write_byte(date);                           //发出要写的数据给器件
    respons();                                  //等待应答
    stop();                                     //停止信号
}
uchar read_add(uchar address)                   //读
{
    uchar date;
    start();                                    //开始信号
```

```
    write_byte(0xa0);                //选择器件,并发出写信号
    respons();                       //等待应答
    write_byte(address);             //发出要写数据的器件地址
    respons();                       //等待应答
    start();                         //开始信号
    write_byte(0xa1);                //选择器件,并发出读信号
    respons();                       //等待应答
    date=read_byte();                //把器件地址中的数据读出后,放在 date 中
    stop();                          //停止信号
    return date;                     //返回值
}
void main()
{   uchar k=0;k=read_add(0x01);P1=k;
    init();                          //初始化器件
    while(1){
    if(P30==0){delay1(10);if(P30==0)write_add(0x01,k);while(P30==0);}
//将 k 值写入芯片的第 1 个地址
delay1(200);
    if(P31==0){delay1(10);if(P31==0)k++;P1=k;while(P31==0);}
        temp=read_add(0x01);         //将芯片的第 23 个地址中的数据读出,赋给 temp
        P0=temp;                     //将 temp 的数据赋给 P0 口
        }
}
```

8.4 DS18B20 单线数字温度传感器

由 DALLAS 半导体公司生产的 DS18B20 型单线智能温度传感器,属于新一代适配微处理器的智能温度传感器,可广泛用于工业、民用、军事等领域的温度测量及控制仪器、测控系统和大型设备中。它具有体积小、接口方便、传输距离远等特点。

8.4.1 DS18B20 的特点

(1)采用单总线专用技术,DS18B20 在与微处理器连接时仅需要一条口线即可实现微处理器与 DS18B20 的双向通信。

(2)温度传感器可编程的分辨率为 9~12 位,温度转换为 12 位数字格式,最大值为 750ms。

(3)测温范围为-55℃~+125℃,精度为± 0.5℃。

(4)内含 64 位经过激光修正的只读存储器 ROM。

(5)适用于各种单片机或系统机。

(6)支持多点组网功能,多个 DS18B20 可以并联在唯一的三线上,实现多点测温,用户可分别设定各路温度的上、下限。

(7)内含寄生电源。工作电源为 3~5V/DC,在使用中不需要任何外围元件。

(8)适用于 DN15~25 和 DN40~DN250 各种介质工业管道和狭小空间设备测温。

（9）使用 PVC 电缆直接出线或德式球型接线盒出线，便于与其他电气设备连接。

8.4.2　DS18B20 的内部结构

DS18B20 的内部主要由 4 部分组成：64 位光刻 ROM、温度传感器、非挥发的温度报警触发器 TH 和 TL 及高速暂存器。DS18B20 的引脚排列如图 8-37 所示。64 位光刻 ROM 是出厂前被光刻好的，它可以看作是该 DS18B20 的地址序列号。64 位 ROM 的循环冗余校验码的作用是使每一个 DS18B20 都各不相同，这样就可以实现一根总线上挂接多个 DS18B20 的目的。

因为 DS18B20 采用一线通信接口，所以必须先完成 ROM 设定，否则记忆和控制功能将无法使用。DS18B20 按以下命令顺序执行：读 ROM、ROM 匹配、搜索 ROM、跳过 ROM 和报警检查。这些指令操作作用在没有一个器件的 64 位光刻 ROM 序列号，可以从挂在一线上的多个器件中选定某一个器件，同时，总线也可以知道总线上挂有多少设备和何种设备。

DS18B20 完成温度测量后将数据存储在 DS18B20 的存储器中。DS18B20 的引脚排列如图 8-38 所示。

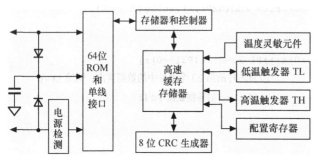

图 8-37　DS18B20 的内部结构

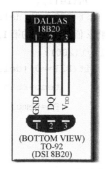

图 8-38　DS18B20 的引脚排列

- GND：接地。
- DO：信号输入/输出。
- V$_{DD}$：可选电源引脚。

DS18B20 高速寄存器共有 9 个存储单元，见表 8-7。

表 8-7　　　　　　　　　　　　DS18B20 高速寄存器的存储单元

序　号	寄存器名称	作　用	序　号	寄存器名称	作　用
0	温度低字节	以 16 位补码形式存放	4、5	保留字节 1、2	
1	温度高字节		6	计数器余值	
2	TH/用户字节 1	存放温度上限	7	计数器	
3	HL/用户字节 2	存放温度下限	8	CRC	

下面以 12 位转化为例说明温度高低、字节的存放形式及计算：12 位转化后得到的 12 位数据存储在 DS18B20 的两个高低 RAM 单元中，二进制中的前面 5 位是符号位。如果测得的温度大于 0，这 5 位为 0，只要将测到的数值乘以 0.0625 即可得到实际温度；如果温度小于 0，这 5 位为 1，测到的数值需要取反加 1 后再乘以 0.0625 才能得到实际温度。表 8-8 所示为高低 RAM 单元分配表。

表 8-8　　　　　　　　　　　　　　　高低 RAM 单元分配表

高 8 位	S	S	S	S	S	2^6	2^5	2^4
低 8 位	2^3	2^2	2^1	2^0	2^{-1}	2^{-2}	2^{-3}	2^{-4}

DS18B20 中的温度传感器完成对温度的测量，用 16 位带符号扩展的二进制补码读数形式提供，以 0.0625℃/LSB 形式表达，其中 S 为符号位。例如，+125℃的数字输出为 07D0H，（0000011111010000B，前 5 位为符号位，后 4 位为小数点后的数值，中间 7 位的数值是整数，1111101B = 125D），+24.0625℃的数字输出为 0191H，−24.0625℃的数字输出为 FF6FH，−55℃的数字输出为 FC90H。

8.4.3　DS18B20 的控制方法

在硬件上，DS18B20 与单片机的连接有两种方法，一种是 V_{CC} 接外部电源，GND 接地，I/O 线与单片机的 I/O 线相连；另一种是用寄生电源供电，此时 V_{DD}、GND 接地，I/O 线接单片机的 I/O 线。无论是内部寄生电源还是外部供电，I/O 接口线要接 5kΩ 左右的上拉电阻。DS18B20 有 6 条控制命令，如表 8-9 所示。

表 8-9　　　　　　　　　　　　DS18B20 的控制命令表

指　　　令	约 定 代 码	操　作　说　明
温度转换	44H	启动 DS18B20 进行温度转换
读寄存器	BEH	读取寄存器中 9 个字节的内容
写寄存器	4EH	将数据写入寄存器的 TH、TL 字节中
复制寄存器	48H	把寄存器的 TH、TL 字节写到 PROM 中
重新调 E^2PROM	B8H	把 E^2PROM 中的 TH、TL 字节写到寄存器 TH、TL 字节中
读电源供电方式	B4H	启动 DS18B20，发送电源供电方式的信号给主 CPU

CPU 对 DS18B20 的访问流程是：先对 DS18B20 初始化，再进行 ROM 操作命令，最后才能对存储器操作，以完成数据操作。DS18B20 每一步操作都要遵循严格的工作时序和通信协议。例如，主机控制 DS18B20 完成温度转换这一过程，根据 DS18B20 的通信协议，必须经三个步骤：每一次读写之前都要对 DS18B20 进行复位，复位成功后发送一条 ROM 指令，最后发送 RAM 指令，这样才能对 DS18B20 进行预定操作。

8.4.4　DS18B20 的工作时序

DS18B20 的一线工作协议流程是：初始化→执行 ROM 操作指令→执行存储器操作指令→数据传输。其工作时序包括初始化时序、写时序和读时序，如图 8-39 所示。

（1）DS18B20 的初始化

① 先将数据线置为高电平"1"。

② 延时（该时间要求得不是很严格，但是尽可能短一点）。

③ 将数据线拉到低电平"0"。

④ 延时 750μs（该时间的时间范围是 480～960μs）。

⑤ 数据线拉到高电平"1"。

⑥ 延时等待（如果初始化成功，则在 15～60ms 时间之内产生一个由 DS18B20 所返回的低

电平"0"。该状态可以用来确定它的存在，但是应注意不能无限地进行等待，不然会使程序进入死循环，所以要进行超时控制）。

⑦ 若CPU读到了数据线上的低电平"0"后，还要进行延时，其延时的时间从发出的高电平算起最少要480μs。

⑧ 将数据线再次拉高到高电平"1"后结束。

（2）DS18B20的写操作

① 数据线先置低电平"0"。

② 延时时间为15μs。

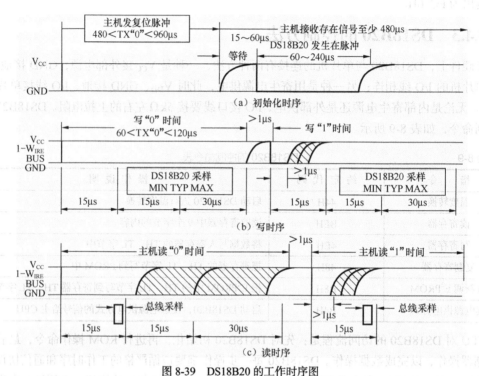

图 8-39　DS18B20的工作时序图

③ 按从低位到高位的顺序发送字节（一次只发送一位）。

④ 延时时间为45μs。

⑤ 将数据线拉到高电平。

⑥ 重复以上操作直到所有的字节全部发送完为止。

⑦ 最后将数据线拉到高电平。

（3）DS18B20的读操作

① 将数据线拉到高电平。

② 延时时间为2μs。

③ 将数据线拉到低电平。

④ 延时时间为15μs。

⑤ 将数据线拉到高电平。

⑥ 延时时间为15μs。

⑦ 读数据线的状态，得到一个状态位，并进行数据处理。

⑧ 延时时间为 30μs。

8.4.5　阶段实践

DS18B20 多路温度采集设计。采集两路温度显示到 LCD1602 液晶上。仿真图如图 8-40 所示。

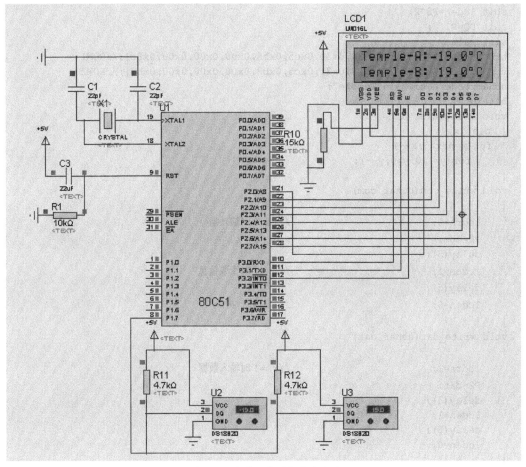

图 8-40　多路温度采集仿真电路

Proteus 仿真电路图元件见表 8-10。

表 8-10　　　　　　　　DS18B20 多路温度采集仿真电路图元件表

序　号	元 件 名 称	仿真库名称	备　注
U1	80C51	Microprocessor ICs	微处理器库→80C51
C1、C2	AVX0402NPO22P	Capacitors	电容库→22pF 片电容
C3	CAP-POL	Capacitors	电容库→10μF 电解电容
CRY1	CRYSTAL	Miscellaneous	杂项库→晶振（需设置频率）
U2、U3	DS18B20	Data Converters	数据转换器库→温度传感器
LCD1	LM016L	Optoelectronics	光电元件库→1602 液晶显示器

程序清单：

```c
#include<reg51.h>
#define uint unsigned int
#define uchar unsigned char
sbit lcdrs=P3^0;
sbit lcdrw=P3^1;
sbit lcden=P3^2;
sbit DQ=P1^7;
uint value;
uchar code table1[]={0x28,0x30,0xc5,0xb8,0x00,0x00,0x00,0x8e};//ROM1
uchar code table2[]={0x28,0x31,0xc5,0xb8,0x00,0x00,0x00,0xb9};//ROM2
uchar code table3[]="Temple";
bit fg=0;
void delay(uint n)
{  uint x,y;
    for(x=n;x>0;x--)
        for(y=110;y>0;y--);
}
void write_com(uchar com)
{
    lcdrs=0;                      //rs=0 时输入指令
    P2=com;
    delay(5);
    lcden=1;                      //en=1 时读取信息
    delay(5);
    lcden=0;                      //1→0 执行指令
}
void write_dat(uchar dat)
{
    lcdrs=1;                      //rs=1 时输入数据
    P2=dat;
    delay(5);
    lcden=1;
    delay(5);
    lcden=0;
}
void init_lcd()
{
    lcden=0;
    lcdrw=0;
    write_com(0x38);             //8 位数据，双列，5×7 字形
    write_com(0x0c);             //开启显示屏，关光标，光标不闪烁
    write_com(0x06);             //显示地址递增，即写一个数据后，显示位置右移一位
    write_com(0x01);
}
void delay_us(uchar t)          //微秒延时
{
    while(t--);
}
void init_ds18b20()             //数据初始化
{
    DQ=1;
```

```
        delay_us(4);
        DQ=0;
        delay_us(80);
        DQ=1;
        delay_us(200);
}
void write_ds18b20(uchar dat)              //写数据
{
        uchar i;
        for(i=0;i<8;i++)
        {
            DQ=0;
            DQ=dat&0x01;
            delay_us(15);
            DQ=1;
            dat=dat>>1;
        }
        delay_us(10);
}
uchar read_ds18b20()                       //读数据
{
        uchar i=0,readat=0;
        for(i=0;i<8;i++)
        {
            DQ=0;
            readat=readat>>1;              //8 位全部都是 0，向右移一位后，仍然全是 0
            DQ=1;
//如果 DQ 为 1，readat 进行或运算，如果为 0，则子语句不执行，直接 for 循环此时采集的数据是 0
            if(DQ)
            readat=readat|0x80;    //此时最高位为 1，然后再进行 for 循环，最高位成为第 7 位，依次往复
            delay_us(10);
        }
        return readat;
}
void check_rom(uchar a)                    //匹配序列号
{
        uchar j;
        write_ds18b20(0x55);
        if(a==1)
        {
            for(j=0;j<8;j++)
            {
                write_ds18b20(table1[j]);
            }
        }
        if(a==2)
        {
            for(j=0;j<8;j++)
            {
                write_ds18b20(table2[j]);
            }
        }
}
uchar change_ds18b20(uchar z)
{
```

```
    uchar tl,th;
    init_ds18b20();                          //初始化
    write_ds18b20(0xcc);                     //跳过
    init_ds18b20();
    if(z==1)
    {
        check_rom(1);                        // 匹配 ROM1
    }
    if(z==2)
    {
        check_rom(2);                        //  匹配 ROM2
    }
    write_ds18b20(0x44);
    init_ds18b20();
    write_ds18b20(0xcc);
    init_ds18b20();
    if(z==1)
    {
        check_rom(1);
    }
    if(z==2)
    {
        check_rom(2);
    }
    write_ds18b20(0xbe);                     //启动读暂存器，读内部 RAM 中 9 字节温度数据
    tl=read_ds18b20();
    th=read_ds18b20();
    value=th;
    value=value<<8;
    value=value|tl;
    if(th < 0x80)
    {   fg=0;   }

    if(th>= 0x80)
    {   fg=1;

        value=~value+1;
    }
        value=value*(0.0625*10);
      return value;

}
void display_lcd1602(uchar z)
{
    uchar i;
    if(z==1)
    {
        write_com(0x80);
        for(i=0;i<6;i++)
        {
            write_dat(table3[i]);
            delay(3);
        }
        write_dat(0x2d);
```

```
            write_dat(0x41);
            write_dat(0x3a);
            if(fg==1)
            {
                write_dat(0xb0);
            }
            if(fg==0)
            {
                write_dat(0x20);
            }
            write_dat(value/100+0x30);
            write_dat(value%100/10+0x30);
            write_dat(0x2e);
            write_dat(value%10+0x30);
            write_dat(0xdf);
            write_dat(0x43);
        }

        if(z==2)
        {
            write_com(0x80+0x40);
            for(i=0;i<6;i++)
            {
                write_dat(table3[i]);
                delay(3);
            }
            write_dat(0x2d);
            write_dat(0x42);
            write_dat(0x3a);
            if(fg==1)
            {
                write_dat(0xb0);
            }
            if(fg==0)
            {
                write_dat(0x20);
            }
            write_dat(value/100+0x30);
            write_dat(value%100/10+0x30);
            write_dat(0x2e);
            write_dat(value%10+0x30);
            write_dat(0xdf);
            write_dat(0x43);
        }
}
void main()
{
    init_lcd();
    while(1)
    {
        change_ds18b20(1);
        display_lcd1602(1);
        change_ds18b20(2);
        display_lcd1602(2);
    }
}
```

习 题

1. 说明异步通信与同步通信的区别及异步通信的格式。

2. 设 f_{osc} 为 6MHz，利用定时器 T1 工作于方式 2 产生 600bit/s 的波特率，试计算定时器初值。

3. 说明 80C51 实现多机通信的原理。

4. 80C51 以方式 1 工作，设主频为 6MHz，波特率为 1200bit/s，编制程序将 80C51 单片机甲机片内 RAM 30H ~ 3FH 的数据通过串行口传送到乙机片内 RAM 40H ~ 4FH 单元中（接收分别采用查询方式及中断方式）。

5. 采用 I²C 总线器件有何优点？

6. I²C 总线器件地址与子地址的含义是什么？

7. 在一对 I²C 总线上可否挂接多个 I²C 总线器件？为什么？

8. 80C51 系列单片机能够自动识别 I²C 总线器件吗？在该系统中如何使用 I²C 总线器件？

9. 简述 AT24Cxx 芯片的性能特点，并编写相应的读写程序。

10. 简述 DS18B20 性能特点及控制方法。

第9章
单片机应用系统设计与调试

本章将对单片机应用系统的基本开发设计步骤、调试方法及典型的抗干扰技术等方面进行介绍。

9.1 单片机应用系统设计

单片机应用系统是指以单片机为核心，配以外围电路和软件，能实现某种或几种功能的应用系统。它由硬件部分和软件部分组成。硬件是系统的基础，软件则是在硬件的基础上对其合理地调配和使用，从而完成应用系统所要完成的任务。因此，应用系统的设计应包括硬件设计和软件设计两大部分。为了保证系统能可靠地工作，在软、硬件的设计中，还要考虑其抗干扰能力，即在软、硬件的设计过程中还包括系统的抗干扰设计。

9.1.1 单片机应用系统设计步骤

一般来说，随着用途的不同，应用系统的硬件和软件结构也不相同，但设计、开发的方法和步骤基本上是相同的。综合前面所讲的内容可以看出，一个具有可行性的单片机应用系统的设计开发过程主要有下面几个步骤。

1. 需求分析

需求分析的内容是被测控对象的参数形式，包括电量、非电量、模拟量、数字量，以及被测控参数的范围、性能指标、系统功能、工作环境、显示、报警、打印要求等。

2. 总体设计

总体设计就是根据需求分析的结果，设计出符合现场应用的软硬件方案，既要满足用户需求，又要使系统操作简单、可靠性高、成本低廉，然后进行方案论证，并修改不符合要求的部分。

3. 系统硬件设计

系统硬件设计包括器件的选择、接口的设计、电路的设计制作、工艺设计等。

4. 系统软件设计

系统软件设计包括分配系统资源、建立数据采集处理算法、编写软件等。系统软、硬件设计需要协同进行，同时需要兼顾可靠性和抗干扰性。

5. 仿真调试

仿真调试包括硬件调试和软件调试。调试时应将硬件和软件分成几个模块，分别调试，各部分调试通过后，再对所有设计的硬件和软件进行集成调试和性能的测定。

6. 固化应用程序，脱机运行

这一步骤是设计开发的最后环节，以保证完成应用系统的生产应用。

7. 文档的编制

文档的编制工作需要贯穿设计开发过程始终，是以后使用、维护及升级设计的依据，需要精心设计编写，使数据资料完备。文档包括任务描述、设计说明（硬件电路、程序设计说明）、测试报告和使用说明。

详细的单片机应用系统设计步骤如图9-1所示。

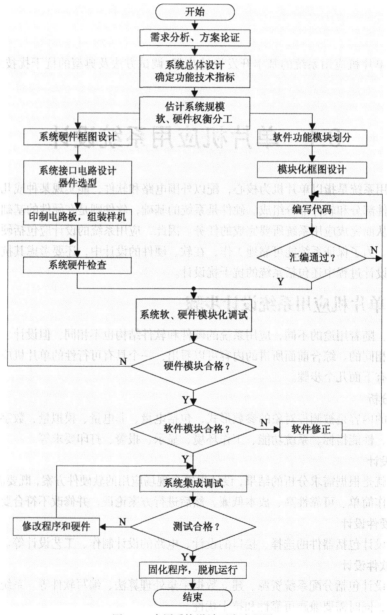

图9-1　应用系统设计开发流程图

9.1.2　单片机应用系统硬件设计

单片机应用系统的硬件设计包括两大部分：一是单片机系统的扩展部分设计，包括存储器扩展和接口扩展（存储器扩展指 EPROM、E²PROM 和 RAM 的扩展，接口扩展是指 8255A、8155、8279 及其他功能器件的扩展）；二是各功能模块的设计，如信号测量功能模块、信号控制功能模块、人机对话功能模块、通信功能模块等，根据系统功能要求配置相应的转换器、键盘、显示器、打印机等外围设备。

在进行应用系统的硬件设计时，首要问题是确定电路的总体方案，并需要进行详细的技术论证。所谓硬件电路的总体设计，即是为了实现该项目全部功能所需要的所有硬件的电气连线原理图。设计者应重点做好总体方案设计。从时间分配上看，硬件设计的绝大部分工作量是在最初方案的设计阶段。一旦总体方案确定下来，下一步的工作就会很顺利地进行，即使需要做部分修改，也只是在此基础上进行一些完善工作，通常不会造成较大的问题。

为了使硬件设计尽可能地合理，单片机应用系统的系统扩展与模块设计应遵循下列原则：

（1）尽可能选择典型电路，并符合单片机的常规使用方法；

（2）在充分满足系统功能要求的前提下，留有余地，以便于二次开发；

（3）硬件结构设计应与软件设计方案一并考虑；

（4）整个系统相关器件要力求性能匹配；

（5）硬件上要有可靠性与抗干扰设计；

（6）充分考虑单片机的带载驱动能力。

9.1.3　单片机应用系统软件设计

在进行应用系统的总体设计时，软件设计和硬件设计应统一考虑，相互结合进行。当系统的电路设计定型后，软件的任务也就明确了。应用系统中的应用软件是根据功能要求设计的，应该能够可靠地实现系统的各种功能。

在单片机测控系统中，软件的重要性与硬件设置同样重要。为了满足测控系统的要求，编制的软件必须符合以下基本要求。

1. 易理解性、易维护性

这通常是指软件系统容易阅读和理解，容易发现和纠正错误，容易修改和补充。由于生产过程自动化程度的不断提高和测控系统的结构日趋复杂，自动化技术设计人员很难在短时间内就对整个系统做到理解无误；同时，应用软件的设计与调试不可能一次完成。如果编制的软件容易理解和修改，在运行中逐步暴露出来的问题就比较容易得到解决。单纯追求软件占有最小存储空间是片面的。有时要采用模块化程序结构设计方案，使流程清晰、明了，同时还要尽量减少循环嵌套、调用嵌套及中断嵌套的次数。

2. 实时性

实时性是测控系统的普遍要求，即要求系统及时响应外部事件的发生，并及时给出处理结果。近年来，由于硬件的集成度与运算速度的提高，配合相应的软件，很容易满足实时性这一要求。在工程应用软件设计中，采用汇编语言要比高级语言更具有实时性。

3. 可测试性

测控系统软件的可测试性具有两方面的含义：其一是指比较容易地制定出测试准则，并根据这些准则对软件进行测定；其二是软件设计完成后，首先在模拟环境下运行，经过静态分析和动态仿真运行，证明准确无误后才可投入实际运行。

4. 准确性

准确性对测控系统具有重要意义。系统中要进行大量运算，算法的正确性与精确性问题对控制结果有直接影响，因此在算法选择、位数选择方面要符合要求。

5. 可靠性

可靠性是测控软件最重要的指标之一，它要求两方面的意义：第一是运行参数环境发生变化时（如温度漂移等），软件都能可靠运行并给出正确结果，即软件具有自适应性；第二是工业环境极其恶劣，干扰严重。软件必须保证在严重干扰条件下也能可靠运行，这对测控系统尤为重要。

应用软件是根据系统功能要求设计的。软件的功能可分为两大类：一类是执行软件，它能完成各种实质性的功能，如测量、计算、显示、打印、输出控制等；另一类是监控软件，专门用来协调各执行模块和操作者的关系，在系统软件中充当组织调度角色。设计人员在进行程序设计时应从以下几个方面加以考虑。

（1）根据软件功能要求，将系统软件分成若干个相对独立的部分。根据它们之间的联系和时间上的关系，设计出合理的软件总体结构，使其清晰、简洁，流程合理。

（2）培养结构化程序设计风格，各功能程序实行模块化、子程序化，既便于调试、链接，又便于移植、修改。

（3）建立正确的数学模型，即根据功能要求，描述出各个输入和输出变量之间的数学关系，它是关系到系统性能好坏的重要因素。

（4）为了提高软件设计的总体效率，以简明、直观的方法对任务进行描述，在编写应用软件之前，应绘制出程序流程图。

（5）要合理分配系统资源，包括 ROM、RAM、定时器/计数器、中断源等。其中最关键的是片内 RAM 分配。例如，对于 80C51 来讲，片内 RAM 指 00H~7FH 单元，这 128 个字节的功能不完全相同。分配时应充分发挥其特长，做到物尽其用。例如，在工作寄存器的 8 个单元中，R0 和 R1 具有指针功能，是编程的重要角色，避免作为他用；20H~2FH 这 16 个字节具有位寻址功能，用来存放各种标志位、逻辑变量、状态变量等；当 RAM 资源规划好后，应列出一张 RAM 资源详细分配表，以备编程时查用。

（6）注意在程序的有关位置写上功能注释，提高程序的可读性。

（7）加强软件抗干扰设计，它是提高计算机应用系统可靠性的有力措施。

通过编辑软件编辑出的源程序必须用编译程序汇编后生成目标代码。如果源程序有语法错误，则返回编辑过程，修改源文件后再继续编译，直到无语法错误为止。这之后就是利用目标代码进行程序调试。如果在运行中发现设计上的错误，再重新修改源程序，如此反复直到成功为止。关于程序的调试，将在本书的 9.2 节详细介绍。

9.2 单片机应用系统的开发与调试

9.2.1 单片机应用系统的开发

在经过了总体设计、硬件设计、软件设计及元器件的焊接安装后，在系统的程序存储器中放入编制好的应用程序，系统即可运行。但第一次运行时通常会出现一些硬件或软件上的错误，这就需要通过调试来发现错误并加以改正。MCS-51 单片机只是一个芯片，本身无自开发能力，要编制、开发应用软件，对硬件电路进行诊断、调试，必须借助仿真开发工具模拟实际的单片机，这样能随时观察运行的中间过程而不改变运行中原有的数据性能和结果，从而进行模仿现场的真实调试。完成这一在线仿真工作的开发工具就是单片机在线仿真器。一般也把仿真、开发工具称为仿真开发系统。

1. 仿真开发系统的功能

一般来说，仿真开发系统应具有如下最基本的功能：

① 诊断和检查用户样机硬件电路；

② 输入和修改用户样机程序；

③ 程序的运行、调试（单步运行、设置断点运行）、排错、状态查询等功能；

④ 将程序固化到 EPROM 芯片中。

仿真开发系统都必须具备上述基本功能，但对于一个较完善的仿真开发系统还应具备以下功能。

① 具有较全的开发软件。配有高级语言（如 C 语言等）开发环境，用户可用高级语言编制应用软件，再编译连接生成目标文件、可执行文件。同时要求支持汇编语言，有丰富的子程序，可供用户选择调用。

② 有跟踪调试、运行能力。开发系统占用单片机的硬件资源尽量少。

2. 仿真开发系统的种类

目前国内使用较多的仿真开发系统大致分为三类。

（1）通用型单片机开发系统

这是目前国内使用最多的一类开发系统，如上海复旦大学的 SICE-II、SICE-IV、伟福（WAVE）公司的在线仿真器。此类系统采用国际上流行的独立型仿真结构，与任何具有 RS-232C 串行口（或并行口）的计算机相连即可构成单片机仿真开发系统。系统中配备有 EPROM 读出/写入器、仿真插头和其他外设，其基本配置和连接如图 9-2 所示。

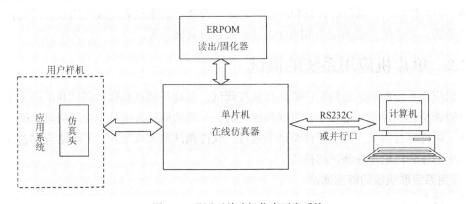

图 9-2　通用型单片机仿真开发系统

在调试用户样机时，仿真插头必须插入用户样机空出的单片机插座中。当仿真器通过串行口（或并行口）与计算机联机后，用户可以先在计算机上编辑、修改源程序，然后通过 MCS-51 交叉汇编软件将其汇编成目标代码，传送到仿真器的仿真 RAM 中。这时用户可以使用单步、断点、跟踪、全速等方式运行用户程序，系统状态实时显示在屏幕上。该类仿真器采用模块化结构，配备了不同的外设，如外存板、打印机、键盘/显示板等，用户可根据需要加以选用。在没有计算机支持的场合，利用键盘/显示板也可在现场完成仿真调试工作。

在图 9-2 中，EPROM 读出/写入器用来将用户的应用程序固化到 EPROM 中，或将 EPROM 中的程序读到仿真 RAM 中。这类开发系统的最大优点是可以充分利用通用计算机系统的软、硬件资源，开发效率高。

（2）软件模拟开发系统

这是一种完全依靠软件手段进行开发的系统。开发系统与用户系统在硬件上无任何联系。通常这种系统是由通用计算机加模拟开发软件构成的。

模拟开发系统的工作原理是利用模拟开发软件在通用计算机上实现对单片机的硬件模拟、指令模拟和运行状态模拟，从而完成应用软件开发的全过程。单片机相应的输入端由通用键盘相应的按键设定，输出端的状态则出现在显示器指定的窗口区域。在开发软件的支持下，通过指令模拟，可方便地进行编程、单步运行、设置断点运行、修改等软件调试工作。调试过程中，软件运行状态、各寄存器的状态、端口状态等都可以在显示器指定的窗口区域显示出来，以确定程序运行有无错误。常见的用于 MCS-51 单片机的模拟开发调试软件为 WAVE 公司的 SIM51。

模拟调试软件不需要任何在线仿真器，也不需要用户样机就可以在计算机上直接开发和模拟调试 MCS-51 单片机软件。调试完毕的软件可以将其固化，完成一次初步的软件设计工作。对于实时性要求不高的应用系统，一般能直接投入运行；即使是实时性要求较高的应用系统，通过多次反复模拟调试也可正常投入运行。

模拟调试软件功能很强，基本上包括了在线仿真器的单步、断点、跟踪、检查和修改等功能，并且还能模拟产生各种中断（事件）和 I/O 应答过程。因此，模拟调试软件是比较有实用价值的模拟开发工具。

模拟开发系统的最大缺点是不能进行硬件部分的诊断与实时在线仿真。

（3）普及型开发系统

这种开发装置通常是采用相同类型的单片机作成单板机形式。它所配置的监控程序可满足应用系统仿真调试的要求，能输入程序、设置断点运行、单步运行、修改程序，并能很方便地查询各寄存器、I/O 接口、存储器的状态和内容。它是一种廉价的能独立完成应用系统开发任务的普及型单板系统。此系统中必须配备 EPROM 写入器和仿真插头等。

9.2.2　单片机应用系统的调试

单片机应用系统的调试包括硬件调试和软件调试，但硬件调试和软件调试并不能完全分开，许多硬件错误是在软件调试过程中被发现和纠正的。一般的调试方法是先排除明显的硬件故障，再进行软、硬件综合调试。如果硬件调试不通过，软件调试则无从做起。下面结合作者在单片机开发过程中的体会讨论硬件调试的技巧。

1. 应用系统联机前的静态调试

硬件的静态调试包括以下方面。

（1）排除逻辑故障

这类故障往往由于设计和加工制板过程中工艺性错误所造成的，主要包括错线、开路、短路。排除的方法是首先将加工的印制板认真对照原理图，看两者是否一致。应特别注意电源系统检查，以防止电源短路和极性错误，并重点检查系统总线（地址总线、数据总线和控制总线）是否存在相互之间短路或与其他信号线路短路。必要时利用数字万用表的短路测试功能，可以缩短排错时间。

（2）排除元器件失效

造成这类错误的原因有两个：一是元器件买来时就已坏了；二是由于安装错误，造成器件烧坏。可以检查元器件与设计要求的型号、规格和安装是否一致。在保证安装无误后，用替换方法排除错误。

（3）排除电源故障

在通电前，一定要检查电源电压的幅值和极性，否则很容易造成集成块损坏。加电后检查各插件上引脚的电位，一般先检查 V_{CC} 与 GND 之间的电位，若在 5～4.8V 则属于正常。若有高压，联机仿真器调试时，将会损坏仿真器等，有时会使应用系统中的集成块发热损坏。

（4）联机仿真前的准备工作

当设计者完成了绘图制板工作，准备焊接元器件及插座，进行联机仿真调试之前，应做好下述工作。

① 在未焊上各元器件管座或元件之前，首先用眼睛或用万用表直接检查线路板各处是否有明显的断路、短路的地方，尤其是要注意电源是否短路，否则未经检查就焊上元件或管座，以致发现有短路、开路故障，却常因管座、元件遮盖住线路难以进行故障定位，若需将已焊好的管座再拔下来，造成的困难是可想而知的。

② 元器件在焊接过程中要逐一检查，例如，二极管、三极管、电解电容的极性、电容的容量、耐压及元件的数值等。

③ 管座、元件焊接完毕，还要仔细检查各元件之间的裸露部分有无相互接触现象，焊接面的各焊点间及焊点与近邻线有无连接，对于布线过密或未加阻焊处理的印制板，更应注意检查这些可能造成短路的原因。

④ 完成上述检查后，先空载上电（未插芯片），检查线路板各管脚及插件上的电位是否正常，特别是单片机管脚上的各点电位（若有高压，联机调试时会通过仿真线进入仿真系统，损坏有关器件）。若一切正常，将芯片插入各管座，再通电检查各点电压是否达到要求、逻辑电平是否符合电路或器件的逻辑关系。若有问题，掉电后再认真检查故障原因。

在完成上述联机调试准备工作后，在断电的情况下用仿真线将目标样机和仿真系统相连，进入监控状态，即可进行联机仿真调试。

2. 联机仿真调试

联机仿真调试的方案是：把整个应用系统按其功能分成若干模块，如系统扩展模块、输入模块、输出模块、A/D 模块等。针对不同的功能模块，编写一小段测试程序，并借助于万用表、示波器、逻辑笔等仪器来检查硬件电路的正确性。

信号线是联络单片机和外部器件的纽带，如果信号线连接错误或时序不对，都会造成对外围电路读写错误。80C51 系列单片机的信号线大体分为读、写信号线，片选信号线，时钟信号线，外部程序存储器读选通信号，地址锁存信号，复位信号等几大类。这些信号大多属于脉冲信号，对于脉冲信号，借助示波器用常规方法很难观测到，必须采取一定的措施才能观测到，应该利用软件编程的方法来实现。

对于片选信号，运行下面的小程序可以检测出译码片选信号是否正常。

```
MAIN:   MOV   DPTR, #DPTR  ; 将地址送入 DPTR
        MOVX  A, @DPTR     ; 将译码地址指示片外 RAM 中的内容送入 ACC
        NOP                ; 适当延时
        SJMP MAIN          ; 循环
```

执行程序后，就可以利用示波器观察芯片的片选信号引出脚，这时应看到周期为数微秒的负脉冲波形，若看不到，则说明译码信号有错误。对于电平类信号，观测起来就比较容易。例如，观测复位信号可以直接利用示波器，当按下复位键时，可以看到单片机的复位引脚变为高电平；一旦松开，电平将变低。

总之，对于脉冲触发类的信号要用软件来配合，并要把程序编为死循环，再利用示波器观察；对于电平类触发信号，可以直接用示波器观察。用同样的方法，可对各内存及外设接口芯片的片选信号都进行检查。如果出现不正确现象，就要检查片选信号是否正确，有无接触不良或错线、断线现象。

如果能很好地借助简单的工具对单片机硬件进行调试，就可以大大缩短单片机的开发周期。

9.3　单片机课程设计

9.3.1　单片机课程设计规范

1. 单片机系统课程设计目的与要求

单片机系统课程设计是在《单片机原理与应用》理论课程及验证性实验基础上开设的，通过课程设计，训练学生如何综合运用所学知识去分析和解决实际问题，掌握单片机系统硬件和软件设计及调试的基本过程，并学习如何撰写总结报告。

指导教师负责课程设计的任务布置、设计指导和成绩评定。课程设计任务包括题目名称、设计要求、技术手段、参考文献等。学生在接受任务以后，进行系统的方案选择、系统设计、电路板设计及系统的安装调试等工作，最后写出设计报告。该课程设计可两人一组，选择同一个题目。

2. 单片机系统课程设计时间安排

单片机系统课程设计时间为 10 天（两周），建议时间分配如下。

- 第 1 天：分析理解设计任务要求，选择 CPU 及外围设备型号，设计系统框图。
- 第 2~3 天：设计并绘制系统原理图（用 Protel 软件）。按原理图绘制印制电路板图并制板（可选，若无此项，将此项时间纳入下一项）。
- 第 4 天：绘制系统管理软件流程图，并编制程序。
- 第 5~6 天：软件调试。
- 第 7~8 天：系统安装调试。
- 第 9 天：编写系统说明书（包括软件和硬件）。
- 第 10 天：答辩。

3. 硬件设计的一般步骤

① 接受设计任务：接受任务后，充分理解设计任务及要求，分析系统功能、性能指标、人机接口等内容。

② 方案选择：根据系统要求，确定系统功能，在完成设计要求的前提下，充分考虑系统成本、安装调试、系统维护等因素，给出最佳设计方案。

③ 系统外观设计：确定显示模式和操作方式，从实用出发，设计机器外型（外壳）、人机接口、外形尺寸等。

④ 系统硬件原理图设计：除完成系统主要功能外，还应考虑降低系统成本，提高可靠性能，

方便安装调试等。

⑤ 元器件选择：考虑元件封装形式、性能等。

⑥ 印制电路板设计与制作：根据装置外形尺寸，设计电路板。在布线和元件布置允许的情况下，尽量减小板面，以降低制板费用，同时，还应考虑系统抗干扰等问题。

⑦ 电路板安装调试：初次安装，应先焊接插座，之后插入元件。焊接时还应注意不要连焊、反焊、漏焊、虚焊等。安装完成后，编制一段小程序进行输入输出调试，以验证系统是否开始工作。

⑧ 软件编制与调试：程序最好模块化处理，注意节省内存。调试时，按模块进行调试，最后联调。

4. 单片机系统课程设计报告要求及撰写规范

课程设计报告是学生所作设计的说明文件，其目的是使学生在完成设计、安装、调试后，在归纳技术文档、撰写科学技术总结报告方面得到训练。报告格式要求如下。

（1）统一的封面

封面含课程设计课题名称、专业、班级、姓名、学号、指导教师、成绩等。

（2）设计任务和技术要求

设计任务和技术要求由指导教师在选题时提供给学生。

（3）课程设计总结报告正文

正文可按章节来撰写，应含以下内容。

① 方案选择：根据题目要求，给出总体初设方案并阐述理由。

② 硬件原理电路图的设计及分析：各部分电路的设计思想、功能特性及原理电路图。

③ 程序设计与分析：各模块程序的设计、完整的程序框图。

④ 系统评价：对硬件设计、软件设计及系统的实用价值、创新性、功能、精度、特点及不足等方面进行分析与评价，提出改进方案。

⑤ 心得体会：总结本人在设计、安装及调试过程中的收获和体会，以及对设计过程的建议等。

（4）按统一格式列出主要参考文献

参考文献必须是学生在课程设计中真正阅读过和运用过的，文献按照在正文中的出现顺序排列。各类文献的书写格式如下。

① 图书类的参考文献：

[序号]　作者名•书名•(版次)•出版单位，出版年,引用部分起止页码。

② 翻译图书类的参考文献：

序号　作者名•书名•译者•(版次)出版单位，出版年：引用部分起止页码。

③ 期刊类的参考文献：

序号　作者名•文集名•期刊名•年，卷(期)：引用部分起止页码。

（5）课程设计报告的总篇幅

课程设计报告的总篇幅一般不超过15页。

（6）排版要求

课程设计说明书用 A4 纸打印，各级标题四号宋体加粗，正文文字小四号宋体，程序用五号字，英文用 Times New Roman。

5. 单片机系统课程设计答辩

答辩是课程设计中一个重要的教学环节，通过答辩可使学生进一步发现设计中存在的问题，进一步搞清尚未弄懂的、不甚理解的或未曾考虑到的问题，从而取得更大的收获，圆满地达到课程设计的目的与要求。

（1）答辩资格

按计划完成课程设计任务，经指导教师验收通过者，方获得参加答辩资格。

（2）答辩小组组成

课程设计答辩小组由 2～3 名教师组成。

（3）答辩

答辩小组应在答辩前认真审阅学生课程设计成果，为答辩做好准备，答辩中，学生需报告自己设计的主要内容（约 5 分钟），并回答指导老师提出的 3～4 个问题。每个学生答辩时间约 15分钟。

6. 单片机系统课程设计成绩评定办法

课程设计成绩分平时成绩（完成计划进度情况）、设计成品（包括硬件设计、软件设计和说明书）及答辩三部分，分别占总成绩的 20%、50%、30%。指导教师根据学生完成情况分别给出上述三部分成绩，最后给出总成绩，成绩分优秀、良好、中等、及格、不及格 5 个等级。

9.3.2　课程设计实例——电子万年历设计

1. 实例功能

在许多的单片机系统中，通常进行一些与时间和温度相关的控制，这就需要使用实时时钟和温度传感器。例如，在测量控制系统中，特别是长时间无人看守的测控系统中，经常需要记录某些具有特殊意义的数据及其出现的时间。在系统中采用实时时钟芯片则能很好解决这个问题。

本例以电子万年历为题介绍单片机 AT89C52 如何与时钟芯片 DS1302 进行数据通信，读取和写入实时数据，并如何采集 DS18B20 的温度值。

本例的功能模块分为以下三个方面。

● 单片机系统：和外围的时钟芯片、温度传感器芯片及液晶进行通信。

● 外围电路：实现外围的时钟芯片、温度传感器芯片及液晶和单片机之间的接口电路。

● C51 程序：编写单片机控制各个接口程序，实现单片机和接口之间的数据通信功能

2. 器件和原理

（1）DS1302

① 什么是 DS1302。DS1302 是 DALLAS 公司推出的涓流充电时钟芯片，内含一个实时时钟/日历和 31 字节静态 RAM，通过简单的串行接口与单片机进行通信的实时时钟/日历电路，提供秒、分、时、日、月、年的信息，每月的天数和闰年的天数可自动调整时钟操作可通过 AM/PM 指示决定采用 24 或 12 小时格式。DS1302 与单片机之间能简单地采用同步串行的方式进行通信，仅需用到三个口线：1 RES 复位，2 I/O 数据线，3 SCLK 串行时钟。时钟/RAM 的读/写数据以一个字节或多达 31 个字节的字符组方式通信。DS1302 工作时功耗很低，保持数据和时钟信息时功率小于 1mW。

下面将主要的性能指标做一综合。

● 实时时钟具有能计算 2100 年之前的秒、分、时、日、日期、星期、月、年的能力及闰年调整的能力。

● 8 脚 DIP 封装或可选的 8 脚 SOIC 封装根据表面装配。

● 简单 3 线接口。

- 与 TTL 兼容 V_{CC}=5V。
- 可选工业级温度范围-40℃ ~ +85℃。
- 与 DS1202 兼容。
- 在 DS1202 基础上增加的特性。
- 对 Vcc1 有可选的涓流充电能力。
- 双电源管用于主电源和备份电源供应。
- 备份电源管脚可由电池或大容量电容输入。
- 附加的 7 字节暂存存储器。

② DS1302 的引脚及功能表。DS1302 的引脚如图 9-3 所示引脚功能见表 9-1。

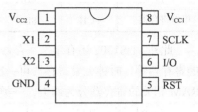

图 9-3　DS1302 的引脚图

表 9-1　　　　　　　　　　　　　引脚说明

引 脚 号	引 脚 名 称	功　能
1	V_{CC2}	主电源
2、3	X1、X2	振荡源，外接 32.768kHz 晶振
4	GND	接地
5	RST	复位/片选端
6	I/O	串行数据输入/输出端（双向）
7	SCLK	串行时钟输入端
8	V_{CC1}	备用电源

③ 控制命令字节与寄存器。控制命令字节结构如下：

7	6	5	4	3	2	1	0
1	RAM/$\overline{CK}$	A4	A3	A2	A1	A0	RAM/$\overline{K}$

控制字节的最高有效位（位 7）必须是逻辑 1，如果它为 0，则不能把数据写入到 DS1302 中；位 6 如果为 0，则表示存取日历时钟数据，为 1 表示存取 RAM 数据；位 5 至位 1 指示操作单元的地址；最低有效位（位 0）如为 0 表示要进行写操作，为 1 表示进行读操作，控制字节总是从最低位开始输出。

DS1302 共有 12 个寄存器，其中有 7 个寄存器与日历、时钟相关，存放的数据位为 BCD 码形式。其日历、时间寄存器及其控制字见表 9-2。

表 9-2　　　　　　　　　　　　日历、时钟寄存器及其控制字

寄 存 器 名	命 令 字		取 值 范 围	各 位 内 容							
	写操作	读操作		7	6	5	4	3	2	1	0
秒寄存器	80H	81H	00~59	CH		10SEC			SEC		
分钟寄存器	82H	83H	00~59	0		10MIN			MIN		
小时寄存器	84H	85H	01~12 或 00~23	12/24	0	$\frac{10}{AP}$	HR		HR		
日期寄存器	86H	87H	01~28,29,30,31	0	0	10DATE			DATE		
月份寄存器	88H	89H	01~12	0	0	0	10M		MONTH		

续表

寄 存 器 名	命 令 字		取 值 范 围	各 位 内 容							
	写操作	读操作		7	6	5	4	3	2	1	0
周日寄存器	8AH	8BH	01~07	0	0	0	0	0	DAY		
年份寄存器	8CH	8DH	00~99	10YEAR				YEAR			

此外，DS1302 还有年份寄存器、控制寄存器、充电寄存器、时钟突发寄存器及与 RAM 相关的寄存器等。时钟突发寄存器可一次性顺序读写除充电寄存器外的所有寄存器内容。DS1302 与 RAM 相关的寄存器分为两类，一类是单个 RAM 单元，共 31 个，每个单元组态为一个 8 位的字节，其命令控制字为 COH~FDH，其中奇数为读操作，偶数为写操作；再一类为突发方式下的 RAM 寄存器，此方式下可一次性读写所有的 RAM 的 31 个字节，命令控制字为 FEH（写）、FFH（读）。

（2）DS18B20

① 什么是 DS18B20。DS18B20 数字温度计是 DALLAS 公司生产的 1—Wire，即单总线器件，具有线路简单，体积小的特点，因此用它来组成一个测温系统，具有线路简单，在一根通信线，可以挂很多这样的数字温度计，十分方便。

DS18B20 产品的特点如下所述。

- 只要求一个端口即可实现通信。
- 在 DS18B20 中的每个器件上都有独一无二的序列号。
- 实际应用中不需要外部任何元器件即可实现测温。
- 测量温度范围为-55℃ ~ + 125℃。
- 数字温度计的分辨率用户可以从 9 位到 12 位选择。
- 内部有温度上、下限告警设置。

② DS18B20 的引脚及功能表。DS18B20 的引脚如图 9-4 所示，其功能描述见表 9-3。

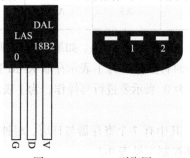

图 9-4 DS18B20 引脚图

表 9-3　　　　　　　　　　　　　DS18B20 详细引脚功能描述

序 号	名 称	引脚功能描述
1	GND	地信号
2	DQ	数据输入/输出引脚。开漏单总线接口引脚。当被用着在寄生电源下，也可以向器件提供电源。
3	V_{DD}	可选择的 VDD 引脚。当工作于寄生电源时，此引脚必须接地

3. 电路原理及器件选择

（1）电路原理图如图 9-5 所示。

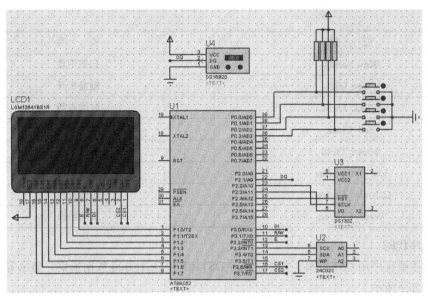

图 9-5 万年历电路图

注：实际连接时应将复位电路和晶振连接上，根据是否扩展存储器适当的连接 EA 引脚。

（2）器件选择见表 9-4。

表 9-4 元件说明

序 号	名 称	元 件 库	属 性
1	AT89C52	Microprocessor ICs	处理器
2	24C02C	Memory ICs	存储器
3	DS18B20	Data Converters	温度传感器
4	DS1302	Microprocessor ICs	时钟芯片
5	Button	Switches&Relays	按键
6	LGM12641BS1R	Optoelectronics	液晶
7	MINRES470K	Resistors	470Ω 电阻

4. 程序设计

（1）程序功能

该程序的主要功能是利用单片机和时钟芯片 DS1302、温度传感器 DS18B20 及 LCD 实现万年历的功能（包括阴历的显示）。

（2）主要器件和变量的说明

本例采用的器件主要有 4 个，其中 DS1302 时钟芯片为单片机提供时间信息。DS18B20 是温度传感器，检测外部的温度信号；单片机负责控制信号采集过程；LCD 模块显示当前的时间及温度数据。程序中的变量及功能见表 9-5。

表 9-5 函数说明

变 量	说 明
Lcd_Initial()	LCD 初始化
Clock_Initial()	DS1302 初始化

变　　量	说　　明
Key_Scan()	扫描键盘
Key_Idle	键盘松开
Clock_Fresh	时间刷新
Lcd_Clock	时间显示
Sensor_Fresh	温度更新
Lcd_Temperture	温度显示
Calendar_Convert	阴历转换
Week_Convert	星期转换

（3）程序代码

系统的主要程序用 C51 编写，主要完成对 DS1302 和 DS18B20 数据采集并显示等功能。主函数程序代码如下所示。

```c
/*************************************************************************
* 文件名：test.c
* 功    能：-------万年历
*************************************************************************/
/***********************文件包含*****************************************/
#include < reg51.h >
#include < character.h >
#include < lcd.h >
#include < clock.h >
#include < sensor.h>
#include < calendar.h >
#include < key.h >
/************************预定义******************************************/
#define uchar unsigned char
#define uint unsigned int
/**********************************************************************/
sbit bell = P2 ^ 0;  //定义蜂鸣器端口
sbit in = P2 ^ 7;   //定义红外检测端口
/*********************************************************
* 名称：Timer0_Service() inturrupt 1
* 功能：中断服务程序整点报时三声嘟嘟的声音
* 入口参数：
* 出口参数：
*********************************************************/
void Timer0_Service() interrupt 1
{
    static uchar count = 0;
    static uchar flag = 0;              //记录鸣叫的次数
    count = 0;
    TR0 = 0;                            //关闭 Timer0
    TH0 = 0x3c;
    TL0 = 0XB0;                         //延时 50 ms
```

```
   TR0 = 1 ;                              //启动 Timer0
   count ++;
   if( count == 20 )                      //鸣叫 1s
   {
     bell = ~ bell;
     count = 0;
     flag ++;
   }
   if( flag == 6 )
   {
     flag = 0;
     TR0 = 0;                             //关闭 Timer0
   }
}
/****************************************************************************
* 名称: Timer2_Servie() interrupt 5
* 功能：中断服务程序　整点报时 1min
* 入口参数:
* 出口参数:
*****************************************************************************/
void Timer3_Service() interrupt 5
{
   static uchar count;
   TF2 = 0;                               //软件清除中断标志
   count ++;
   if( in == 1 )
   {
     count = 0;                           //计算清 0
     TR2 = 0;                             //关闭 Timer2
     bell = 1;                            //关闭蜂鸣器
   }
   if( count == 120 )                     // 1min后 关闭报警
   {
     count = 0;                           //计算清 0
     TR2 = 0;                             //关闭 Timer2
     bell = 1;                            //关闭蜂鸣器
   }
}
/****************************************************************************
* 函数名称: main()
* 功　　能:
* 入口参数:
* 出口参数:
*****************************************************************************/
void main( void )
{

   uchar clock_time[7] = { 0x00, 0x00, 0x02, 0x01, 0x06, 0x07 };
//定义时间变量 秒　分 时 日 月 年
   uchar alarm_time[2] = { 0, 0}; //闹钟设置  alarm_time[0]:分钟  alarm_time[1] :小时
```

```
uchar temperature[2];  //定义温度变量    temperature[0]低 8 位 temperature[1]   高 8 位
   Lcd_Initial();                              //LCD 初始化
Clock_Initial( clock_time );                   //时钟初始化

/***********************中断初始化************************/
   EA = 1;                                      //开总中断
   ET0 = 1;                                     //Timer0 开中断
ET2 = 1;                                        //Timer2 开中断
   TMOD = 0x01 ;                                //Timer0 工作方式 1
 RCAP2H = 0x3c;
   RCAP2L = 0xb0;                               //Timer2 延时 50 ms

  while( 1 )
{
 switch( Key_Scan() )
    {
       case up_array:
                 {
                   Key_Idle();
                 }
               break;
         case down_array:
                 {
                        Key_Idle();
                   }
                break;
          case clear_array:
                 {       Key_Idle();
                   }
                   break;
           case function_array:{
                   Key_Function( clock_time, alarm_time );
                   }
           case null:
               {
                   Clock_Fresh( clock_time );           //时间刷新
                   Lcd_Clock( clock_time );             //时间显示
                 Sensor_Fresh( temperature );           //温度更新
                   Lcd_Temperture( temperature );       //温度显示
                 Calendar_Convert( 0 , clock_time );
                   Week_Convert( 0, clock_time );
                   //整点报时
                   if( ( * clock_time == 0x59 ) && ( * ( clock_time + 1 ) == 0x59 ) )
                   {
                      bell = 0;
                       TR2 = 1; //启动 Timer2
                   }
                 //闹钟报警
                 if( * alarm_time == * ( clock_time + 1 ) )      //分钟相吻合
                     if( * ( alarm_time + 1 ) == *( clock_time + 2 ) ) //小时相吻合
```

```
                                {
                                    bell = 0;
                                    TR2 = 1;               //启动 Timer2
                                }
                        }
                        break;
                }
            }
}

//calendar.h 文件
#ifndef _SUN_MOON
#define _SUN_MOON
/*********************************************************************/
#define uchar unsigned char
#define uint unsigned int
/*************************************************************
* 月份数据表
*************************************************************/
uchar code day_code1[9]={0x0,0x1f,0x3b,0x5a,0x78,0x97,0xb5,0xd4,0xf3};
uint  code day_code2[3]={0x111,0x130,0x14e};
/*************************************************************
* 星期数据表
*************************************************************/
uchar code  table_week[12]={0,3,3,6,1,4,6,2,5,0,3,5};
/*************************************************************
* 内容: //闹钟的图标
* 大小: 16 × 16
*************************************************************/
uchar code alarm_logo[5][32] = {
};
/*************************************************************/
#endif

//key.h 文件
#ifndef _KEY
#define _KEY
/*********************键盘预定义**************************/
#define up_array           0x01
#define down_array         0x02
#define clear_array        0x03
#define function_array     0x04
#define null               0

/*************************************************************
* 函数名称: Key_Idle()
* 功    能: 键盘松开
* 入口参数: 无
* 出口参数: 无
*************************************************************/
void Key_Idle()
{
```

```
        while( ( P0 & 0x0f ) != 0x0f );
    }

/***************************************************************
 *  函数名称：Key_Scan()
 *  功    能：键盘扫描
 *  入口参数：无
 *  出口参数：键值
 ***************************************************************/
uchar Key_Scan()
{
    if( ( P0 & 0x0f ) != 0x0f )                  //判断按键
    {
        Delay(4);                                //消除抖动
        if( ( P0 & 0x0f ) != 0x0f )
        {
            switch ( P0 & 0x0f )                 //将按键码转换成键值
            {
                case  0x0e: return  up_array;
                case  0x0d: return  down_array;
                case  0x0b: return  clear_array;
                case  0x07: return  function_array;
                default :  return  null;
            }
        }

    }
    return null;
}
```

习   题

1. 简述单片机应用系统设计的一般步骤。
2. 单片机应用系统硬件设计需要遵循哪些原则？
3. 硬件的静态调试包括哪些？
4. 单片机课程设计规范有哪些？
5. 按照单片机应用系统设计方法设计一个单片机应用实例。

附录 A
80C51 系列单片机指令表

数据传送类指令

助 记 符	功 能 说 明	字节数	机器周期	指令代码（十六进制）
MOV A, Rn	寄存器内容送入累加器	1	1	E8 ~ EF
MOV A, direct	直接地址单元中的数据送入累加器	2	1	E5 direct
MOV A, @Ri	间接 RAM 中的数据送入累加器	1	1	E6 ~ E7
MOV A, #data	立即数送入累加器	2	1	74 data
MOV Rn, A	累加器内容送入寄存器	1	1	F8 ~ FF
MOV Rn, direct	直接地址单元中的数据送入寄存器	2	2	A8 ~ AF direct
MOV Rn, #data	立即数送入寄存器	2	1	78 ~ 7F data
MOV Rn, A	累加器内容送入直接地址单元	2	1	F5 direct
MOV direct, Rn	寄存器内容送入直接地址单元	2	2	88 ~ 8F direct
MOV direct1, direct2	直接地址单元中的数据送入另一个直接地址单元	3	2	85 direct1
MOV direct, @Ri	间接 RAM 中的数据送入直接地址单元	2	2	86 ~ 87
MOV direct, #data	立即数送入直接地址单元	3	2	75 direct data
MOV @Ri, A	累加器内容送入间接 RAM 单元	1	1	F6 ~ F7
MOV @Ri, direct	直接地址单元数据送入间接 RAM 单元	2	2	A6 ~ A7 direct
MOV @Ri, #data	立即数送入间接 RAM 单元	2	1	76 ~ 77 data
MOV DRTR, #data16	16 位立即数送入地址寄存器	3	2	90 datah datal
MOVC A, @A+DPTR	以 DPTR 为基地址变址寻址单元中的数据送入累加器	1	2	93
MOVC A, @A+PC	以 PC 为基地址变址寻址单元中的数据送入累加器	1	2	83
MOVX A, @Ri	外部 RAM（8 位地址）送入累加器	1	2	E2 ~ E3
MOVX A, @DATA	外部 RAM（16 位地址）送入累加器	1	2	E0
MOVX @Ri, A	累加器送外部 RAM（8 位地址）	1	2	F2 ~ F3
MOVX @DPTR, A	累加器送外部 RAM（16 位地址）	1	2	F0
PUSH direct	直接地址单元中的数据送入压入堆栈	2	2	C0 direct
POP direct	弹栈送直接地址单元	2	2	D0 direct
XCH A, Rn	寄存器与累加器交换	1	1	C8 ~ CF

助 记 符	功 能 说 明	字节数	机器周期	指令代码（十六进制）
XCH A, direct	直接地址单元与累加器交换	2	1	C5 direct
XCH A,@Ri	间接 RAM 与累加器交换	1	1	C6 ~ C7
XCHD A,@Ri	间接 RAM 的低半字节与累加器交换	1	1	D6 ~ D7
SWAP A	累加器内的高、低半字节交换	1	1	C4

算术运算类指令

助 记 符	功 能 说 明	字节数	机器周期	指令代码（十六进制）
ADD A, Rn	寄存器内容加到累加器中	1	1	28 ~ 2F
ADD A, direct	直接地址单元中的数据加到累加器中	2	1	25 direct
ADD A, @Ri	间接 ROM 中的数据加到累加器中	1	1	26 ~ 27
ADD A, #data	立即数加到累加器中	2	1	24 data
ADDC A, Rn	寄存器内容带进位加到累加器中	1	1	38 ~ 3F
ADDC A, direct	直接地址单元中的数据带进位加到累加器中	2	1	35 direct
ADDC A, @Ri	间接 ROM 中的数据加到累加器中	1	1	36 ~ 37
ADDC A, #data	立即数带进位加到累加器中	2	1	34 data
SUBB A, Rn	累加器带借位减寄存器内容	1	1	98 ~ 9F
SUBB A, direct	累加器带借位减直接地址单元的内容	2	1	95 direct
SUBB A, @Ri	累加器带借位减间接 ROM 中的数据	1	1	96 ~ 97
SUBB A, #data	累加器带借位减立即数	2	1	94 data
INC A	累加器加 1	1	1	04
INC Rn	寄存器加 1	1	1	08 ~ 0F
INC direct	直接地址单元加 1	2	1	05 direct
INC @Ri	间接 RAM 加 1	1	1	06 ~ 07
DEC A	累加器减 1	1	1	14
DEC Rn	寄存器减 1	1	1	18 ~ 1F
DEC direct	直接地址单元减 1	2	1	15 direct
DEC @Ri	间接 RAM 减 1	1	1	16 ~ 17
INC DPTR	地址寄存器 DPTR 加 1	1	2	A3
MUL AB	A 乘以 B	1	4	A4
DIV AB	A 除以 B	1	4	84
DA A	累加器十进制调整	1	1	D4

逻辑运算类指令

助 记 符	功 能 说 明	字节数	机器周期	指令代码（十六进制）
ANL A, Rn	累加器与寄存器相与	1	1	58 ~ 5F
ANL A, direct	累加器与直接地址单元相与	2	1	55 direct
ANL A, @Ri	累加器与间接 RAM 单元相与	1	1	56 ~ 57
ANL A, #data	累加器与立即数相与	2	1	54 data
ANL direct, A	直接地址单元与累加器相与	2	1	52 direct
ANL direct, #data	直接地址单元与立即数相与	3	2	53 direct data
ORL A, Rn	累加器与寄存器相或	1	1	48 ~ 4F
ORL A, direct	累加器与直接地址单元相或	2	1	45 direct
ORL A, @Ri	累加器与间接 RAM 单元相或	1	1	46 ~ 47
ORL A, #data	累加器与立即数相或	2	1	44 data
ORL direct, A	直接地址单元与累加器相或	2	1	42 direct
ORL direct, #data	直接地址单元与立即数相或	3	2	43 direct data
XRL A, Rn	累加器与寄存器相异或	1	1	68 ~ 6F
XRL A, direct	累加器与直接地址单元相异或	2	1	65 direct
XRL A, @Ri	累加器与间接 RAM 单元相异或	1	1	66 ~ 67
XRL A, #data	累加器与立即数相异或	2	1	64 data
XRL direct, A	直接地址单元与累加器相异或	2	1	62 direct
XRL direct, #data	直接地址单元与立即数相异或	3	2	63 direct data
CLR A	累加器清零	1	1	E4
CPL A	累加器求反	1	1	F4
RL A	累加器循环左移	1	1	23
RLC A	累加器带进位位循环左移	1	1	33
RR A	累加器循环右移	1	1	03
RRC A	累加器带进位位循环右移	1	1	13

位（布尔变量）操作类指令

助 记 符	功 能 说 明	字节数	机器周期	指令代码（十六进制）
CLR C	清进位位	1	1	C3
CLR bit	清直接地址位	2	1	C2
SETB C	置进位位	1	1	D3
SETB bit	置直接地址位	2	1	D2
CPL C	进位位求反	1	1	B3
CPL bit	直接地址位求反	2	1	B2
ANL C, bit	进位位和直接地址位相与	2	2	82 bit
ANL C, $\overline{bit}$	进位位和直接地址位的反码相与	2	2	B0 bit

续表

助　记　符	功　能　说　明	字节数	机器周期	指令代码（十六进制）
ORL C, bit	进位位和直接地址位相或	2	2	72 bit
ORL C, $\overline{\text{bit}}$	进位位和直接地址位的反码相或	2	2	A0 bit
MOV C, bit	直接地址位送入进位位	2	1	A2 bit
MOV bit, C	进位位送入直接地址位	2	2	92 bit
JC rel	进位位为 1 则转移	2	2	40 rel
JNC rel	进位位为 0 则转移	2	2	50 rel
JB bit, rel	直接地址位为 1 则转移	3	2	20 bit rel
JNB bit, rel	直接地址位为 0 则转移	3	2	30 bit rel
JBC bit, rel	直接地址位为 1 则转移，该位清 0	3	2	10 bit rel

控制转移类指令

助　记　符	功　能　说　明	字节数	机器周期	指令代码（十六进制）
ACALL　addr11	绝对（短）调用子程序	2	2	*1 addr(a7 ~ a0)
LCALL　addr16	长调用子程序	3	2	12 addr(15 ~ 18) addr(7 ~ 0)
RET	子程序返回	1	2	22
RETI	中断返回	1	2	32
AJMP　addr11	绝对（短）转移	2	2	△1 addr(7 ~ 0)
LJMP　addr16	长转移	3	2	02 addr(15 ~ 8), addr（7 ~ 0）
SJMP　rel	相对转移	2	2	80H, rel
JMP @A+DPTR	相对于 DPTR 的间接转移	1	2	73H
JZ rel	累加器为零转移	2	2	60H, rel
JNZ rel	累加器为非零转移	2	2	70H, rel
CJNE A, direct, rel	累加器与直接地址单元比较，不相等则转移	3	2	B5, data, rel
CJNEA, #data, rel	累加器与立即数比较，不相等则转移	3	2	B4, direct, rel
CJNE Rn, #data, rel	寄存器与立即数比较，不相等则转移	3	2	B8 ~ BF, data, rel
CJNE @Ri, #data,rel	间接 RAM 单元与立即数比较，不相等则转移	3	2	B6 ~ B7, data, rel
DJNE Rn, rel	寄存器减 1，非零转移	3	2	D8 ~ DF rel
DJNE direct, rel	直接地址单元减 1，非零转移	3	2	D5, direct, rel
NOP	空操作	1	1	00

注：*为 a10a9a81　　△ = a10a9a80

附录 B
ASCII 码表

ASCII 码字符与编码对照表

低4位 / 高位		0000	0001	0010	0011	0100	0101	0110	0111
		0	1	2	3	4	5	6	7
0000	0	NUL	DEL	SP	0	@	P	`	p
0001	1	SOH	DC1	!	1	A	Q	a	q
0010	2	STX	DC2	"	2	B	R	b	r
0011	3	ETX	DC3	#	3	C	S	c	s
0100	4	EOT	DC4	$	4	D	T	d	t
0101	5	ENQ	NAK	%	5	E	U	e	u
0110	6	ACK	SYN	&	6	F	V	f	v
0111	7	BEL	ETB	'	7	G	W	g	w
1000	8	BS	CAN	(	8	H	X	h	x
1001	9	HT	EM	)	9	I	Y	i	y
1010	A	LF	SUB	*	:	J	Z	j	z
1011	B	VT	ESC	+	;	K	[	k	{
1100	C	FF	FS	,	<	L	\	l	|
1101	D	CR	GS	−	=	M	]	m	}
1110	E	SO	RS	.	>	N	^	n	~
1111	F	SI	US	/	?	O	—	o	DEL

附录 C
C51 库函数

C51 软件包的库包含标准的应用程序，每个函数都在相应的头文件（.h）中有原型声明。如果使用库函数，必须在源程序中用预编译指令定义与该函数相关的头文件（包含了该函数的原型声明）。如果省掉头文件，编译器则期望标准的 C 参数类型，从而不能保证函数的正确执行。

1. ctype.h：字符函数

函数名/宏名	原　　型	功　能　说　明
isalpha	extern bit isalpha(char);	检查传入的字符是否在'A'～'Z'和'a'～'z'，如果为真，返回值为 1，否则为 0
isalnum	extern bit isalnum(char);	检查字符是否位于'A'～'Z''a'～'z'或'0'～'9'，若为真，返回值是 1，否则为 0
iscntrl	extern bit iscntrl(char);	检查字符是否位于 0x00～0x1F 或为 0x7F，为真，返回值是 1，否则为 0
isdigit	extern bit isdigit(char);	检查字符是否在'0'～'9'，若为真，返回值是 1，否则为 0
isgraph	extern bit isgraph(char);	检查变量是否为可打印字符，可打印字符的值域为 0x21～0x7E。若为可打印字符，返回值为 1，否则为 0
isprint	extern bit isprint(char);	与 isgraph 函数相同，还接受空格字符（0x20）
ispunct	extern bit ispunct(char);	检查字符是否为标点或空格。如果该字符是个空格或 32 个标点和格式字符之一——（假定使用 ASCII 字符集中的 128 个标准字符），则返回 1，否则返回 0
islower	extern bit islower(char);	检查字符变量是否位于'a'～'z'，若为真，返回值是 1，否则为 0
isupper	extern bit isupper(char);	检查字符变量是否位于'A'～'Z'，若为真，返回值是 1，否则为 0
isspace	extern bit isspace(char);	检查字符变量是否为下列之一：空格、制表符、回车、换行、垂直制表符和送纸符。若为真，返回值是 1，否则为 0
isxdigit	extern bit isxdigit(char)	检查字符变量是否位于'0'～'9''A'～'F'或'a'～'f'，若为真，返回值是 1，否则为 0
toascii	Toascii(c);((c)&0x7F);	该宏将任何整型值缩小到有效的 ASCII 范围内,它将变量和 0x7F 相与，从而去掉低 7 位以上的所有数位
toint	extern char toint(char);	将 ASCII 字符转换为十六进制，返回值 0～9 由 ASCII 字符'0'～'9'得到，10～15 由 ASCII 字符'a'～'f'（与大小写无关）得到

函数名/宏名	原　　型	功　能　说　明
tolower	extern char tolower(char);	将字符转换为小写形式，如果字符变量不在'A'~'Z'，则不做转换，返回该字符
tolower	tolower(c);(c-'A'+'a');	该宏将 0x20 参量值逐位相或
toupper	extern char toupper(char);	将字符转换为大写形式，如果字符变量不在'a'~'z'，则不做转换，返回该字符
toupper	toupper(c);((c)- 'a'+'A');	该宏将 c 与 0xDF 逐位相与

2. stdio.h：一般 I/O 函数

C51 编译器包含字符 I/O 函数，它们通过处理器的串行接口操作，为了支持其他 I/O 机制，只需修改 getkey( )和 putchar( )函数，其他所有 I/O 支持函数依赖这两个模块，不需要改动。在使用 8051 串行口之前，必须将它们初始化。

函　数　名	原　　型	功　能　说　明
getkey	extern char _getkey();	从 8051 串口读入一个字符，然后等待字符输入，它是改变整个输入端口机制时应做修改的唯一一个函数
getchar	extern char _getchar();	getchar 函数使用 getkey 函数从串口读入字符，除了读入的字符马上传给 putchar 函数以做响应外，与 getkey 函数相同
gets	extern char *gets(char *s, int n);	通过 getchar 函数从控制台设备读入一个字符，送入由's'指向的数据组。考虑到 ANSIC 标准的建议，限制每次调用时能读入的最大字符数，函数提供了一个字符计数器'n'，在所有情况下，当检测到换行符时，放弃字符输入
ungetchar	extern char ungetchar(char);	将输入字符推回输入缓冲区，成功时返回'char'，失败时返回 EOF，不能用它处理多个字符
ungetchar	extern char ungetchar(char);	将传入的单个字符送回输入缓冲区并将其值返回给调用者，下次使用 getkey 函数时可获得该字符
putchar	extern putchar(char);	通过 8051 串口输出 'char'，和函数 getkey 一样，putchar 是改变整个输出机制时所需修改的唯一一个函数
printf	extern int printf(const char*, …);	以一定格式通过 8051 串口输出数值和串，返回值为实际输出的字符数，参量可以是指针、字符或数值，第一个参量是格式串指针
sprintf	extern int sprintf(char *s, const char*, …);	与 printf 函数相似，但输出不显示在控制台上，而是通过一个指针 S 送入可寻址的缓冲区。它允许输出的参量总字节数与 printf 函数完全相同
puts	extern int puts(const char*, …);	将串 's' 和换行符写入控制台设备，错误时返回 EOF，否则返回非负数
scanf	extern int scanf(const char*, …);	在格式串控制下，利用 getchar 函数由控制台读入数据，每遇到一个值（符号格式串规定），就将它按顺序赋给每个参量，注意每个参量必须都是指针。scanf 函数返回它所发现并转换的输入项数。若遇到错误则返回 EOF
sscanf	extern int sscanf(const *s,const char*, …);	与 scanf 函数相似,但串输入不是通过控制台，而是通过另一个以空结束的指针

3. string.h：串函数

串函数通常将指针串作为输入值。一个串包括两个或多个字符。串结束以空字符表示。在函数 memcmp、memcpy、memchr、memccpy、memmove 和 memset 中，串长度由调用者明确规定，使这些函数可工作在任何模式下。

函 数 名	原 型	功 能 说 明
memchr	extern void *memchr(void *sl, char val, int len);	顺序搜索 s1 中的 len 个字符，找出字符 val，成功时返回 s1 中指向 val 的指针，失败时返回 NULL
memcmp	extern char memcmp(void *sl, void *s2, int len);	逐个字符比较串 s1 和 s2 的前 len 个字符。相等时返回 0，如果串 s1 大于或小于 s2，则相应返回一个正数或负数
memcpy	extern void *memcpy(void *dest, void *src, int len);	由 src 所指内存中复制 len 个字符到 dest 中，返回指向 dest 中的最后一个字符的指针。如果 src 和 dest 发生交叠，则结果是不可预测的
memccpy	extern void *memccpy(void *dest, void *src, char val, int len);	复制 src 中的 len 个字符到 dest 中，如果实际复制了 len 个字符则返回 NULL。复制过程在复制完字符 val 后停止，此时返回指向 dest 中下一个元素的指针
memmove	extern void *memmove(void *dest, void *src, int len);	工作方式与 memcpy 函数相同，但复制区可以交叠
memset	extern void *memset(void *s, char val, int len);	将 val 值填充指针 s 中的 len 个单元
strcat	extern char *strcat(char *s1, char *s2);	将串 s2 复制到串 s1 的末尾。它假定 s1 定义的地址区足以接受两个串。返回指针指向 s1 串的第一字符
strncat	extern char *strncat(char *s1, char *s2, int n);	复制串 s2 中的 n 个字符到串 s1 的末尾。如果 s2 比 n 短，则只复制 s2
strcmp	extern char strcmp(char *s1, char *s2);	比较串 s1 和 s2，如果相等则返回 0，如果 s1<s2，返回负数，如果 s1>s2，则返回一个正数
strncmp	extern char strncmp(char *s1, char *s2, int n);	比较串 s1 和 s2 中的前 n 个字符，返回值与 strcmp 函数相同
strcpy	extern char *strcpy(char *s1, char *s2);	将串 s2（包括结束符）复制到 s1，返回指向 s1 的第一个字符的指针
strncpy	extern char *strncpy(char *s1, char *s2, int n);	与 strcpy 函数相似，但只复制 n 个字符。如果 s2 长度小于 n，则 s1 串以'0'补齐到长度 n
strlen	extern int strlen(char *s1)	返回串 s1 的字符个数（包括结束字符）
strchr	extern char *strchr(char *s1, char c);	strchr 函数搜索 s1 串中第一个出现的'c'字符，如果成功，返回指向该字符的指针，搜索也包括结束符。搜索一个空字符时返回指向空字符的指针，而不是空指针
strpos	extern int strpos（char *s1, char c）;	strpos 函数与 strchr 相似，但它返回的是字符在串中的位置或–1，s1 串的第一个字符位置是 0

函 数 名	原 型	功 能 说 明
strrchr	extern char *strrchr(char *s1, char c);	strrchr 函数搜索 s1 串中最后一个出现的'c'字符，如果成功，返回指向该字符的指针，否则返回 NULL。对 s1 搜索时也返回指向字符的指针，而不是空指针。strrpos 函数与 strrchr 相似，但它返回的是字符在串中的位置或–1
strrpos	extern int strrpos（char *s1，char c）;	
strspn	extern int strspn(char *s1, char *set);	strspn 函数搜索 s1 串中第一个不包含在 set 中的字符，返回值是 s1 中包含在 set 中字符的个数。如果 s1 中所有字符都包含在 set 中，则返回 s1 的长度（包括结束符）；如果 s1 是空串，则返回 0。
strcspn	extern int strcspn(char *s1, char *set);	
strpbrk	extern char *strpbrk(char *s1,char *set);	
		strcspn 函数与 strspn 类似，但它搜索的是 s1 串中的第一个包含在 set 中的字符
strrpbrk	extern char *strpbrk(char *s1,char *set);	strpbrk 函数与 strspn 很相似，但它返回指向搜索到字符的指针，而不是个数，如果未找到，则返回 NULL。strrpbrk 函数与 strpbrk 相似，但它返回 s1 中指向找到的 set 字集中最后一个字符的指针

4. stdlib.h：标准函数

函 数 名	原 型	功 能 说 明
atof	extern double atof(char *s1);	将 s1 串转换为浮点值并返回它。输入串必须包含与浮点值规定相符的数。C51 编译器对数据类型 float 和 double 相同对待
atol	extern long atol(char *s1);	将 s1 串转换成一个长整型值并返回它。输入串必须包含与长整型值规定相符的数
atoi	extern int atoi(char *s1);	将 s1 串转换为整型数并返回它。输入串必须包含与整型数规定相符的数

5. math.h：数学函数

函 数 名	原 型	功 能 说 明
abs	extern int abs(int va1);	求变量 val 的绝对值，如果 val 为正，则不做改变返回；如果为负，则返回相反数。这 4 个函数除了变量和返回值的数据不一样外，它们功能相同
cabs	extern char cabs(char val);	
fabs	extern float fabs(float val)	
labs	extern long labs(long val);	
exp	extern float exp(float x);	exp 函数返回以 e 为底 x 的幂，log 函数返回 x 的自然数（e = 2.718282），log10 函数返回 x 以 10 为底的数
log	extern float log(float x);	
log10	extern float log10(float x);	
sqrt	extern float sqrt(float x);	返回 x 的平方根
rand	extern int rand(void);	rand 函数返回一个 0 ~ 32767 的伪随机数。srand 函数用来将随机数发生器初始化成一个已知（或期望）值，对 rand 函数的相继调用将产生相同序列的随机数
srand	extern void srand（int n）;	
cos	extern float cos(flaot x);	cos 函数返回 x 的余弦值，sin 函数返回 x 的正弦值，tan 函数返回 x 的正切值，所有函数变量范围为 $-\pi/2 \sim +\pi/2$，变量必须在 ±65535 之间，否则会产生错误
sin	extern float sin(flaot x);	
tan	extern flaot tan(flaot x);	

续表

函 数 名	原 型	功 能 说 明
acos	extern float acos(float x);	acos 函数返回 x 的反余弦值，asin 函数返回 x 的反正弦值，
asin	extern float asin(float x);	atan 函数返回 x 的反正切值，它们的值域为−π/2 ~ +π/2。
atan	extern float atan(float x);	atan2 函数返回 x/y 的反正切值，其值域为−π ~ +π
atan2	extern float atan(float y,float x);	
cosh	extern float cosh(float x);	cosh 函数返回 x 的双曲余弦值；sinh 函数返回 x 的双曲
sinh	extern float sinh(float x);	正弦值；tanh 函数返回 x 的双曲正切值
tanh	extern float tanh(float x);	
fpsave	extern void fpsave(struct FPBUF *p);	fpsave 函数保存浮点子程序的状态；fprestore 函数将浮点
fprestore	extern void fprestore (struct FPBUF *p);	子程序的状态恢复为其原始状态,当用中断程序执行浮点 运算时这两个函数很是有用

6. absacc.h：绝对地址访问

宏 名	原 型	功 能 说 明
CBYTE	#define CBYTE((unsigned char *)0x50000L)	这些宏用来对 8051 地址空间做绝对地址访问，因
DBYTE	#define DBYTE((unsigned char *)0x40000L)	此可以字节寻址。CBYTE 函数寻址 code 区，DBYTE 函数寻址 data 区，PBYTE 函数寻址 xdata 区（通过
PBYTE	#define PBYTE((unsigned char *)0x30000L)	"MOVX @R0"命令），XBYTE 函数寻址 xdata 区
XBYTE	#define XBYTE((unsigned char *)0x20000L)	（通过"MOVX @DPTR"命令）
CWORD	#define CWORD((unsigned int *)0x50000L)	这些宏与上面的宏相似，只是它们指定的类型为
DWORD	#define DWORD((unsigned int *)0x40000L)	unsigned int。通过灵活的数据类型，可以访问所有
PWORD	#define PWORD((unsigned int *)0x30000L)	地址空间
XWORD	#define XWORD((unsigned int *)0x20000L)	

7. intrins.h：内部函数

函数名	原 型	功 能 说 明
crol	unsigned char _crol_(unsigned char val,unsigned char n);	_crol_、_irol_、_lrol_函数以位形式将 val 左
irol	unsigned int _irol_(unsigned int val,unsigned char n);	移 n 位，与 8051 单片机的 RLA 指令相关
lrol	unsigned int _lrol_(unsigned int val,unsigned char n);	
cror	unsigned char _cror_(unsigned char val,unsigned char n);	_cror_、_iror_、_lror_函数以位形式将 val
iror	unsigned int _iror_(unsigned int val,unsigned char n);	右移 n 位，与 8051 单片机的 RRA 指令相关
lror	unsigned int _lror_(unsigned int val,unsigned char n);	
nop	void _nop_(void);	产生一个 NOP 指令，该函数可用作 C 程序的时 间比较。C51 编译器在_nop_函数工作期间不产 生函数调用，即在程序中直接执行 NOP 指令
testbit	bit _testbit_(bit x);	产生一个 JBC 指令，测试一个位，当置位时 返回 1，否则返回 0。如果该位为 1，则将该 位复位为 0。8051 单片机的 JBC 指令即用作 此目的。此函数只能用于可直接寻址的位， 不允许在表达式中使用

8. stdarg.h：变量参数表

C51 编译器允许函数的变量参数（记号为"…"）。头文件 stdarg.h 允许处理函数的参数表,在编译时它们的长度和数据类型是未知的。为此，定义了下列宏。

宏　　名	功　能　说　明
va_list	指向参数的指针
va_stat(va_list pointer,last_argument)	初始化指向参数的指针
type va_arg(va_list pointer,type)	返回类型为 type 的参数
va_end(va_list pointer)	识别表尾的哑宏

9. setjmp.h：全程跳转

setjmp.h 中的函数用作正常的系列数调用和函数结束，它允许从深层函数调用中直接返回。

函　数　名	原　　型	功　能　说　明
setjmp	int setjmp(jmp_buf env);	将状态信息存入 env，供函数 longjmp 使用。当直接调用 setjmp 函数时返回值是 0，当由 longjmp 函数调用时返回非零值，setjmp 函数只能在语句 if 或 switch 语句中调用一次
longjmp	longjmp(jmp_buf env,int val);	恢复调用 setjmp 函数时存在 env 中的状态。程序继续执行，似乎函数 setjmp 已被执行过。由 setjmp 函数返回的值是在函数 longjmp 中传送的值 val，由 setjmp 调用的函数中的所有自动变量和未用易失性定义的变量的值都要改变

10. regxxx.h：访问 SFR 和 SFR-bit 地址

文件 reg51.h、reg52.h 和 reg552.h 允许访问 8051 系列单片机的 SFR 和 SFR-bit 的地址，这些文件都包含#include 指令,并定义了所需的所有 SFR 名,以寻址 8051 系列单片机的外围电路地址。对于 8051 系列中的其他器件，用户可用文件编辑器容易地产生一个头文件。

下例表明了对 8051 单片机的定时器 T0 和 T1 的访问：

```
#include <reg51.h>
main(){
if(p0==0x10) p1=0x50;
}
```

参 考 文 献

［1］高洪志，等. MCS-51 单片机原理及应用技术教程. 北京：人民邮电出版社，2009.

［2］孟祥莲，等. 单片机原理及应用——基于 Proteus 与 Keil C. 哈尔滨：哈尔滨工业大学出版社，2010.

［3］李全利. 单片机原理及应用（第 2 版）. 北京：清华大学出版社，2014.

［4］梅丽凤，等. 单片机原理及接口技术. 北京：清华大学出版社，2004.

［5］魏坚华，等. 微型计算机与接口技术教程. 北京：北京航空航天大学出版社，2002.

［6］张毅刚，等. 新编 MCS-51 单片机应用设计. 2 版. 哈尔滨：哈尔滨工业大学出版社，2003.

［7］张振荣，等. MCS-51 单片机原理及实用技术. 北京：人民邮电出版社，2000.

［8］蒋辉平，等. 基于 Proteus 的单片机系统设计与仿真实例. 北京：机械工业出版社，2009.

［9］侯玉宝，等. 基于 Proteus 的 51 系列单片机设计与仿真. 北京：电子工业出版社，2008.

［10］兰建军，等. 单片机原理、应用与 Proteus 仿真. 北京：机械工业出版社，2014.

［11］蔡美琴. MCS-51 系列单片机系统及其应用. 2 版. 北京：高等教育出版社，2004.

［12］李华. MCS-51 单片机实用接口技术. 北京：北京航空航天大学出版社，1993.

［13］赵亮，等. 单片机 C 语言编程与实例. 北京：人民邮电出版社，2003.

［14］刘守义. 单片机应用技术. 西安：西安电子科技大学出版社，2002.

［15］周坚. 单片机的 C 语言轻松入门. 北京：北京航空航天大学出版社，2006.

［16］李群芳，等. 单片机原理、接口及应用. 北京：清华大学出版社，2005.

［17］胡汉才. 单片机原理及其接口技术. 北京：清华大学出版社，1996.